宇井純セレクション 1

藤林 泰・宮内泰介・友澤悠季［編］

原点としての水俣病

新泉社

宇井純（2006年）
撮影：桑原史成

小さな声の宇井純さん

石牟礼道子

茫洋とした顔つきで宇井さんは私の家に現れた。「宇井と申します」。今は亡き赤崎覚さん〔水俣市職員〕が我が家に来てお相手をした。私の関心は何よりも水銀とは何だろう、ということだった。体温計の水銀しかみたことがなかった。体温計の水銀を取り出して海に流すとします。どのくらい流せば膨大な患者が出るのか。あんな高価そうなものをそんなに海に流せるでしょうか。小学生が考えそうなことを宇井さんに根掘り葉掘り尋ねた。宇井さんはそこが僕も不思議なところです、とおっしゃった。

東大の先生でもなく、学生でもなく、助手だという。私といえば、高校にも行ったことがなく、大学ももちろん知らない。そのころ宇井さんは東大で現代技術史研究会を作ったと話された。日本の技術史の盲点に今までのようなことがおきるのであろう。私は考え、その会にゆくことにした。宇井さんは会話のなかで、なにげなさそうにおっしゃった。「実は有機水銀を食べるバクテリアを飼っているんですけれどもね」。宇井さんに飼われているバクテリアのことが知りたくて私は東京まで行ったような気がする。その後、東大の都市工学部で始められた自主講座。一体どのくらいの人たちが出入りしたのであろうか。あの自主講座で育てられた人たちはおびただしいのではあるまいか。第一回の東京における水俣の集会が都市工学部を半ば占領して行なわれ、「東京・水俣病を告発する会」が発足した。小声で話される宇井さんが実に頼もしかった。ニトロをポケットにいつもしのばせて、奥さんのことをいつも気にかけておられた。

（「宇井純さんを偲ぶ集い」への寄稿、二〇〇七年六月二三日）

石牟礼道子（いしむれみちこ）
作家。一九二七年、熊本県天草生まれ。出生直後、水俣に移り住む。一九六八年、水俣病対策市民会議を結成。一九六九年、『苦海浄土——わが水俣病』（講談社）を刊行。水俣のことばをもちい、患者の視点から水俣病を描き切る。『流民の都』（大和書房、一九七三年）をはじめとする作品で水俣病の告発をつづけ、一連の著作によって一九七四年にマグサイサイ賞受賞。二〇〇四年より『石牟礼道子全集』（藤原書店）の刊行が開始され、二〇一三年に全一七巻が完結。

宇井純と水俣病

原田正純

一九六〇年代の前半、私は水俣病の多発した漁村地域でうろうろしながら調査をしていた。その頃、「東大の院生が資料を漁っているようだが、何をするか分らないので用心するように」と熊大関係者から注意された。この院生こそ宇井さんだったが、当時、知る由もなく気にも留めなかった。

最も早くから水俣病を医学だけでなく総合的な科学として捉えることの重要性を指摘したのは宇井さんだった。その宇井さんが奇しくも正式確認〔一九五六年、水俣病の公式確認〕から五〇年目に逝った。宇井さんは一九六四年一一月から当時の合成化学産業労働組合（合化労連）の機関紙「月刊合化」に一三回にわたって富田八郎《とんだやろう》というペンネームで「水俣病」を掲載して、問題の重要性を指摘した。これは貴重な資料として裁判で役に立ったし、今なお貴重な原資料である。

宇井さんは一九六五年六月、新潟に第二の水俣病がおこった時、その応援のために駆けつけた。宇井さんは、水俣で原因企業のチッソが工場内でメチル水銀が生成されていたことを隠していた事実をつかんでいたが口を閉ざしていたということに対する慙愧の念を持った。そのため、一九六七年六月提起の新潟水俣病裁判では特別補佐人として奔走し、一九六九年六月に始まった熊本水俣病裁判でも貴重な意見や資料を提供してくれて、勝訴へ導いた。

熊本で裁判が始まった当時、原告の家族も水俣病の症状を示していたが、全員水俣病と診断されていなかった。私はその悲惨な事実の前になす術もなくしていた時、宇井さんと出会った。患者家族に隠れた悲惨な未認定患者が多数いることを話した時、宇井さんは涙を流した。しばらくして、宇井さんの紹介で「科学」の一九七一年三月号に私の「潜在水俣病――病気の全貌はまだ明らかにされていない」という論文が日の目を見た。これが未認定の隠れた患者の存在を指摘した最初である。この論文が縁で、岩波新書『水俣病』〔原田正純著、一九七二年〕が刊行された。これらは全て宇井さんの問題の重大さを嗅ぎ分ける才能によるものであった。

一九七〇年五月には低額補償で斡旋しようとした厚生省に支援者、患者らと座り込んで逮捕されるという一幕もあった。文字通り体を張って支援した学者がいたことが私には驚きだった。その年の一〇月から始まった東大自主講座は各地の被害者、学生や若い知識層に大きな影響を与えた。それが契機で水俣に住みついた若者も少なくない。宇井さんは次々とアイデアを出して私たちを驚かせた。一九七二年六月、ストックホルムの第一回国際環境会議に日本の公害被害者と乗り込んで直接、世界に訴えようというのも宇井さんの提案だった。一九七五年に宮本憲一、永井進、淡路剛久《たけひさ》さんらと国際環境調査団を組織して、世界の汚染地区を調査したのも宇井さんの提案だった。

権力には怖くて、弱者にはやさしい型破りの学者であった。別れは宿命ではあるが、私にとっても水俣にとっても大きな存在であった。若い人には笑われそうな古い死語かもしれないが「戦友」という言葉が私と宇井さんにぴったりの言葉である。

（自主講座「宇井純を学ぶ」冊子、二〇〇七年六月二三日）

原田正純（はらだまさずみ）

医師。一九三四年、鹿児島県生まれ。一九六四年、胎児性水俣病の研究により医学博士号取得。一九七二年、熊本大学助教授。一九九九年、熊本学園大学教授。二〇〇五年、同大学水俣学研究センターを立ち上げ、二〇〇九年までセンター長を務める。二〇一二年、逝去。著書に『水俣病』（岩波新書、一九七二年）、『水俣病は終っていない』（岩波新書、一九八五年）ほか多数。

原点としての水俣病——宇井純セレクション［1］——目次

I 水俣からの問い

II

III　生きるための学問

装幀……犬塚勝一
DTP……閏月社

協力
立教大学共生社会研究センター
亜紀書房
熊本日日新聞社
桑原史成
原田寿美子
田尻雅美
立川勝得
宇井紀子
佐田美香

凡例

一、〔　〕内は編集部および編者による補足・註記である。

一、本書に収録した論文等の題名・副題・見出しは、初出時のものを尊重したが、一部、編集部の判断で変更を加えた箇所もある。初出時の題名については、巻末の「初出一覧」に掲げる。

一、送りがなや漢字の書き分けは初出に拠り、原則として原文どおりとしたが、漢数字をはじめ一部の用字については表記の統一をはかった。

一、文意不明瞭な箇所や明らかな誤字・脱字等については、原文を尊重しつつ、必要最小限の修正をおこなった。

一、差別などにかかわり現代では不適切とみなされる表現については、執筆時の時代背景や著者が故人であることに配慮して、原文表記のままとした。但し、一部の用字については、若干の修正を加えた箇所もある。

新泉社編集部

水俣・不知火海（2014 年）
撮影：小泉理沙

I

水俣からの問い

❖2002❖

コラム

ネコのたたり

公害の因果関係を証明するのは、いつの世でもたやすい仕事ではない。公害の発生源とそれに連なる勢力は、できるだけ因果関係をあいまいにしようとして、あらゆる努力をするものである。その妨害をかいくぐって真理にたどりつくには、研ぎすまされた直感が必要な場合もある。時には科学と全く違う世界の言葉から、科学的な真実をつかみ出さなければならないことを経験した。

第二の水俣病が新潟の阿賀野川で発生したことは、すでに水俣病の原因がチッソの工場排水であることを知りながら、それを黙っていた私にとって大きな衝撃だった。「朝日ジャーナル」の取材を手伝うことになった私は、水俣病の発見者、細川一《はじめ》博士にお願いして一緒に歩いてもらい、因果関係を調べることにした。その当時かなり流布していた噂は、前年の新潟大地震のあとに患者が見つかったことから、何か地震と関係があるのではないかという、のちに地震農薬説として工場側の反論の土台になった話であった。

私と細川博士、そして劇作家の菅竜一《すがりゅういち》氏〔本名、増賀光二〕は、阿賀野川下流の被災地を訪れ、一番酷い被害を受けたK家の人々に逢った。この家では跡取り息子は典型的な劇症で死亡し、一家全員に多かれ少なかれ症状があると細川博士は診断した。

そのやりとりを聞きながら、私はふと妙なことに気づいた。水俣でもそうだったが、漁民の家では漁網をネズミにかじられないように、たいがいネコを飼っているものである。そのネコの姿が見えない。

「ここの家にはネコがいませんね」。

「それはな、変な死に方をしたのが二代続いたので、ネコがたたっているのではないかと思って、飼うのをやめたのだ」と一家のおじいさん。

「そのネコは、頭を下げて、よだれを垂らして、時々跳び上がって走りまわって、池にはまって死ぬのではありませんか」と細川博士。

「見もせんでどうしてそれがわかる。確かにあんたの言うとおりだった」。

「その二匹のネコはいつ死んだのか思い出せませんか」。

「一匹は地震のあとで、もう一匹はその一年前、たしか地震の前だった」。

この一言で地震と水俣病は関係のないことがわかったのである。しかもネコのたたりという表現は、いかに二匹のネコの死に様が似ていたかをまさしく示していたのであった。阿賀野川の河口近くのこの地域に水銀が運ばれてくるのは、上流の昭和電工の鹿瀬《かのせ》工場からしかない。こうしてネコのたたりという一言が、私に因果関係を解かせたのであった。

東京へ帰ってから、安全工学協会の中で開かれた専門家委員会に、私はこの所見を報告した。それを聞いた安全工学協会長の北川徹三教授は激怒した。

「無知蒙昧な漁師の言うネコのたたりなどという非科学的な言葉を信じて因果関係を論ずるとは何事だ」。

売り言葉に買い言葉でこちらも負けてはいなかった。

「私は現場にいた漁民の正直な感覚を、たとえ表現は非科学的であっても信用します」。

駆け出しの助手一年生が大御所にそう言ったのだから、その席の空気が色めき立ったのは無理もなかった。結局この協会の原因研究委員会からは、私の教授ともども降ろしてもらうことになった。

その後の裁判の経過などは、私の判断が正しかったことを裏づけたが、その後外国の国際会議などに何回も報告して、そのたびに「ネコのたたり」というものを英語で説明するのに苦労した。今でもうまくできるとは思えない。

（「日本の公害体験」所収のコラム、吉田文和・宮本憲一編『環境と開発』岩波書店、二〇〇二年一〇月）

❖1986❖

水俣病の三〇年

水俣病は、日本の工業化と高度成長を象徴し代表する公害である。そして発見後三〇年たった今日でも、我々はまだその全体像すら知らず、この大きな問題を解決できない。しかしその解決の努力を怠れば、同様な災厄は世界のあちこちに再発するきざしを見せている。その未然防止の努力は、日本に住む我々の責務である。また工業と共に興り衰えた水俣市の歴史は、日本の運命を暗示している。

日本で最も成功した化学工場

明治末期、衰退した農業と製塩業にかわる産業として、九州西南の小さな港であった水俣村は、新興の電気化学工場、日本窒素の誘致に成功した。この工場は、水俣の奥地の鉱山に電力を供給する水力発電所の余剰電力を利用したものだが、水俣村は工場を誘致するために、土地、用水、港湾、労働力などを有利な条件で用意し、更に発電所から工場まで電力を引く電柱までを負担して、他の立地地点との競争に勝った。このやり方は半世紀後、戦後の高度成長期に新産業都市として全国各地で繰りひろげられた工場誘致の原型となる。しかし有利な条件の立地にもかかわらず、製品のカーバイドは売れなかった。一九〇八（明治四一）年の工場創立から約一〇年間は、カーバイドから石灰窒素、更にそれを加工した変成硫安と、化学肥料に進出したが、経営は不安定であり、工場を売りに出したことさえあった。

第一次世界大戦による輸入品の途絶と好況が、この不安定な工場を生き返らせた。大戦後、工場の経営者、野口遵《したがう》はヨーロッパから工業化初期の段階にあったアンモニア合成の技術を導入し、日本最初の合成肥料の生産に成功する。その過程での技術の蓄積によって、次々に新しい化学合成品の生産を行なう一方で、水力発電所の新規立地を求めて、朝鮮、中国の植民地に進出する。一九二〇年代から三〇年代、日本窒素は大規模水力発電所を基盤とした電気化学コンビナートを朝鮮の興南につくったのをはじめ、各地に工場を建設し、戦前の日本を代表する化学資本となった。その技術研究は主として水俣工場で行なわれ、特に一九三二年のアセチレンからアセトアルデヒドの合成と、一九四一年の塩化ビニルの合成は、どちらも水銀を触媒として使用する日本最初の工業化であり、戦後の日本窒素の再生を用意した重要な技術となった。工場の発展と共に、小さな漁村だった水俣は、人口数万の地方都市に発展し、典型的な企業城下町となった。

第二次大戦の敗戦で、日本窒素は海外の工場を失ない、水俣工場も戦災を受けたが、化学肥料の生産開始以後、その蓄積した技術力によって再び日本化学工業の先頭に立った。特に塩化ビニル樹脂の合成の経験と、その加工に必要な可塑剤の市場独占とは、同業各社の中で好況、不況にかかわらず常に水俣工場だけがフル生産をできて、価格面でも有利な立場に立つ、創業者利益をもたらした。生産に使われ、全く無処理のまま捨てられた水銀の量も、全国で一番大きかった。

水俣病の発見と困難な原因究明

一九五六年五月、はげしい脳神経症状を示す患者が相次いで水俣工場附属病院に運び込まれた。これが全く新しい病気であることに気づいた細川院長は、保健所に連絡する一方、地域の医師会と協力して市の周辺の漁村に患者が多発していることをつきとめた。間もなくこの病気は伝染性のものではなく、魚の汚染による中毒の一種であろうと推定されたが、奇病発見のニュースは工場城下町となっていた水俣市一帯に重大な衝撃を与えた。

原因研究を担当した熊本大学医学部の作業は難航した。すべての廃棄物をほとんど無処理で海に捨てていた水俣工場のために、水俣市周辺の海や、そこからとれる魚は多種多様な毒物を含んでいて、どれが真の中毒原因かの見当もつかなかったからである。種々の毒物投与による動物実験も、その症状は水俣病とは一致しなかった。工場の内部でどのような物質が原料として使われているかも、研究班には伝えられなかった。再三の要求にもかかわらず、工場側は企業秘密の名のもとに情報を拒否した。更に工場に原因が関係していると疑われる研究結果の発表については、工場やその背後にある通産省は反論を展開した。このような困難な状況のもとで、一九五九年に水俣病と酷似した症状を与える物質として、メチル水銀がつきとめられ、水俣湾の底土や魚が水銀で高度に汚染されていることが発表されたのは、研究班の努力と幸運にあったといってよい。

社会的反応の爆発と鎮静

原因物質の発見は、魚が売れずに貧窮のどん底にあった漁業関係者に強い衝撃を与えた。直観で予想した通り、汚染の原因は工場であったのである。それまで市を支配していた工場に向って、おずおずと漁民たちは交渉を求めたが、工場側の強硬な拒否で、次第に力で押し合う交渉となった。工場側は反論を展開し、熊本大学の研究発表を社会に不安を与えると攻撃した。水俣漁協との交渉は妥結したが、この間被害は拡大し、不知火海《しらぬいかい》〔八代海《やつしろかい》〕漁連との交渉は決裂して、〔一九五九年〕一一月二日、数千の漁民が工場に乱入して事務所を破壊した。この事件ではじめて水俣病は全国に知られた。

治安問題となった水俣病に対する中央政府の態度は、一方で通産省やそれにつながる学者から有機水銀説に対する反論を出し、他方で原因に対してはあいまいな結論を出して厚生省の研究班を解散してしまうことだった。漁民や水俣病被害者の補償要求に対しては、原因が未確定であるとして見舞金として若干の金を工場側に支払わせ、水俣病の原因については反論によって打ち消させ、中和させてしまう作業が一九六〇年には完了した。安保条約の政治的争点の拡大によって水俣病は忘れられ、解決したものとされた。

無名の若いカメラマン、桑原史成《くわばらしせい》がその最初の仕事として水俣病をえらんだのはこの時期であった。私と共に水俣を歩き、忘れられた漁民の生活を記録し、水俣病の原因研究にも立入って調べた。

私たちは、工場の中でも水俣病の原因が工場排水中のメチル水銀であることを証明した研究をしていた事実をつき止めた。しかしその事実の発表の機会はなく、数年後の新潟水俣病の再発まで待たなければならなかった。

新潟水俣病の再発と被害者運動の再開

一九六五年六月、水俣から遠くはなれた新潟市の郊外、阿賀野川の下流に、第二の水俣病が発見された。ここでも阿賀野川の上流に、水俣工場と同種のアセトアルデヒド工場があり、その排水中のメチル水銀が、下流の魚を汚染していることが明らかになった。発見が比較的早かったために規模はやや小さかったが、それでも発見時に数名の死者が出ていた。原因研究も第一の水俣病にくらべて早く進行したが、汚染源と疑われた昭和電工鹿瀬工場をはじめとする反論の型は、水俣の場合と同様だった。しかし被害者の漁民は市民の支援を得て泣き寝入りせず、〔一九六七年六月〕法廷に訴えて因果関係と責任を確定しようとした。

この動きは水俣にも衝撃を与えた。新潟の患者が一九六八年初め水俣の被害者を見舞うために訪問したとき、水俣市民の中から被害者を支援する小さな集団が生れた。そこには水俣工場の長期争議で労働組合が分裂し、長い間苦しい差別待遇を体験した少数派労組員も加わっていた。新潟の人々が水俣駅頭に降り立った日、駅前広場を埋める水俣病患者、家族たちが出迎えた。ここに水俣の被害者運動は再出発し、第二期に入ることになる。

新潟の運動と裁判の進行につき上げられた政府は、迂余曲折ののちに一九六八年九月、ようやく水俣病の原因が工場排水であり、水俣病が公害病であることを認めた。実に病気の発見後一二年が経過したのちである。あらためて工場の責任を追及し補償を要求した被害者に対して、厚生省は第三者の調停を提案し、白紙委任状の調印を求めるが、実はこれが工場側の調停参加の条件であった。水俣病の被害者はこの条件を呑むべきか否かで分裂し、多数派は調停を受入れることになる。一九五九年の知事の見舞金調停の記憶から、調停を受入れられなかった少数派は、裁判を提訴することになった。

新潟の裁判も決して順調な進行ではなかったが、熊本地裁へ提訴された水俣の裁判は、それ以上に困難だった。裁判を支援する市民団体は、裁判を維持するための資料を集め、それを評価、編集する作業をはじめた。また裁判や運動の進行を全国に知らせ、支援を求める機関紙「告発」を発行した。水俣病の経過の不条理は全国に知られ、厚生省の調停が企業の責任を問わず、不当に被害者に不利であったことは、世論の批判を浴びた。チッソの株主総会には、多くの市民が一株株主として押しかけ、大きな圧力となった。

環境庁裁決と座りこみ

この間、水俣病の被害者は、見舞金補償の時のいきさつから、医師の診査会によって典型的な症状を認められた者に限られていた。これは不知火海全体に及んだ水銀汚染のうち、ごく一部の被害だけを限定的に認めているにすぎなかった。自分の父親が典型的な症状を示して死んだ記憶から、一人の漁民がこの制度に疑問をもち、認定されていない患者を掘り出して診断を求めるが却下される。この処置を徹底的に疑い、批判することから、「水銀の影響が否定できない者は水俣病と診断される」という内容の環境庁裁決をひき出すことになる。この裁決によって、水俣病の認定基準は拡張され、認定される患者の数も増大した。

この患者の一部は、チッソに直接交渉を求めて、〔一九七一年一二月より〕東京本社への座りこみをはじめる。会社側はこれを力で排除しようとしたが、多数の市民がとりまき、本社前の路上で一年半にわたる座りこみが成立する。東京駅前の長期座りこみは、首都における水俣病の認識を強める上では大きな力になった。また患者の行動は、本社だけでなく、工場、銀行等にも及び、行政側が用意した公害等調整委による調停のもくろみも、委任状への偽造印があることが発覚してつぶされた。

裁判の判決は、ほぼ原告側の要求が容れられた形になったが、原告の患者も東京座りこみに合流し、チッソは事実上営業不能に追いこまれて、すべての認定患者に判決と同様の補償をする協定を結ぶことになった。この経過は、種々の事情で認定申請をためらっていた潜在患者に申請へのきっかけを与え、不知火海の全域から申請者は激増して数千名に及んだ。

政治の反撃と陣地戦への移行

一九七四年ころから、申請者の激増におどろいた政府と財界は、患者の運動に対して反撃を開始した。まずその皮切りになったのは、ニセ患者キャンペーンである。補償金ほしさに患者をよそおう者が居るという中傷は、以前からあったが、事もあろうに熊本県議会の公害特別委員長が環境庁に対しての陳情で発言したので、その影響は大きかった。また患者の診査に当る認定委員会を一時機能を停止させ、委員を入れかえて棄却を多くした。次いで環境庁は認定を限定するよう方針を修正した通達を出した。患者の集中検診は、患者が金ほしさに嘘をついているという予断をもつ医師が当ったこともあった。要するに被害を低めに見積るために、行政は全力をあげたと言ってよい。企業城下町水俣の未来に対する不安は、患者への偏見、差別として常にあらわれる。しかしそれを増幅したのは政治であった。企業のかわりに、政治が水俣病のおしつぶしに出て来たと見ることもできる。

患者側も反撃を怠らなかった。主として裁判の場で、認定の棄却、患者に対する弾圧、中傷、認定業務のおくれ、等について訴え、その大部分は勝訴した。この過程で新しい事実が明らかにされ、法理論の前進、定着がなされたものもある。裁判は大変な手間と時間がかかるが、水俣病問題を少なからず解決へ前進させる効果はあった。また市民運動の支援も、地域の再生をめざして、小さいながら定着した努力をつづけるようになった。患者の治療、授産、生業の転換の支援など、その試みには見るべきものがある。

水俣病を再発させぬために

日本国内だけではなく、世界の各地で汚染が進行しているときに、水俣病の患者が不自由な身体を押して、世界へ出て行き、汚染に警告を与えたことは特記すべきであろう。その足跡は一九七二年のストックホルム国連人間環境会議にはじまり、七六年のバンクーバー国連人間居住会議、カナダ奥地のインディアンの村から、ポーランド、インド、八二年の国連環境計画一〇周年会議〔地球サミット、リオ・デ・ジャネイロ〕、更にインドネシアのジャカルタ湾の水銀汚染の現場へとつづく。インドのボパールで起った数千人の死者を出したガス洩れ事件に最初に怒りの声をあげたのも彼等であり、水俣病発見三〇周年を記念して、アジア諸国から代表を招いて、国際会議を開くことをよびかけている。水俣病を広く知らせ、その再発を防ぐために被害者自身が果した役割は、いかに強調しても過ぎることはない。

また多くの市民が運動を支援し、その体験から生き方をつかんで行ったが、その中に芸術家が多く参加し、それぞれの表現を以て運動に寄与した点でも、水俣病は特異な事件である。桑原史成は、その表現活動の最初を、水俣病で出発し、その作品が日本写真批評家協会新人賞を得たこともまた記念すべきめぐりあわせであった。被害者の家に住み込み、漁を手伝いながら取材をしてゆく、一寸そそっかしく図々しい無名のカメラマンの行動力に、学生時代の私も大いにはげまされたものであり、一枚の感動的な画面の裏に、どのような努力があるかを知って、私自身の仕事にも教えられるところがあった。水俣病の真相をつかめたのも、彼の協力のおかげであった。未知の分野への踏みこみを私達は共に体験した。ここにまた写真集の末尾にささやかな解説を記すことは、私にとっても光栄であり、氏の更なる大成を祈るものである。

（桑原史成写真集『水俣――終わりなき三〇年　原点から転生へ』解説、径書房、一九八六年四月）

❖1971❖

技術者の悔恨
一九七〇年を振り返って

一〇年前、水俣病がまだ終っていないと考えた人間は、せいぜい五本の指で数えられるほどしかなかった。今はどうだろう。何万という人間が自分の生活を多少犠牲にしても、水俣病ははじまったばかりだということを叫び、行動しているのだ。私の調査のはじまった頃、水俣病患者は一様におずおずと、前こごみになって、病気になったのは自分が悪かったとでもいうような顔をして私の質問に答えてくれたのであった。それが今は、「この身体を見てくれ、これが水俣病だ」と多勢の前で言いきれる人々になるとは、私にはその当時まるで考えられない、ありえないことであった。そこには私を力づける変化がある。

しかし、それでも私の心は晴れない。東大工学部出身の技術者が開発し、生産している技術、それは近代科学技術といってよいものだが、それが日夜、水銀を流し、水銀をとめれば、今度は別の何か未知な毒を流し続けていることは、この一〇年間全く変っていないし、その規模ははるかに大きくなっているのだから。しかもその技術を使う人間は、製品を生産することが絶対の善であり、そこから出る排水や毒ガスをたれ流すこともやむを得ないと考えるのが普通なのだ。その教育養成方法は全く変らず一〇年前と同じ、あるいは更に近代合理主義（といえば聞えがいいが、要するに金もうけ主義である）に裏うちされた教育が、同じメンバーでなされていることを知っておかなければならない。

東京の「〔水俣病を〕告発する会」に参加しながら、私が行動する中心には、いつもこの問題がある。科学技術をもって生活を豊かにしようと出発した私の青年期は、水俣病によってその基盤がすでに砕かれていたことを、感度の鈍い私は今になってようやく身にしみはじめた。私が最初に科学者になろうと志し、科学実験を自分の手ではじめたのは国民学校二年の時だから、三〇年間選び続けた職業の必然的な帰結に水俣病と公害があるとしたら、私はどうすればいいのだろうか。水俣病患者の前に手をついて土下座したことですむことではない。この文章を書いている今でも、大声で泣き、叫び出したくなるが、それで患者の苦しみが少しでも楽になるということもないのだ。

せめてできることと言えば、私が身につけてきた科学と技術なるものを裸にして、それが公害に導く必然性を誰の目にも見えるようにはっきりさせ、私の三〇年歩んだ道を今後くり返させないようにすることだろうか。今大学で相も変らず進められている〔大学紛争後の〕「正常化」をあばき出し、何が「正常」なのかをはっきりさせることが、いくらかでもこの方向に役立つことだろうか。

しかし、東大の中ではこの叫びはごく少数の耳にしかとどかない。無理もないことだ。学生とその家族が、出世のために東大を志望することを決めたとたんに、かつての私の道をえらびとったことになるからだ。私の悔恨と叫びをよそに毎日、工学部では（全学部でも）下らぬ「学問」の植えつけが進行している。かくして告発の会の青年たちのあせりと苦しみを私も共有することになる。
それでも私はささやかな自主講座をつづけ、走り、叫びつづけるだろう。共に苦しむ友が一人でもいるならば。はるかかなたに水俣病患者の姿が見える。その中には、口をとざして語らない一任派の人々ももちろん入っているのだ。

（『苦海』六号、東京・水俣病を告発する会、一九七一年三月）

❖1971❖

東京でのいら立ち

〝よかよか、そのうちみんな毒地獄ぞ〟

春になりました。

去年の今ごろ、私は今と同じようにいらいらしながら、あの水俣病補償処理の進行をみつめていました。何かをしなければとじりじりしながら、あの三人委員会[*1]のおえら方の仕事に対しては手のつけようもなかったのです。裁判もお先まっくらというのが正直なところでした。熊本からは、企業責任のレポートが順調には進まないという報告がくり返し伝えられました。五月の抗議行動は、そうしたいろいろな不満と怒りの爆発でした。

あれから一年たって、ずいぶんいろんなことがあったのに、私のいらいらした気分は一向におさまりません。私だけではなく、まわりに見かける「告発の会」の若い人達にも、ずいぶん広く伝染してしまっているようです。努力にもかかわらず眼に見えた事態の進展がないために、私たちの不満と怒りは又爆発しそうです。

だが、患者の自覚症状の一つに数えられる手足の先がじんじんする感じ、口がもつれて言いたいことが出てこないもどかしさというのは、こうした苦しみの何倍も、何十倍も強いものではないだろうか、とふと考えます。十幾年もそういう苦しみの中に生きなければならなかった水俣病患者の眼から見たならば、私の苦しみはどんなふうに見えるだろうか、あの彼岸の世界にある明るさの中にあっても、肉体的な苦しみは自覚症状として一刻も忘れられないのが患者の生活というものではないでしょうか。

なかなか、患者の立場に身をおいて、などと簡単に言えるものではありません。自分でそんな言葉を不用意に口にするたびに、しまったと思い、汗を流し、そして本当に自分がかかっていたらどうするだろうかと思い直して仕事にとりかかる毎日です。

ふたたび地獄の底について

去年の五月、補償処理の過程を静かにながめていたある患者のつぶやいた一言は、予想より早く実現しました。

「よかよか、そのうちみんな毒地獄ぞ」

水銀マグロだけではなくPCB〔ポリ塩化ビフェニル〕汚染の存在が四月になって全国的に明らかにされました。カネミ油症の原因となった物質が日本中の魚を汚染しているというのです。もう逃げようがありません。もう我々は地獄の底に居るのです。

従ってこのおそろしげな言葉にも、もうおどろく必要はないのです。あとは自分の位置がはっきりわかったから、どうするかを考えるだけが残された仕事です。私はまず地獄の探険をおすすめします。落ちるところまで落ちた以上、もうあまりあわてることはありますまい。

私たちがこの気ちがいじみた東京にがつがつ生きるために、どれほど日本を食いあらして来たか、足尾からはじまる日本の公害の歴史を、足で歩いてたしかめて下さい。水俣病が決して不幸な偶然ではなく、日本の近代文明の当然の帰結であったことがはっきりします。いわば水俣病は私たちの生きる基盤だったのです。中国の歴史は人を食う行為の連続であったと魯迅が書いたことは、我々の歴史にもきれいにあてはまります。我々がいかに残酷であり、虫がいいかを知らなければ、我々はそれにもまさる残酷で虫のいい行動を運動の中でくり返してしまうでしょう。

特に若い人たちのあせりは身にしみるのですが、敵を知らずしてのケンカは無益です。やらない方がよいこともあります。

熊本での対話

「今度の未認定患者の反論書はずいぶんよく書けているが、やはり東京で書いたものという気がするな。」

「どこが気に入らんのかね、ぼんやりと言われたって直しようがないよ。」

「それが困るのだ。東京で書くと、どうしても文章の表現が上すべりするのだ。自分をぎりぎりまでおさえて書かないとどうも水俣病には合わないのだよ。熊本で書いた各論と、東京で書いた総論とのちがいはそこだ。」

「そうは言うけどね、東京で毎日大所高所からの上っ調子の議論を聞かされていると、知らず知らずに骨までやられるね。俺自身そう思うもんな。」

「東京から来た衆はすぐわかるよ。患者さんのところへ行っても口数が多いからな。啓蒙とか、教えてやるといった態度がつい出るのはおかしいよ。俺なんか患者さんの前へ出ると口がきけなくなるのが普通だけどなあ。」

「自分で調べなくちゃダメだね。文献を読んで報告をまとめるにしても、一行でもいいから自分でたしかめたことをつけ加えるというイコジさがないのが、都会での学生の常だね。」

「自分の頭で考えることを大切にしないような教育を受けているから無理もないよ。自分の考えが文献か他人に裏づけされないとまるで自信がないんだな。だから際限なき自己否定になって行動が生まれない。」

「告発の会は自分で考える人間の集団にしようてことだな。それで運動が出来なければ日本には公害反対運動なんて要らないということだろう。特に東京はそうやってほしいな。」

これが三月のある夜、熊本で富樫〔貞夫、熊本大学法学部〕、原田〔正純、熊本大学医学部〕、本田〔啓吉、水俣病を告発する会代表〕の各氏と私が話したことでした。

編註

＊1　三人委員会とは、一九六九年四月に厚生省が発足させた水俣病補償処理委員会のこと。千種達夫（成蹊大学教授、元東京高裁判事）、笠松章（東大医学部精神科教授）、三好重夫（地方制度調査会副会長）の各氏

で構成された。

（『苦海』七号、東京・水俣病を告発する会、一九七一年五月）

❖1972❖

現場の目

通り抜けた明るさ

〔一九七一年〕一一月はじめからもう二カ月近くも、新しく認定された水俣病患者が、交渉を求めてチッソ水俣工場門前へ座りこみ、一二月から東京本社へも座りこんだ。チッソの返事は、患者の水俣病は疑わしいから中央公害審査会へかけたい、それまでは交渉に応じないの一点張りである。社長は病気だが水俣病患者との交渉は社長が直接にやるから他の代表者は交渉できないといいながら、もう一方では何の支障もなく営業はつづけている。こうして東京のまん中で、水俣病患者の干し殺しが堂々とつづけられる。せめて営業行為なみに水俣病にも真剣に対処してほしいという患者の願いに、チッソは耳をふさいだままである。

一年前に行なわれた水俣病補償処理委員会〔座長、千種達夫元東京高裁判事〕の茶番劇で、新認定患者たちは第三者機関があてにならぬことを身にしみている。千種委員会なるものは結局は当事者双方の声を公平に聞いたというだけのものだった。水俣病そのものを理解しようとする努力はなく、みずから神の如く公平であると信じた老人たちが、ろくに調べもせず両方の申立ての中をとったあっせんをしたに過ぎなかった。

公害に第三者はあり得ないことを私はくり返し書いて、ようやくそれは常識として定着しはじめている。社会的抑圧の一つのあらわれであり、しかも加害者企業と被害者住民の間に圧倒的な力の差がある公害で、第三者が双方の言い分を公平に聞くなどとは、初めから現状を是認し、現実にあり得ない虚構の立場をまるで存在するかのように民衆に思いこませる犯罪的な行為でしかない。それでもなお公平にやると言うならば、それはチッソが背負うべき水俣病の責任を第三者機関が代って負うことになるとの患者の叫びは、事態の奥底にあるものを見通した、地獄を透視する者の声である。公害審査委員が人間なのか、体制の単なる部品に過ぎないのかは、この声に耳を傾けるか否かによってはっきりするだろう。

七〇年六月の水俣病補償処理のあと、あの悪名高い五九年一二月の見舞金協定の中にある永久示談条項、今後水俣病が工場排水によって起ったとわかっても一切追加補償はしないという一項目は無効だと判定できないと語った千種委員長は、当の水俣工場が水俣漁協との間に、同じような意味の永久示談条項を含む漁業被害補償協定を大正一四(一九二五)年以来三回も結び直していること、すなわち永久示談条項はすでに水俣工場によって否認された前例があることを全く知らなかった。そのことを指摘された老法学者千種氏は絶句し、ついに答える言葉がなかった。双方の言い分をいくら公平に聞いたつもりでも、こういうかくされた事実は決して出て来ないものである。

水俣病研究の初期、五六年から五九年にかけて、水俣工場は自らの工程や原料の種類についての情報をひたかくしにして、熊本大学を中心とした研究陣の努力に非協力であったが、この点は工場側に過失があるか否かを左右する重大な争点であった。工場側にこの当時の協力状況をたずねた委員の一人、笠松〔章〕教授（東大医）は、工場内で使用する原料については皆申告したが、実験室で使用するような小量の薬品類までは申告しなかったので、水銀の使用について報告しなかった点には過失はないと判断した。のちにそのころの水銀損失量、従って触媒としての補給量が、一日数十キログラムであったと私たちから聞かされた笠松教授は顔色をかえた。どう見ても数十キログラムとは申告を忘れてすむような小量ではなかったからである。

たとえ公正無私、神の如き第三者機関であろうと、このような当事者すら語らない真相をすべて知りつくしているのでない限り、水俣病についての責任の判断は不可能である。

業病、奇病として恐れられ、蔑まれた患者の社会的な生活の一端をかいま見た私にも、五六年から今日までの患者の差別された苦しみを想像することは全く不可能であった。まして一刻たりとも忘れることのできない水俣病症状の病苦を認識するには、メチル水銀を飲んで自らも水俣病となるほかには道がないのではないかとさえ思う。私たちが水俣病の症状について語ろうとするとき、口が重くなり、言葉が出なくなるのはそのためだ。公正なる第三者、すなわち決して被害者の立場には立とうとしない人々に、水俣病の認識が根本的にできないことが明らかではないか。

こんなわかり切った事実を前にして、それでもなお公正を口にしうる者があるならば、私はそれは人間とは思えない。前記の事実を指摘されたときの老法学者千種氏の挙動は、まさに法律ロボットとしか名づけようのないものであった。公害審査会委員の各氏は、こうした前例に目をつぶって、あえてロボットへの道をあゆむのであろうか。自らを、神の如く公正にしてすべての真実を知りつくすものとして、公害被害者の上に君臨するのであろうか。それとも、事実の深淵の底までくぐって、公害のおそろしさの前に、自分も又一人の人間にすぎないことを痛感して、語ることをやめるか。私もまたこんな当り前のことを世の上に立つ人々が理解してくれるならば、もう語るのをやめたいのである。

この一〇年あまり、私もまた同じ問の前に立ち続けて来た。公害をはじめとする社会的抑圧の数々を目にして、語ることのむなしさを身にしみながらもなお自らに鞭打って語りつづけて来た。今なお答えは完全には出せない。苦しむ人々を見て、やがては我が身の上と思いながらその苦しみの万分の一でも代弁することでなにがしかの良心の苛責を免れようとしていたが、水俣病の実相を眼前にしては、口をきく気力も失せてしまうのである。私も又あの委員たちと同じように、他人よりも公害をよく知っていると思いあがっては居なかったであろうか。公害について公平な判断ができるなどと幻想を抱いたことはなかったか。

この問にだまりこむ私に被害者は呼びかける。よその人に苦しみを知ってもらって、同じ苦しみをくり返さぬようにするには、あんたの力もかしてほしい。早い話が外人一人に納得させるにも、英語で説明してくれる人がおらんと実に不便だ。日本中ふれて歩くにも、あちこちに顔の広い人がおった方が便利にはちがいない。まあこれからも一緒にやってくれないか。本当に明るい声でそう頼まれれば、身のほど知らずにもう一度やってみようかなどと思ってしまうのである。

しかしさすがに気楽な私も、公害をめぐるさまざまなシステムが組み立てられ、法律や通達や協定などというこみ入った機構が自動的に公害を処理するために動き出した現状を見ると、再び立ちすくんでしまう。本質とは何の係りもない、むしろ本質を見えなくするための仕組がここまで脹れ上って来ると、やり切れなさに沈みこんでゆく自分に気づく。

私自身も、地獄の底までつき合って、通り抜けた明るさを経験する他に道はないのだろうか。

（『展望』一五八号、一九七二年二月）

❖1968❖

水俣病を追って

『公害の政治学』あとがき

一九五九（昭和三四）年の夏、水俣病の原因として有機水銀説が発表され、続いて一一月初めに全国紙の社会面にかなり大きな見出しで水俣病と不知火海の漁民乱入事件の記事がのるまでは、私はこの病気の存在を知らず、その重大さにも気づかなかったことを告白しなければならない。

一九五六（昭和三一）年に大学の応用化学科を卒業して日本ゼオンKKに入社した私は、かけ出しの現場技術者の一人として、高岡工場の建設と試運転に参加し、塩化ビニル樹脂の製造工程で扱う水銀塩を、作業が終わった後では当然のように水で洗い流した経験があった。工場の試運転や停止のときには殊にそうした「水に流す」機会が多かったのはそれまでの私の経験からも言える。

その後、思うところがあって会社をやめ、大学院の受験準備をしていた私に衝撃を与えたのが有機水銀説だった。かつて私自身が水に流したことのある水銀から、こんな恐ろしい病気が起こる可能性があるのだろうか。私はこの疑問を抱いて、加害者としての立場から調べ始めた。

そのころ、大阪の小さな町工場にたいへん有利なアルバイトの仕事があって、年に数回大阪へ行くと、かなりまとまった金額を受け取ることになった。私にとっていわば不労所得のこの収入が、水俣への旅費となって私の調査を支えた。水俣病という共通の関心で知り合った無名のプロカメラマン、桑原史成氏との快い競争を含んだ協力は、仕事を進める大きな助けとなった。

それにしても、一人で調査を進めるのは実に陰気な仕事である。医師でさえ治せない病気のことを、一つ一つ事実を尋ねてまわったところで、患者の苦しみをやわらげる何ほどの足しにもならない。患者の悲惨さを直視すること自体が、大学院学生である私のめぐまれた環境を思う時に苦痛となる。いったい何のためにこんな調査を続けるのだという疑いは、数年間私についてまわった。もし私が水俣市の作家、石牟礼〔道子〕氏たちのグループや、細川博士、伊藤〔蓮雄〕保健所長など、全身をあげてこの病気とそれぞれにたたかった誠実な勇気ある人々にめぐり会わなかったら、とうにこの仕事を投げ出していたかもしれない。

調査の進むにつれて工場排水問題の重要性に眼を開かれた私は、一九六二〔昭和三七〕年にそれまでのプラスチックの加工研究を切り上げて衛生工学の研究室に移り、一生をかけてこの仕事に取り組むことに決めた。問題の広がりの大きさに、それまで全く自分の専門とは無関係と思い込んでいた社会科学の勉強もしなければならなくなった。現在までの数年はあらゆる知識を吸収し、それを実際に試してみることから、科学や技術を評価する試みの繰り返しであった。

しかし私たちの努力は、この病気の新潟での再発〔一九六五年、新潟水俣病の発生確認〕をくいとめることができなかった。恐ろしい水俣病が、まさか再発することはないとたかをくくっていた見通しの甘さを、自分に責めるほかはない。北陸地方にも水銀の多い魚がいるという水俣工場側の反論をもっと早く気がついて掘り下げていたら、あるいは再発は防止できたのではないかとの悔恨は今も心から離れない。

水俣では傍観者にすぎなかった私も、新潟の再発に責任をのがれられない以上、今度こそ原因をつきとめるために寄与しなければならない。今度は知らぬ顔は出来ない。そう考えて三年あまり、私はようやく本書〔『公害の政治学』〕に記した結論にたどりついた。水俣病の発見から一二年、公害の多発とその深刻さは水や大気の汚染ばかりでなく騒音・振動・地盤沈下・自動車排気ガス・食品汚染と、生活のあらゆる分野に年とともに加速度的な勢いで広がったが、これに立ち向かう力もまた大きく成長した。かつて私がこの仕事を始めたころ、友人の社会科学者にしばしば協力を呼びかけたが、研究対象としての興味を示したものはまれであった。今では公害は流行の研究テーマの一つになっている。三島・沼津〔石油コンビナート反対運動〕の教師や医師、新潟の弁護士のように、新しい型の研究者が各地に育ち始めた。公害の本質もだんだんに多くの人の眼に明らかになっている。これは明るい希望の一つである。

本書では、良きにつけ悪しきにつけ、固有名詞をいっさい省かない方針をとった。私の体験から、固有名詞は最も重要なデータの一部であることを痛感したためである。このために個人的な善意から出発して、負の評価を与えられたと感ずる人もあろう。しかし公害を科学的に解析するためには避けられない問題であると私は考える。

執筆にかかってから、急にＷＨＯによる学術交流の予定が決まったために、私の身辺はとみに忙しくなった。幾度か投げ出しかけた私をはげましたのは三省堂編集部の変わらぬ熱意であった。この本は、こうして多くの人々の努力に支えられて出来上がった。そして私はこの本を公害の犠牲になって死にゆく患者、死者たちへの連帯の決意として捧げる。

新潟・水俣病発表三周年の一九六八年六月一二日

(『公害の政治学――水俣病を追って』あとがき、三省堂新書、一九六八年七月)

❖1963❖

水俣病　第一部　序論

富田八郎

第1章　はしがき

悲惨な公害の歴史のうちでも、その規模と深刻さの点で、水俣病は注目をひいた事件である。[1][2]更に、原因究明と対策までの研究経過、事件に対するいろいろな利害関係のからみ合いと各階層の反応、研究調査の結果得られた知見など、それぞれ典型的な側面をもち、この事件の解明は今後に予想される公害の研究、対策に貴重な示唆を含んでいるために、ここに詳細に報告する必要があると考える。

今後、十数回にわたって報告する予定であるが、途中でも質問、意見を編集部に寄せていただきたい。報告者として、この面からの会員の充分な援助を期待する。

第2章　水俣病とは何か

すでに、水俣病については、多数の詳細な報告があるが、入手が困難なので、実態はあまり知られていない。最もまとまった資料として、熊本県衛生部が発行した、「熊本県水俣湾産魚介類を多量摂取することによって起こる食中毒について」[3]（一九六二年一〇月版）がある。この緒言の報告を次に引用する。

> 熊本県南の鹿児島県境に近い臨海工業都市水俣市の不知火海に面する沿岸の一定地域に錐体外路系の障害を主兆候とする原因不明の中枢神経疾病患者が、昭和二八（一九五三）年以来散発してきたのであるが原因不明のまま経過していた。
>
> ところが、昭和三一（一九五六）年には春夏にわたり急激に患者が増加して、一一月末には五四名となり、なおその後潜在患者を発見したもの及び新患発生を合計すると一〇五名に達し、内三七名の死亡者を出した。
>
> 然も本症は、性別、老幼を問わず侵し、一般に貧寒な漁師の家族に多く発生し又家族姻族発生が濃厚であり、その予後も四〇％近い死亡率を示し、幸いに死を免れた者も悲惨な後遺症を残し、極めて憂慮すべき疾患である。

もちろんこの簡単な記述のみで水俣病を理解するのは困難である。この事件が、社会的に最も注目をあびた一九五九年の末に、「熊本日日新聞」が特集した七日間にわたるルポルタージュは、これも又別の側面から事件の真相をよく伝えている点ですぐれた資料である。少し長くなるが、主なところを引用してみよう。

政治の貧困が問題のすべてをおおい、そのドロ沼のなかで漁民と警官がいくたびか血を流し、学者と工場が論争をくり返す――これが水俣病問題だ。衆議院の調査団がのり出して、政府も熊本県もやっと最近になって重い腰をあげかけた。県民も南の端のできごととして、無関心であったようだ。

「代議士さん、お救い下さい、漁民を!」こんなプラカードに迎えられて国会調査団の一行が暮色濃い芦北郡津奈木村大泊港へ入る。なかでも一行の紅一点堤ツルヨ議員が「母の立場から、妻の立場から」とあいさつすると、漁民たちはもう目にハンカチをあてる。やがて「おねがいします」と一斉に手をふり、頭を下げる漁民たちをあとに一行を乗せた船は静かにかえってゆく。待ちに待った国会調査団がようやくやってきたのだ。病気が出てから実に四年目のことだ。

この年、一九五九年には、水俣病による社会不安はその絶頂に達した。ようやく問題の原因が工場にあるらしいと一般に考えられるようになり、原因物質が有機水銀化合物にしぼられ、漁民と患者の補償要求が持ち上り、八月一三日、一一月二日に漁民の工場乱入事件が起った。この国会調査団現地視察は一一月二日のことである。一方、工場側から有機アミン中毒説や、爆弾説などいろいろな異状が出されたのもこのころであった。

恐ろしい病気の発生、汚染される不知火海、工場へ乱入するモッブ〔暴徒〕化した漁民たち――熊本県の最南端の工業都市「みなまた」はいまやニュースの焦点である。市へ一歩足をふみ入れると、とたんに化学工業特有のいやなにおいが鼻をつく。近代工業の出現で、海辺の小さな寒村がたちまち人口五万の都市にふくれあがった街。この市がその近代工場をめぐって世界に例のない、おそろしい死の恐怖の街になりさがろうとしている。「唐津からアジ入荷」「水俣の魚は売っていません」そんな魚屋の店頭のはりがみを眺めながら、恐ろしい水俣病の発生地、月の浦、湯堂《ゆどう》、茂道《もどう》の各部落へ足をのばす。確かに水俣の秋は美しい。したたるような茂道松のミドリが静かな湖水を思わす水俣湾にかげをうつしている。遠くにかすむ天草島。海老原〔喜之助〕画伯が「清潔な風景」とほめたところだ。そしてこの静かな海は豊かな海の幸を約束していた。しかしいまこの海は一つの船影もとどめない。岸辺に引きあげられた漁船は朽ちかけ、漁師はぼんやり海を眺めるばかり。海は死んでしまったのだ。

「この八月から網はなおしたままです。魚はとっても売れないし、目の前に魚をみながら食えもしない。わたしたちはどうすればよいのですか」という渡辺栄蔵さんは家族から二人の患者を出し、わずか二五アールの畑で、一一人の家族を養っている。いま部落のあちこちでは娘の身売り話がとんでいる。「毎日ムギとイモだけ。米の飯はずいぶん拝みません。それでも借金は増えるいっぽうです」という漁民たちにとって、前借のきく年季奉公ほど安易な急場しのぎはないのであろう。弁当が作れずに学校へ行けない子供たちもぼつぼつでているらしい。平和な水俣湾の漁村を暗い絶望のどん底に追いこんだ水俣病。いまフィルムを四年前まで巻きもどしてみよう。患者第一号を出した同市月の浦、漁業の田中義光さんは当時のもようをこう話してくれた。

「あれは三一（一九五六）年の四月でしたよ。静子（当時七つ）が朝食のとき、何度も茶碗を落とすんです。メシを粗末にするなとビンタを食わせたんです。泣きながら靴をはこうとしては何度も転ぶ。おかしいなと思い医者へ走りました。三軒回ったが医者もわからんという。女房は父ちゃんもう死のうというし、やっと日窒附属病院で奇病だといわれた。それから三日して熊大から先生がきて、中毒だ、マツタケを食ったろうという。カキや貝は毎日食ってたけれどそんなものは食べなかったし、そのうち目が見えなくなり、つぎの実子（当時四つ）も発病した。いま考えてみると、水俣には節句前にビナとって食わんとウジになるといういいつたえがあって、発病前うんと食わせたんですよ」

太いこぶしで目をこする田中さん。この静子ちゃんも鼻からゴム管で栄養をとりながら三年間生きつづけたが、この春ついに死んでしまった。実子ちゃんはいまなお水俣市立病院のベッドに身を横たえている。

水俣保健所の伊藤〔蓮雄〕所長も当時のことをいまでもはっきり覚えている。「日窒病院の野田〔兼喜〕医師が真っ青になってとびこんできた。奇病がでたという。診てみたがわからない。県の指示にしたがい日本脳炎の疑いということで隔離した。医師会を招集したら、俺も診たという人が何人もいる。そこで対策委員会を設けて調べたら二八（一九五三）年に第一号がでていることをつきとめた。この時だけで五一例見つけた。さあ大変だ。奇病だというので熊大へ送った。漁師がかかったから原因は魚だろうということになったが、死亡者が出て、重金属による脳中毒症という病気の正体がやっとわかったのです」

それから四年、患者はしだいに増えるいっぽうで、七六人がかかり、もう二九人が死んだ。生き残ったものも、生まれもつかぬカタワ《ママ》になって、植物のように生きている。病気の波紋は次々にひろがり、北上して津奈木村にまで達した。そしてたけり狂った漁民が工場を打ちこわすという騒動にまでひろがってしまったのだ。「四年前に手が打たれていたら、これほどまでにはならなかったろうに」と水俣漁協の中村〔新吾〕参事はいう。逆にいえば四年も放ったらかされていたという事実のなかに、政治の貧困と九州の端っこという距離感のずれ、そして泣きねいりになっていた漁民たちの後進性をみないわけにはいかない。

この水俣病が集団的に発生したのは、一九五六年の四、五月のころからであり、原因について当初は何の手がかりもなく、ビールス〔ウイルス〕や細菌による伝染性のものとも考えられた。ただちに現地の医師や熊本大学医学部によって、疫学的な調査がはじめられ、秋には伝染病でないことがわかり、重金属中毒であって人体内への侵入は魚貝によると発表された。この当時疑われた原因物質はマンガンが主であった。県資料には、水俣保健所の業務日誌をもとした詳細な経過日誌がのっている。この原本は、一九五九年ころの水俣保健所の失火による全焼の際焼けてしまったので、県資料の記述は貴重である。

原因物質として疑われたマンガンは、患者の病理所見とは一致しない。セレン、タリウム等も原因ではないかと疑われ、事実この種の重金属類による水俣湾海域の汚染ははなはだしく、魚介類中にも比較的大量に発見されたので、真因である水銀化合物にたどりついたのは一九五九年はじめであった。

水俣附近は小規模なリアス状地形で、西北から東南に傾いた水成岩を基盤としたゆるい岡が溺谷をつくっている。静かな入海があちこちにあり、それぞれ漁港をもっている小さな漁師部落が点在する。耕地は少なく、専業農業はごくわずかである。一方漁業は、内海における小規模な沿岸漁業がほとんどで、刺網、タコツボ、ホコツキなど、原始的なものが多い。むしろ庭先漁業といった方が正確な位である。一つには漁業経営を大規模にするほどの大きな漁獲がなく、魚種が豊富であるためであろう。

魚は獲っても売れず、食えもしない。そこで苦しまぎれに漁民の何人かはひそかに鹿児島側へ密漁に出かけているという。見つかっても事情を知っているので、向こうも大目にみてくれるらしい。そんなうわさが伝わって、われもわれもと出かけたが、アミにかかったのは一夜でエビ数匹という不漁つづきでは、漁民たちは密漁の元気さえ失いかけている。

美しい水俣湾。そのたたずまいはいまも変らないが、海底には工場から流れ出るドベが三メートルもつもり、豊かな海藻類も枯れはてた。しかしこの海はかつては水俣、芦北の漁民たちが楽しみにしていた漁場だったのだ。黒の瀬戸の激しい潮流にのった魚群は一度湾内でひと息入れたのち不知火海へ散ってゆく。ボラ、コノシロ、カタクチイワシ、エビ、チヌ、魚の種類も多く、湾内だけの年間の水揚げ高が七千万円を超えるという一級漁場だった。この好漁場に船が出なくなってからすでに久しい。四年のブランクで、皮肉にも湾内の魚群はおびただしい繁殖をみせた。夕日を浴びてキラキラ光る水面を、時折り魚がとぶ。だがその魚は毒魚なのだ。

すばしっこいはずのチヌが簡単にアミですくえたり、大きな魚がヒョロヒョロ川をさかのぼっていく。やがてネコがバタバタ倒れ、カラス、水鳥、犬がやられた。解剖してみると症状はそっくり。脳の中枢神経をやられている。明らかな水俣病だ。干しイリコを盗んだネコが、ヨダレをたらし、のたうちまわる姿はまさにこの世の地獄絵巻だ。こうしていつか水俣からネコが姿を消してしまった。やがてネコの狂い死には水俣を中心に、南は米ノ津（鹿児島県出水市）から獅子島、津奈木、湯浦一帯までひろがり、ウワサはウワサを呼び、恐怖は広がっていった。そしてこれら水俣病ネコの症状はそっくり人間のものと同じなのだ。

発生当時、口をふるわし、手足がしびれる奇病のウワサは誰からともなく漁師の間に流れていた。だが、「あいつは多分、ヤミ焼《しょう》ちゅうをやったんだろう」と笑い話ですまされていた。しかし子供たちまで次々に倒れるにおよんで、笑いは凍りついてしまったのだ。

水俣病、それは世界中で水俣だけにしかない恐ろしい病気だと熊大の世良〔完介〕医学部長はいっている。水俣第一中学のある生徒は、「奇病」と題するこんな作文を書いていた。

「奇病のもんな飛んでされくとですばい。そしてな、ネコの一間ばっかり飛んで、くるくるち舞うて、ことっちいくとですばい、とおじいさんがいわれた。ぼくはそれを聞いて、ぞうとした。ぼくの父が耳と口と手が悪うなっとですなというと、おじさんは、ごはんは口に入れんばんとば、頭にもっていったりすっとちですなといわれた」

方言のもつおかしみをとおりこして、そのおそろしさが胸をうつ。

魚やネコにあらわれた病変については、熊本大学水俣病研究班の報告（武内忠男ほか「熊本医学会誌」三一巻補冊二、三四巻補冊三など）に詳しく出ている。又、ネコの集団自殺行動について、水上勉氏の『海の牙』〔一九六〇年〕にはそのおそろしさがあますところなく記されている。実は、このネコの発症は、不知火海の対岸の島々にも及んだほど広範囲におこったらしい。ここにあげられた地名はほんの一部である。しかし、水俣病のうわさが立つと、魚が売れなくなる。そのために漁民は必死になってニュースが外にもれないようにかくした。従って記録に残っているのはわずかである。

亜硫酸ガスをふきあげる巨大な煙突の下で暴徒と化した漁民が工場の事務所などをメチャメチャにこわし、警官に石を投げた。警官は漁民を警棒でなぐり、倒れた漁民をふみつけた。工員はおびえて物かげにかくれ、市民はこの地獄絵図を不安げにみつめていた。衆議院の水俣病調査団が水俣市に着いた〔一九五九年一一月〕二日の夜、新日窒水俣工場は漁民の怒号の中にあった。工場の排水をすぐとめろ――彼等の怒りの要求であった。

この朝、不知火海沿岸の漁民約二千人は天草、芦北、八代から、それぞれ船団を組みマストに旗をひるがえして水俣百間《ひやくけん》港に上陸、調査団に、先生たちのお力にすがります、と窮状を訴えた。万歳で迎えられた調査団はまるで救世主あつかいだった。松田鉄蔵団長（自民、北海道）は「あなたたちがこれまで不穏な行動をとらなかったことに敬意を表します。必ず問題の解決に努力します」と約束した。ところがこのあと三時間もへないうち、おとなしいといわれた漁民たちが工場に乱入したのだ。

二日の騒動には水俣市の漁協は加わっていない。これは被害の最も深刻だった同漁協だけが、工場とやっさもっさの紛争のすえ、一足さきに三五〇〇万円の漁業補償を工場からもらっていたからだ。このときも漁民は工場に石を投げ、数人の職員がケガをした。二日の紛争はそれより大規模なものだった。

このときの漁民は、不知火海沿岸の各漁協の連合大会に集って来たものだった。水俣市漁協の補償金交渉が一応解決したのは、その少し前、〔一九五九年〕八月末のことである。不知火海沿岸の各漁協の日窒の協定が成立したのは、その年の暮、一二月半ばであった。

それでは、一番直接の被害者、水俣病の患者たちはどうなったか。少なくともこの乱入事件までは、補償を要求する元気もなかった。ようやくこの年の一一月末、一人三〇〇万円の補償要求をかかげて、工場正門前にすわりこみを開始した。この紛争は、県知事をはじめとするあっせんにより、一二月二九日に調停が成立した。死者に対する見舞金、三二万円であった。

このいくつかの紛争をめぐる各階層の反応と動きについては、のちに回を改めてくわしくのべる。だが今考えてもなお印象的なものは、革新勢力の無方針な不介入主義であった。次に引用するルポルタージュの中で、自民党の議員に叱りとばされる社会党の県議、長野氏は、最近妥決した新日窒の争議〔安定賃金闘争、一九六二〜六三年〕において第一組合の委員長をつとめたその人である。

このときは、労働組合は会社と一致して工場の操業停止にたいしてたたかった。しかし、患者のすわり込みに対して、テントを貸したり、陣中見舞をおくる程度の同情は示したことを、ここに記しておこう。

・赤路友蔵議員（社会） 何だって！ こんなに漁民が騒いでいるのに、県が出した原因究明の研究費はたった一〇〇万円か。人命に関することですよ！
・堤ツルヨ議員（社会） 熊本県はなぜ積極的に、排水問題で工場と交渉しないの？ ノンビリしているわね。知事さんもダメね。
・長野春利県議（社会） まことに政治の貧困です。私たちは…………
・松田鉄蔵議員（団長、自民） 何をいっているんだ、君！ そのことばはボクから君に返上してやるよ。君も県会議員だろう。県や県議会は今まで何をしていたんだ。
これは去る一日（一九五九年一一月）熊本県議会の本会議場でひらかれた衆議院水俣病調査団

の公聴会のひとこまである。堤ツルヨ女史に満座のなかで叱られた寺本〔廣作〕知事はすっかりクサっていた。調査団が三日間の視察で受けた印象は〝県の行政そのものが水保病的マヒ症状に陥っている〟ということだった。

水保病問題で県が打った手——それは政府に陳情して、やっとさる七月患者の専用病棟を水保市立病院につくり、二九人を公費（国庫補助患者一七人、生活保護法患者一二人）で入院させたのが唯一、最大のもの。だが、患者はいつ治るともわからぬ。そして、不知火海沿岸の漁民五千人とその家族への救済の手はまだ何も打たれていない。最近、県議会が県漁連と工場に〝知事を仲介に立てて話し合え〟と申し入れ、話し合いの糸口がつかめかけた段階だ。

調査団は県の怠慢を叱りとばして引き揚げた。だが、もし水保病問題が東京のド真中で起きていたら、国会もとっくの昔、調査に乗り出し、政府が解決の手を打っただろう。東京から一二〇〇キロ離れた熊本県の、しかもその最南端に起こった問題だけに、政府も国会も県も気のりうすだった。漁民が騒いでいまやっと関係当局が重い腰をあげかけたというのが実情だ。ことし国がくれた研究予算も県と同じ一〇〇万円である。

原爆マグロが東京に近い静岡県の焼津港にあがったとき、国会はすぐ問題をとりあげ、厚生省の技官はガイガー計数器をもって焼津にかけつけ、水産庁は汚染海域の調査にのり出した。だが、水保病には、それが死亡率三八％という恐ろしいものであっても、また、海と魚が汚染されているという類似のケースであっても、四年間も放置されていた。この行政当局のルーズは漁民に政治への失望と不信を根強く植えつけなかったか？

水俣湾の魚貝類に危険信号が出された三二（一九五七）年に、県は関係漁民に〝湾内の魚はとるなとはいわぬが売ってはいけない〟という妙な指示を出した。食品衛生法には、〝有毒な魚を売ってはならない〟と規定してあるが〝取ってはならない〟とは書いてない。だからこんな中途半端な指示になった。ザル法的指示だ。漁民は生活が苦しいから、細々ながら魚をとり、自分も食べ、魚屋にも売った。そして三三（一九五八）年に三人、三四（一九五九）年に六人の新患者が発生した。

三二（一九五七）年当時も危険海域を設定して操業を禁止すべきだという意見が強かった。しかし、操業を完全にとめれば、それに伴なう漁業補償を出さねばならぬ。〝誰がそのカネを出すのか〟〝ネコの首に誰が鈴をかけるか〟でみんなが尻ごみした。三二年九月、参議院の社会労働委員会で森中守義議員（社会）が当時の米田厚生政務次官に〝食品衛生法が不備だ〟と質し、同次官も法の不備を認めた。しかしいままでは、同法の改正問題は立ち消え状態だ。厚生省には、〝漁民対策は水産庁のナワ張りだ〟という空気が強かった。いっぽう水産庁でも、〝現行漁業法では操業禁止はできぬ。魚の中毒だ。厚生省の仕事ではないか〟といっていた。

調査団の一人として来た坂田道太代議士（元厚生大臣）は〝手のつけにくい問題でね。水産庁と厚生省がお互いに妙に譲り合ったんだ〟と述懐し、松田団長も〝こんどから各省庁の責任回避をやめさせますよ〟と語っていた。県だけでなく関係各省もまた〝水俣病的マヒ症状〟だった。だからさる〔一九五九年〕一〇月、通産省が新日窒本社に〝八幡《はちまん》地区への排水をとめろ〟（排水溝は八幡と百間港の二カ所がある）と指示しても、漁民は〝オレたちをなだめに、通産省が会社と打った芝居だよ〃と行政当局への不信感をぬぐい切れない。

意外なことだが、この記事の発表後政府が取った措置といっては、実質的には何もなかった。国会調査団の成果として、若干の原因究明研究費が次年度にも支出されたこと（それもせいぜい一〇〇万足らずであった）および、入院患者に対する治療研究費が若干出ただけである。一方、原因を究明し対策をたてるために、厚生省、通産省をはじめとした連絡協議機関として「水俣病総合調査研究連絡協議会」が経済企画庁内に設けられたが、この協議会は一九六〇年中に三回、六一年はじめに一回会議を開いたのみで、その結果も公表されず、対策は何も立てないで、予算切れと共に活動を全く停止してしまった。一九六二年度には、この協議会は実質的に消えてしまったのである。

この時の通産相は、今をときめく池田勇人氏であったことを思い出せば、政府の態度がなぜこのように逃げ腰であったかは了解できるであろう。

しかし、その間にも熊本大学の医学部における原因究明の研究は、おそいながら進んでいた。一九五九年末のこのルポルタージュはそのありさまを次のように伝えている。

マンガン説、セレン説、タリウム説、有機水銀説。三転、四転したあげく〝奇病〃といわれた水俣病も、やっとその正体をあらわそうとしている。熊大研究班の三年の歩みは、そのまま奇病を一歩一歩土俵際へ追いつめてゆく闘いだった。一時は迷宮入りが伝えられるほどの難物だっただけに、班長の世良医学部長も、こんどは十中九までは間違いないと自信をみせている。

このデータをもとに、通産省は新日窒に対し八幡への排水即時中止を命じ、衆議院農林水産委は熊大研究陣への予算増額を決議した。漁民たちも「やっぱり排水だったか」とうなづいた。だが現実はあと一歩のところで、最後のキメ手がなく、新日窒側の巻き返えしPRと相まって、いぜんモヤモヤして割り切れない。なぜ割り切れないのか。行政も貧しかった。大資本への気兼ね、漁民の声も小さかった。奇病の後にひそむものは、奇病と同じくらい複雑怪奇なのだ。しかしたった一つ、奇病にとりつかれたら最後は死の覚悟が必要であることだ。

熊大研究班が有機水銀説を打ち出すまでの歩みをもう一度ふりかえってみよう。

今年〔一九五九年〕のはじめごろのことだ。熊大医学部病理教室は異状な興奮に包まれていた。ネコがついに水俣病そっくりの症状をみせはじめたのだ。同教室では一六匹のネコをつかって、有機水銀一一ミリグラムから、二四六ミリグラムを毎日与えていた。そのうちの一匹が五日目に発症、つづいて他のネコも一カ月以内に全部狂い出したのだ。失調、失明、下痢、脱毛、異常運動、けいれん発作、どれを比べてみてもそっくりだ。そこで文献探しがはじまり、比較してみると、これもそっくり。解剖の結果も、いままでのどの物質よりも似ている。やがて他の教室でも、続々ネコの発症に成功した。

そこで早速、湾内の泥土や海水調査がはじまった。まさか水銀みたいな高価なものがと半信半疑だった研究陣も、泥土の分析結果がでるに及んで、さらに確信を深めた。百間排水口のドベには一トンあたり二キロの水銀があることがわかった。これを日本合成熊本工場排水口と比べると、実に一千倍近いものすごさだ。つづいて魚貝類の水銀分析。ここでも水俣の魚は、熊本市のものより一〇〇倍多く、水俣病患者の尿のなかにも多量の水銀が発見された。さらに工場の製造過程を調べてみると、酢酸《さくさん》、硫酸、塩化ビニールを作るのにすべて、水銀を使っている。理学部が工場データではじき出したところでは六〇〇トンの水銀が海中へ流れ出ているという。長い水銀流失がつみ重なって、ついに限度に達し、発病したという見方が強まり、今年〔一九五九年〕七月研究陣は、「水俣病の主因としては有機水銀が最も疑わしい」と発表したのだ。そして発表はそれが工場排水によるものであることを、はっきり示していた。

熊大研究班がここまでたどりつくまでには実に三年の年月が費やされた。なぜこんなにおくれたのだろうか。公衆衛生教室の喜田村〔正次〕教授はこういっている。

「魚や貝で中毒した例はあるが、どの魚貝をたべても中毒するという例ははじめてだ。重金属中毒の例がすくなく、比較文献がとぼしかった。それに重金属の中毒症状はよく似ていて、判別しにくいし、物質がそのままの形で魚やネコの体内に入っているわけではなく、実験も時間がかかった。そしておまけに研究費はわずかしかない。こんな状況では、原因究明がおくれたのもやむを得なかった。」

しかしこのほかにも、研究陣のなかに大資本への気兼ねや遠慮がなかったとはいえないようだ。ある教授は「工場排水だということは最初からわかっていた。だが県一の工場を攻撃することで、工場が他へ取られれば、県民のためにプラスにはならないから遠慮していた」という。

この発言は学者の良心を全く売り渡したものと批判されても仕方がないだろう。

いずれにしても工場廃液への疑いは一段と濃くなった。残された最後のキメ手は魚が有毒化するメカニズムを突きとめることだ。このため県水試では、いま水俣病のドベの中で、魚を飼い、ネコに与える実験をすすめている。有毒成分を濃縮していって、水銀がとり出せれば一〇〇%確実になるわけだ。

「有機水銀を主因に、セレンなどの作用が加わったもの」——水俣病の正体はおそらく、こんな形で年度内にはっきりするだろう。もちろんこの有機水銀説に対し、工場側は真っ向から反発している。工場対大学の論争は、いくらか泥仕合の傾向さえみせている。工場側が「科学を知らないものだ」ときめつければ、大学側は「これは病気だ。医者でもないものが病気のことがわかるか」と投げかえす。そのあげくが工場側の爆弾説だ。これはあっさり熊大側から否定されたが、工場側は「最初から黒ときめてかかるやり方は松川事件と同じではないか。政治裁判だ」といきまいている。だがわれわれが求めるものは学問上の論争ではない。一日も早く病気の正体がはっきりするよう、双方でもっと謙虚にデータを出し合い、研究せよという声が高まっている。いま一番おそれるのは、問題が政治的に解決されてしまうことだ。原因がウヤムヤのまま終るようなことがあれば、患者たちはもちろん、実験につかわれた千数百匹のネコだって浮ばれないというものだろう。

この記者がおそれたように、その後、有機アミン説が異説として出され、原因はぼかされたままになるかに見えた。しかし一九六〇年の夏、生化学の内田〔槇男〕教授が貝中から有機水銀を含む結晶を単離、一九六二年春には、工場排水溝の水銀滓中から有機水銀化合物が単離され、ほぼ解決の見通しを得るに至った。もちろんこの間、工場側の協力は全く得られなかったことが、研究を著しく阻害した主因であった。

しかし一方工場側では、すでに一九五七年ころから、魚貝中に水銀が多量に含まれていることを知っていたという情報がある。現在でも、いまだに熊本大学の研究結果を正式に否認したままである。

新日窒水俣工場（本社東京、資本金二七億円）は水俣病問題で、いわば被告席にすわらせられた格好にある。同工場は酢酸や塩化ビニールなどをつくるために水銀を使う。その水銀が病気の原因ではないかと熊大が発表してから、県民の疑いの眼は工場に注がれだした。問題が重大化するつい最近までは、水俣川口の排水溝から、毎時五〇〇トン近い褐色の廃液が音を立てて海に流れ込み、海面を染めていた。この海をみて漁民が工場を加害者だと信じても、それは不思議ではない。さる〔一九五九年一一月〕三日、工場を視察した衆議院の調査団も廃液処理のカルテに、〝良〟とは書かなかった。逆に〝いまごろ浄化装置をつくるなど、まるで泥ナワ式だ〟〝工場はこのさい利潤追求の立場でモノをいうな。道義心を起こせ〟〝こんな重大問題だというのに、吉岡〔喜一〕社長は東京でゴルフばかりしとる。なぜ水俣に常駐せぬ。こんど社長を農林水産委に呼び出すからそう伝えろ〟と非難の集中砲火をあびせた。

通産省の指示もあり、工場はいま六千万円を投じて浄化装置の完成を急いでいる。円形プールのような直径二〇メートルのシックナー〔沈降濃縮装置〕を二つつくり、サイクレーター〔排水浄化装置〕で廃液中の固型物を沈め、川の水と同じ良質なものだけを海に流そうという計画である。はじめは来年〔一九六〇年〕夏に完成の予定だったが、漁民が騒いでそれが〝三月末〟までになり、通産省が尻をたたいて、目下年内〔一九五九年内〕完成を目標に突貫工事中だ。また、浄化装置完成までの応急措置として、百間港への汚水流出に五〇〇万円で三つの沈でん池をつくり、水俣川口への排水をとめるため、三〇〇万円で排水を工場内に逆流させるポンプも設置した。だが〝廃液が病気の原因であろうとなかろうと、なぜもっと早く、こんな設備をしなかったか〟というのが調査団の結論だった。工場側では〝国内はパテントの関係でよく知らぬが、ドイツあたりの酢酸製造工場では酢酸を一トンつくるのに水銀を〇・五ないし一キログラム消費する。しかし新日窒では〇・五八キログラムだ。また塩化ビニール製造でも他工場より水銀の消費量は少ない〟と釈明する。だが他の工場が水俣湾のような二重湾に廃液を流しているかどうかの点が調査団から指摘された。

こんな問題をいくつも手がけてきた松田鉄蔵調査団長の話だと、諸外国は沿岸漁業は素人の魚釣りだけで、本職の漁業はほとんど遠海に限られている。それでも、工場は設備費の一割をさいて廃液処理の施設をつくっているそうだ。底の浅い日本の企業がこんな真似をしたら大変な重荷になる。〝だから日本の工場はこの点外国にくらべてなげやりですよ。それにしても新日窒ほど極端な工場はあまりない〟と同団長の追及は厳しい。

産業革命の遅れた日本の企業が先進国にカケ足で追いつくには、いくつかの犠牲が払われた。なげやりな排水処理がその一つだ。そこに日本資本主義のアンバランスな発展の姿がある。漁民が信じているように、病気の責任が工場にあるとしたら、水俣病は日本産業の後進性が生んだ大きな悲劇だといえる。

工場汚水問題は何も水俣市に限ったことではない。大工場のあるところ、補償問題がついて回るのが日本の通例のようだ。ところが驚くべきことに、つい最近までは工場排水を規制する法律は何もなかった。昭和三三（一九五八）年に東京湾で本州製紙の汚水騒ぎが起こったとき、東京都は法律がないから「工場公害防止条例」をつくって、知事に排水停止の命令権を与えたほどだ。

ことし〔一九五九年〕の三月に、「水質保全法」と「工場排水規制法」ができた〔旧水質二法〕。だが水質保全法はもし工場が同法に違反しても、強制力や罰則はない。工場排水規制法も違反者は一年以下の懲役または一〇万円以下の罰金という軽いものだ。つまり、あまり規制をきびしくしたら、日本の企業が困るだろうという親心（?）の法律で、企業家の徳義心を一〇〇%期待したもの（松田団長の話）である。だから調査団は〝工場も道義心をもて〟と要望したわけである。

しかも、かんじんの工場排水規制法は、まだ関係政令が出ていないので、実際には運用されていない。手ぬるい法律にあきたらず、不知火海沿岸漁民は〝浄化装置が完成するまで排水をとめろ。そのための県条例をつくってくれ〟と訴え、いっぽう、工場で支えられている水俣市民の多くは〝排水の即時停止は工場の一時閉鎖だ〟と心配する。利害は全く対立している。人口五万の水俣市は工場を中心に、一寒村からここまでふくれ上った。市税全体の約半分を工場の固定資産税や法人税、電気、ガス税などが賄っている。また商店街のお得意さんも工場の職員だ。水俣市の運命を工場が左右する。だから水俣病で市民（主に漁民）が二九人死んでも、漁民以外の市民は、「工場が一時的にしろ閉鎖されるのは困る」という皮肉なことになる。そこに問題の複雑さがある。

県でも、工場が逆流ポンプなどを設置する以前は、内心では排水をとめさせたいとは思いながら、公式の席に出ると〝病気の原因がまだはっきりしない〟とか〝それは通産省が命ずべきことだ〟とかいって逃げていた。既存工場の育成だけでなく、本県の後進性を脱皮させるための将来の工場誘致にも関係するからだ。県も頭が痛い。だが、この問題がどう処理されるか、また調査団が要望した〝工場の道義心〟がどう現れてくるかは、日本化学工業界の一つのテストケースとして注目される。

水俣湾を船でいくと、巨大な工場をバックにした〝までがた〟一帯の海岸に半ば朽ちかけた堀立て小屋が何軒も並んでいるのが目につく。湾内のカキや貝をとって生計を立てていた漁師たちの家々だ。魚貝類を主食がわりに食べていた人たちだけに、患者も軒並みに出し、イの一番に生活の糧を奪われてしまった。いまはほとんどがぼんやりと海を眺めながら、生活保護をうけて細々と生きているのだ。今年〔一九五九年〕の八月発病した同市八幡の日雇Eさんの場合はもっと悲惨だ。仕事の合間、漁にでかけていたEさんは、手足がしびれ、口もきけなくなり、やせ衰えて顔の相もかわってしまった。いま七〇歳の年老いた父親と二人で、ランプ一つない一畳敷の真っ暗い小屋で、寝たっきりの生活を送っている。工場から漁協を通じて出された見舞金も、組合員でないばかりに、ビタ一文ももらえず生活保護をうけながら、ただ生きているだけの毎日を送っている。入院しようにも老いた父親を残してゆくわけにもいかないのだ。Eさんはまわらぬ舌で、「私が一体なんの悪いことをしたのでしょうか。ただ魚をとって食べただけではないですか」と泣きながら訴える。同市湯堂の漁業、松田勘次さんの末っ子富次君は三一（一九五六）年五月に発病した。やっと小学校へあがるというときになって発病したのだ。三日目にはもう眼が見えなくなり、足も手もしびれてしまった。長女をやはり、この病気でなくした勘次さんは、市からどんなに入院をすすめられても、がんこに首を横にふりつづけた。三年間のうちに、富次君は母親の手を借りれば、どうやら歩けるところまで回復した。時折り、自動車が家の近所にとまると、富次君は親にせがんで、車に手をふれてみる。だが決して車には乗ろうとしない。車に乗ることは、病院行きを意味するからだ。富次君はまたラジオが大好きだ。有線放送から流れるラジオ体操にあわせて、柱につかまりながら体操する姿は見る人の涙を誘わずにはおかない。栃光《とちひかり》〔大相撲力士〕ファンの富次君、栃光に土でもつこうものなら、ラジオをこわすといって泣き出すファンぶりだ。そしてパンとイモが大好物の少年だが、彼がこれ以上よくなることは望み薄だという。富次君をながめては、ふびんでならぬ、と涙をこぼす父親の勘次さんも、実は言語障害をおこしているのだ。水俣市〔立〕病院にできた特別病棟には、いま二九人の患者たちが収容されている。ベッド数からいえば、もうこれがギリギリだ。このうち七人は全く物を食べることもできず、便の始末もできない人たちだ。太田婦長は、「精神病患者よりも扱いにくい。身体が思うようにならないからでしょうけど、気の短かい人が多いようです」といっている。ここには九人の子供たちがいる。近くの学校へ通学しているが、知能もずいぶんおくれているという。しかし特殊学級に入ったのは、わずか二人しかいない。患者たちを見舞ってみよう。

・K子さん（九つ）　一日三、四回声をたてて叫ぶ。しばしば意識不明におちいる。食物は無理におしこんでいる。

・Fさん（三五）　診断をうけるときは歩いてきたほどだったが、九日目には意識不明になった。頭にきて、もう肉親を識別できない。

・Nさん（五六）　戦時中、しょう酸を頭からかぶり、それいらい極端な人間嫌いになり、誰もいない海へでては釣りばかりしているうちに病気にとりつかれた。口もよくきけず、横たわっている。

これらの患者たちにたいして、病院ではもっぱらビタミンと栄養を補給しているだけだ。三嶋〔功〕副院長も「効く薬がない」といっている。それでもバールやEDTAなど原爆症につかった注射もやってみたが、たいした効果もなかったようだ。熊大のある教授は「かけた茶碗と同じだ。脳の中枢神経をおかされているのだから、全治はまず不可能だ」といっている。たとえ生き残っても、患者たちは一生廃疾者の烙印を押されたまま生きていかねばならないのだろうか。同市百間の理髪屋さん、Oさん（四三）も熊大、日窒と転々としたあげく、いま市立病院に体を横たえている。妻のH子さんは店をたたみ、たった一人の子供も親せきにあずけて、つきそっている。夜ぶり〔明かりをともし、寄ってくる魚をとる〕が好きで、夜になると決まってガス灯をつけて、ホコ突きを楽しんでいた夫を、水俣病に奪われてから、早くも三年。一家離散という悲劇にたえながら〝この人さえ治ってくれれば〟という一るの望みにすべてをかけて、毎日字の練習や歩行の練習を続けさせているH子さん。二〇年間営々と続けてきた店もいまは人手に渡り、ただ「薬を、薬を」と念じつづけているのだ。

あまりにも悲惨な現実。国会調査団の面々さえ、思わず顔をそむけたほどだった。貧しく従順な人たちにふりかかった、おそろしい災難。水俣第一中学一年の吉本広君はこう書いている。

「新聞には水俣病のニュースが絶え間ない。いつも悪いニュースばかりだ。早く新聞紙上に〝水俣病完全に治る薬発見さる〟と書いてもらいたいものだ。ぼくたちは医学界からのうれしい知らせをいつまでも待っている」

水俣病の正体は九分どおりはっきりしている。しかし〝水俣病問題〟は騒然として危機をはらんでいる。何故か――大資本の生産のあり方と力弱き住民の幸福が結びつかず、その架橋となるべき政治がゆがんでいるからだ。県民としてただ念願しているのは、これ以上水俣病を出すな、ということだけだ。

しかし、昭和三四（一九五九）年一一月に書かれたこの記事のあとにもなお患者は発生した。その発生地は、北は湯浦《ゆのうら》から、南は米ノ津までにひろがった。同じころ、水俣市の多発地区〔百間から茂道までの市の南部地区〕に、脳性小児マヒの発生が異常に多いこと、その発生率は、全国平均にくらべ数十倍に上ることがわかった〔詳細は後にのべる〕。三六（一九六一）年、三七（一九六二）年と、その二人が死亡し、剖検結果は、その病変が典型的な水俣病を示していることから、三七（一九六二）年一一月末、水俣病患者診査協議会〔厚生省が一九六〇年に設置〕は、一七名の幼児を水俣病と決定した。こうして三七（一九六二）年末までに患者は一〇五名にのぼり、そのうち三七名が死んだ。

このルポルタージュは、水俣病のもついろいろな側面を描き出して余すところがない。しかしぼくは、この各側面をもう一度掘り下げて、その奥にあるものをみつけ出し、直面して立ち向わなければならない。この病気でもがきながら死んだ人々の分まで。

もう一人、このおそろしい病気に立ち向った人間がいる。若い無名のカメラマン、桑原史成である。三年間にわたって、患者ひとりひとりの家へ泊まりこみ、密漁船に乗りこみ、水俣湾の魚貝類を食べながら水俣病の社会面を追った労作は、三七（一九六二）年度の写真批評家協会の新人賞をうけた。その最初の写真集がこの秋、三一書房から出版されることになった〔実際の刊行は一九六五年三月〕。この問題の理解を助けるためにぜひ参照していただきたい。

一九六三・二・二七

註

（1）我国では、過去の事件として有名な渡良瀬川の鉱毒事件があるが、残念なことにこの記録はほとんど残されていない。一般に公害の記録はきわめて少なく、殊に被害者側の状況についての文献はほとんどない。現在、このことが公害問題の研究に大きな障害をのこしている。

（2）外国の例では、その規模、真因の発見がおくれ、他の原因で一時処理された点で、水俣によく似た例が一つある。これはベルギーのLiitrich近くの深さ六〇〜八〇メートル、幅一〜二キロに及ぶマース渓谷で、一九三〇年一二月はじめに起こった集団フッ素中毒である（『工業化学雑誌』六五巻八号、一一五二ページ）。

「その谷の中に多くの小さな工場があったが霧の深い無風の気温の低い日に突然その谷の数千名の住民に喘息様の発作、呼吸困難、せき、喀痰、嗄声、流涙、嘔気をともなう疾患が集団的に発生し、重症なものは心臓障害のため死亡したものもある。このような疾患の発生は三日間にわたって起こり、その原因について調査が行なわれて一応、亜硫酸ガス、または類似の酸化合物による集団中毒と二年後になって決められたのであるが、その後フッ素中毒の研究が進歩して、さらにその四年後、一九三六年になってRoholmらによってその決定がくつがえされ、この谷間ではフッ素を含む原料をつくる過リン酸石灰工場、亜鉛工場、また、原料にフッ化物を加える鉄、鋳物、ガラス工場が密集してフッ化物を含むガスを排出し、風力、気温、湿度等の悪条件のつみ重なりによって、この惨事が起こったことが明らかにされた。」

文献

①J. Mage, Gatta, Chim, Ind, 27, 145E, 1932.
②K. Roholm, Hosp, Tid, 79, 1337, 1936.（デンマーク）
③K. Roholm, J. Ind, Hyg, 19, 126, 1937.

（3）この資料も部数が少なく入手困難である。ほぼ毎年若干改訂して刊行されている。以下単に県資料と略記する。

文献

一般的なもの

(1)　県資料「熊本県水俣湾産魚介類を多量摂取することによって起こる食中毒について」昭和三四年一〇月、三五年一〇月、三六年二月、三七年一〇月それぞれ改訂。

(2)　週刊誌等にとりあげられた回数は多いが系統的な調査はしていない。水上勉氏の『海の牙』は、三四年秋の漁民乱入事件などいくつか当時の描写があり、参考になる。

各側面の文献についてはその折にのべる。

(『技術史研究』二三号、現代技術史研究会、一九六三年三月、
再録『月刊合化』六巻七号、合成化学産業労働組合、一九六四年一二月)

❖1966❖

水俣病にみる工場災害

原因と発生源を究明するまでの過程

一九五六年五月、水俣市にある新日本窒素工場附属病院長細川一は、市の郊外漁村に散発する患者を診察し、これが全く新しい奇病であることを発見した。細川は直ちにこれを保健所に通知し、所長伊藤蓮雄と協力して伝染病としての対策を開始する一方、市医師会などの協力をえて水俣市奇病対策委員会を組織し、過去の症例、患者の分布などの疫学的調査を進めた。この時、細川をはじめとする新日本窒素附属病院の医師と周辺の開業医たちの活躍はめざましく、診療業務終了後に現地を踏査し、患者発生地域の全住民の家族構成、病歴を二カ月かかって調べてしまっている。さらに熊本大学医学部と連絡をとり、診断、検査を依頼し、熊本大学はこれに応じて八月に医学研究班を組織して研究を開始した。このころには日本脳炎などのビールス〔ウイルス〕性疾患の疑いは薄くなり、一九六一年一一月の医学研究班第一回研究報告会で伝染病疾患はほぼ否定され、魚介類中に含まれる化学的毒物による食中毒として原因の検索に努力が集中された。水俣は新日本窒素を中心につくられた町であるため、このころから工場排水との関係も着目されてはいたが、真因の確定までには実に六年の長年月を要した。

当初熊本大学の研究班およびつづいてこれを中心として組織された厚生科学研究班は、マンガン、セレン、タリウム、鉛などの重金属を中毒原因物質として疑い、研究の主力をそこに集中した。たしかに水俣湾の魚介類には、重金属の多重汚染が存在し、水俣病の症状も重金属の種々の条件下の投与実験とその検出がくりかえされたが、断定的な証拠はどうしてもえられなかった。重金属類の排出源として最も疑わしいものは新日本窒素水俣工場の排水であったので、研究結果の公表に対して、その度に工場側の反論と協力拒否があったのは当然予想される通りであった[4]。

一九五九年になって、武内〔忠男〕(熊大病理)の症例検索[5]、McAlpineの示唆[6]によって、水俣病に最も近い症状を示すメチル水銀中毒が注目を集め、研究の努力が有機水銀に集中されるにしたがって、続々これを支持する結果が発見された。特に喜田村〔正次〕(熊大公衆衛生)が行なった広範な疫学的調査[7]では、水俣を中心とする不知火海南半の重金属多重汚染の中でも、特に水銀による汚染が強く、魚介類の毒性との相関が大きいことが明らかになった。

一九五九年七月、熊本大学医学研究班は、水俣病の原因物質として水銀が極めて注目されると発表した。この結果をもとにして、前年結成された食品衛生調査会水俣食中毒部会は、一一月一二日水俣病は工場から排出された水銀による有機水銀中毒症である旨厚生大臣に答申し、即日解散した。

この当時、水俣病の症状は有機水銀中毒であって明らかに無機水銀中毒とは異なっていたために、工場から排出された無機水銀が何らかの機構で有機水銀に変化して病気の原因になったと、熊本大学の研究者は考えていた。工場側、通産省、日化協、清浦〔雷作〕（東工大応化）らは数次にわたって有機水銀説に反論した。[8] この問題をさらに研究するために一九六〇年各省庁によって作られた水俣病総合調査研究連絡協議会では、有機水銀説の裏づけを提出する熊本大学に対し、その追試、反論を展開する清浦らの主張がからんで、結論を得ないままに一年を経過して解散してしまった。[9] 一方、日本化学工業協会は、工場側の反論を支持するために、一九六〇年に日本医学会長田宮猛雄を中心とした田宮委員会を組織[10]したが、これも約二年の調査ののちに結論を得られず、田宮の死とともに解散した。[11]

この間、内田[12]〔槇男〕（熊大生化）らは、貝中からの原因物質の抽出に成功したが、それとは別に、工場排水中にすでに有機水銀化合物が存在するのではないかと考えてその検索をつづけた入鹿山《いるかやま》〔且郎《かつろう》〕（熊大衛生）らは、一九六三年に工場の排水溝から、つづいて工場内のアセトアルデヒド合成工程の廃触媒水銀滓から有機水銀化合物を抽出し、これが塩化メチル水銀（CH_3HgCl）であることを確認、実験動物に典型的症状を発生させた。[13] ここにようやく水俣病の発見後七年を費して、水俣病の原因がアセトアルデヒド合成工場内で副生するメチル水銀化合物であることが公けに確認されたが、さらに瀬辺《せべ》〔恵鎧《けいがい》〕（元熊大薬理）は喜田村と協力して、アセトアルデヒド合成工程に用いられる水銀触媒中に、種々の中間体を経て、必然的にメチル水銀化合物が生成することを証明し、その機構を追求した。[14] 工場内部では、細川の不撓の努力によって、工場技術部の手ですでに一九六二年に、アセトアルデヒド工場排水中にメチル水銀化合物の存在を確認し、この排水にひたした魚肉を猫に与えて典型的な水俣病の発症に成功していた[15]。

一九五九年、有機水銀説の発表につづいて、広範な社会不安と紛争が熊本県南部におこり、工場に対していくつかの漁業補償、人命補償の要求が出された。地方自治体を主とするあっせんの結果、新日本窒素水俣工場は一九五九年八月、水俣漁業協組に対し三五〇〇万円、一九五九年一〇月熊本県漁協連合会に対し融資を含む一億円の漁業補償を行ない、一方水俣病患者に対し、一九五九年一二月から死亡一時金三〇万円、成人年金一〇万円、未成年三万円の年金見舞金を支払うこととなった。この見舞金は一九六四年若干増額改訂された[17]。この漁業補償と見舞金補償で、社会的事件としての水俣病は解決したものとみなされているが、問題のすべてが解決されたわけではない。

以上が一〇年にわたる水俣病の原因研究の経過である。この長期にわたる研究の副産物として、メチル水銀中毒の研究が大いに進歩し、中枢神経障害の機構が解明されたこと、三池における一酸化炭素中毒後遺症の研究に役立ったこと、メチル水銀化合物が胎盤を通じて胎児に移行するのがわかったこと、アセトアルデヒド合成工程での副反応の存在がはじめて着目されたことなどがあげられる。

原因究明をめぐる種々の因子

水俣病の原因の究明に、一〇年の長年月をなぜ必要としたのか？　その上不幸にも第二例（新潟の水俣病）の発生すら防げなかった。それはなぜか、①工場側のとった態度、②研究組織の成立過程に規定される性格、③官庁の責任態勢の欠如などが理由にあげられる。

工場側の非協力と反論

富田[18]〔富田八郎《とんだやろう》〕は公害の原因をめぐる論争のパターンとして原因究明―反論の提出―諸説の併立による中和、というプロセスが水俣病の場合にもくり返されたとしている。たしかに有機水銀説の提出された一九五九年以降の論争には、この指摘があてはまる。このためには工場側の爆薬説、清浦、戸木田[19]〔菊次〕（東邦大薬理）のアミン説などが利用された。特に戸木田の精密な動物実験を中心とした実験医学的研究は、原因は工場にはないという反論の理論的うらづけの役割を果した。

一九五九年までの前期の研究では、初期から工場排水の汚染が疑われていたために、工場側が熊本大学に対して一切の協力を拒否したが、これが、研究をおくらせた最大の原因であった。一九五九年までは、工場の内部で大量に水銀を消費している事実に熊本大学の研究者は誰も気づいていない。武内[20]も一九五六年に中枢神経を侵す薬物として水銀をあげてはいるが、考察の対象に加えていない。工場内部でも、水銀説の発表当時にその可能性を認めた技術者は極めて少なかった[18]。一九五八年に水俣を訪れたHalstead[21]は、当初工場側は業務内容を一切明らかにしようとしなかったと記している。熊本大学の調査や試料入手の希望にも、工場側は言を左右にして応じなかった[22]。一九五九年以降には、この傾向はさらにはげしくなり、熊本大学側の新しい発表に対して時をうつさず反撃するというすさまじさであった[23]。さらに、そのような状況にあっても、研究者は患者以外の地域住民あるいは労働者に協力を要請することを考えなかった。ここにわが国の科学の一つの弱さがある。化学工場の労働者はストライキの際に、複雑な反応系を安全操業状態に保ちうるほどの技術をもち、少くとも各現場で毎日化学反応を扱っている。特に研究者と労働者との交流は意味の深いものではなかろうか。労働組合が水俣病対策委員会をもち、研究者の協力を得て、独自の調査を行なっていたなら、工場の態度、工場側の研究、漁民の状況などによい影響を及ぼしえたであろうと考えられる。

研究組織の性格

水俣病の原因探究に直接関係した公式、非公式の研究組織は十指にのぼる。このうちで、現地に近く本拠をもち、研究の中心を現場においたものほど実験に効果をあげることが多かった。最初に成立した水俣市奇病研究会の業績はとくに重要で、半年足らずのうちに確立した水俣病の病徴は、一〇年後の現在まで判定の基準として用いられている。また、熊本大学医学部の研究班は、その後研究費の出所により、厚生科学研究班、文部科研費研究班、食品衛生調査会特別部会、経済企画庁水俣病総合調査研究連絡協議会、ＮＩＨ〔米国立衛生研究所〕研究班と種々の研究組織に形をかえながら、常に原因の追求に一貫して集中したが、水俣市に医師が常駐して疫学的な追跡をつづけることは経済的に不可能であった。水俣保健所長伊藤の持続的な努力はそれを補なっている。上記の多数の研究班はいずれも原因を総合的に追求するために、各界の権威を集め公衆衛生院、国立衛試、水産研究所、九州大学、はては工業試験所、海上保安部までが協力する建前で参加して構成されたが、熊本大学と比較できるような成果はついに生れなかった。典型的なのは経企庁が主催した水俣病総合調査研究連絡協議会で、多額の調査費を計上しながら会議が開かれたのはわずか四回で、その内容も一切秘密にされ、なんの報告もまとめないままに解散してしまった。会議で報告された事項の大部分はその場限りの調査であり解散以後研究をつづけた研究者もいない。しかもこの協議会は報告を一切出さないために、形の上では現在でも検討中ということで、政府の公式言明では常にまだ結論が出ないと主張している[24]。そのために、アセトアルデヒド工場の排水は、現在も工場排水規制法の対象になっていない。工場災害の原因研究では、このように政府機関とそれに近い権威を集めて総合調査がなされるが、そこから結論が出た例はほとんどない。やはり各界の権威を集めたと称して発足した田宮委員会についても同様である。

これと対比されるものは、工場内で企業の利益に対立するおそれのある研究を、困難な状況のもとで最後まで遂行した細川をはじめとする水俣工場附属病院の医師たちのグループ、その研究をひきついだ市川〔正〕(工場次長)――細川の研究である。非常に貴重な研究であるが、立場上公表されていない。

以上の組織を比べると、前者は中央の行政監督官庁が音頭をとって組織された研究組織で、その当初から、社会の強い要請とそれを回避して企業の立場を擁護しようとする意志との微妙な平衡関係の上になりたっていることを物語っている。それだけに、その研究組織には実効を期待することができない。それればかりか、問題を不明確にしてしまう恐れがある。これにかわるものとして、統制に束縛されない自主的な、技術者と研究者の広汎で有力な研究組織を作ることが、今後ますます重要になろう。

官庁の態度

研究のおくれた要因の一つとして、政府とくにこの問題を主管していた厚生省の姿勢がしばしば問題にされる。[24] 最近厚生省から発表された水俣病に関する報告[25]では簡単な研究の経過すら記されていないし、主管する食品衛生課長や係官も、せいぜい在任期間は二年で、これでは企業側からの反論に対抗して、政府として対策を立てることなど不可能であろう。また同じ政府内でも企業の利益を代理する行動をとり、工場排水の内容の提出をしぶった通産省の態度が[26]、研究連絡協議会の段階では原因研究の阻害となった。この調整に当るはずの経済企画庁の担当者も各省からの出向者で在任期間が短かく、適切な措置のとれる条件ではない。責任を回避するためには、過程と結果をすべて秘密にする手段がとられる。[16] 熊本大学が初めて有機水銀説を公表した場が、学問の立場にたつ科学研究費の研究班会議であったことは象徴的である。また問題の一段落まで昇進をあきらめて八年間も現地に腰を落ちつけた水俣保健所長伊藤の態度が高く評価される。

医学部と総合大学の性格

水俣病の原因研究の場合にも医学研究の封建制が研究者相互の討論を阻んだり、教授の誤った所見に医局員が全面的に同調して研究の阻害もしたが、一面では研究を促進したり、独自性の基盤にもなったのである。学位審査の旧制から新制への切替に伴なって大量の学生と資金が医局に流入し、一九五七〜一九五九年の最も苦しかった時期の熊本大学の研究を支えた。またその後田宮委員会が研究結果の公表の制限を条件として、研究参加と研究費の分配をよびかけた時、熊本大学はこれを断わったが、そこにも学閥の対立感があったことは否定できない。

災害の原因研究には工学者の協力が必要であるが、総合大学である熊本大学の工学部の研究者は協力しなかっただけでなく、妨害にまわった事実さえあった。武内らは塩化ビニル樹脂の生産量だけに気をとられ、それよりはるかにメチル水銀の副生量の大きいアセトアルデヒド工程の生産量に注目しなかった。それはアセトアルデヒドが工業中間体として工場内で消費され、統計の表面に出なかったためもあるが、工場の増設や停止の際に原材料損失が多いという[16]、化学技術者にとっての常識が、医師たちには知らされることがなかったためである。

社会的側面における問題点

原因研究がおくれたことと、被害をうけた沿岸漁業の貧しい生活条件は、社会的事件としての水俣病の側面にも、いくつかの重大な問題点を残した。これにには、工場内部での労働条件も無縁ではなく、患者補償にそれがよくあらわれている。

おどろくべき少額補償とその思想

患者見舞金補償が成立したのは一九五九年一二月で、原案の作成に当った熊本県は、鉱害などの補償を基準として算定し、原因が工場側にあると確定しない段階での数字であると主張するが、死亡補償が三〇万円、当初の案では子供の年金補償が一万円というおそるべき少額であった。見舞金契約には、水保病の原因が工場排水であることが判明しても追加補償はしない、工場排水でないことが判明した場合には即時打切ると明記してあるのだから、これは明らかに補償契約にちがいない。すでに原因が判明した一九六四年に行なわれた年金額改訂交渉でも、若干の値上げがなされただけであった。被害者側が無過失の場合に、死亡補償がこのように少額である例は、おそらく史上にまれであろう。しかも未成年患者が成年に達したときに、年金額が成年患者にははるかに及ばないこと、症状の軽重に応じて年金額に差があり、その認定に工場側も参加することなど、人間を労働力の面からだけしか評価しない思想が強い。このような人権を無視した思想が通用する現状では、ホフマン方式のように得べかりし収入を補償の算定基準とする考え方は、再検討の必要がある。人命補償の金額は、数字にあらわれた人権思想の指標である。戦前の一銭五厘にくらべては多額にちがいないが、企業内労働者の年間給与にも及ばない死亡補償の金額は、早急に改訂されなければならない。

労働条件との関係——なぜ水俣で最初におこったか

しかし、この人命軽視と責任の回避は、工場の外側だけのものではない。水俣病の発生の前後に、工場の内部で数件の事故があり、特に一九六一年夏の塩化ビニル（ＰＶＣ）工場の爆発は大きな事件であった。このうちＰＶＣ工場で起った事故を検討してみると、重合釜掃除中にかくはん機のスイッチを入れたことや、反応中の重合釜を誤まってバルブを開けたことなど、いずれも安全設備、労働安全教育の不徹底に帰する問題であるにもかかわらず、下級労働者がその起因者として責任を追及されているばかりか、労働組合もこれに対して反対をしていない。工場経営者だけでなく、労働組合もまた安全に関する考え方をもっていなかったわけである。

水俣病がなぜ水俣で最初におこったかについては、原因研究過程でもしばしば論議され、工場側の反論の有力な論拠ともなった[8]。しかし水俣工場のアセトアルデヒド工程における水銀の消費量が、同業他社に比して多いことは、業界では常識になっていた。これは、筆者のＰＶＣ工場における労働者としての体験からも容易に説明できる。労務管理が前近代的で、下のものに責任が押しつけられるような条件のところでは、工場労働者は記録に残らないような事故、誤操作などについては、極力これをかくすことになる。その手段として最も簡単な方法が、文字通り〝水に流す〟ことである。別に記録上変ったことはないが何となく原単位（製品に対する原料所要量）の悪い工場では、きまって労働条件がよくない。ところが技術者は、労働観にしても労務管理という形でもっているだけである。また工場設計に際して、工場設計の段階から、労働安全や環境衛生に対する配慮はほとんど行なわない。このような現状では技術者が公害を発生させる上で少からぬ役割を果すことはいなめない。すなわち特に一九四八年ころから相次いで増設、新設された水俣工場のアセドアルデヒド合成工程のように、試運転の時期には、運転条件、労働条件共に無理が重なり、事故、誤操作の機会が増え、材料の損失が増加し、原単位は悪化する。一九五〇年頃には、好況とオクタノールの独占による増産がこの傾向にさらに拍車をかけた。海面の異変、汚染が、このころから急激に進行したという漁民の記憶も、この事実と符合する。桑原[5]は、水俣で最初に病気が発生した原因としてアセトアルデヒド製造工程の急激な増設が関連していること、また水俣工場は日本でアセトアルデヒドの積算生産量が最も大きいこと、さらに水俣湾の地理的条件などが加わったことをあげているが、この説明で十分と思われる。

漁業紛争と研究経過の関係

熊本大学が一九五九年七月に有機水銀説を発表した直後に、大規模な漁業紛争がおこり、数次の乱闘事件を伴った。熊本大学の発表が紛争を誘発したかにみなされた時期もあったが、これは誤りである。原因が工場排水らしいという予想は、現地では公然の事実であったし、一九五八年秋には厚生省も国会で同様な答弁を行なっている。(27) 一九五八年秋から工場が排水を水俣川へ放流をはじめると間もなく、一九五九年初めから水俣川河口付近に患者が散発し、ついで魚の浮上などの異変が市民にも気づかれるほどになった。このために漁業協組は一九五八年一一月に、漁業補償として四億円の要求をすでにまとめていた。(28) 一九五九年六月には、水俣市の鮮魚小売商組合が水俣周辺の魚を一切売っていないことをスローガンに集会、デモを行なっている。しかも漁業組合の紛争は、直接には、魚小売商の工場に対する補償要求に誘発されたものであった。有機水銀説の発表は社会不安の爆発の契機になっても、直接の原因ではない。もし発表がおくれれば紛争はさらに爆発的なものになっていたであろう。乱闘になった原因は、工場側の交渉態度にもあった。面会拒絶、交渉打切りなどの措置が、漁民を激昂させ、さらに一九五九年一一月二日の工場乱入事件の直前には、工場側は前回の投石事件に関係した漁民を告訴している。その間も工場側は完全操業を続けているのだから、紛争がおこらない方が不思議である。

一九六〇年以後の水俣と、一九六五年の新潟での再発の貴重な経験(29)からは、企業および行政当局者が公正な態度をとること、そして研究を公表することが重要であることが学ばれるが、一切知らぬ存ぜぬで押通そうとするときは、社会不安の発生はさけられない。

自治体における研究の役割――自主研究の可能性

水俣病の原因研究が、長期間を要しながらも遂にその目的を達したのは、ひとえに研究の中心となった熊本大学医学部の努力の結果であるが、その後研究に対する官僚統制が加えられ、研究の公開の原則が制限されるにいたった。そうした状態の下では研究参加を拒否する強い姿勢が必要だが、実際には次のように進んだ。すなわち、特に一九五九年までの原因が全く不明な時期においては、県から毎年わずか数十万円の委託研究費を受ける他は、厚生科学研究費、科学綜合研究費によって、公開を前提とした研究がつづけられた。いわば財政面では比較的自立した研究態勢にあった。一九六〇年に水俣病総合調査研究連絡協議会が成立してから以後は、研究発表には制限が加わり、綜合された論文集は一九六六年まで発行されず、個々の研究者が種々の雑誌などに散発的に論文を発表するようになった。この間にあって注目すべき研究は、喜田村[30]による患者およびその家族、水俣周辺の住民の毛髪中に高濃度の水銀が見出される事実と、さらに広範囲にわたって調査した熊本県衛生研究所の報告[31]である。この研究は研究費の一部に千代田生命の助成をうけたが、熊本県が独立して行なった唯一の調査で、毛髪の水銀量にみられる汚染範囲が意外に広く、熊本市まで及ぶこと、この汚染が全く魚に起因すること、一九六二年においても汚染の回復は遅々として進まないことなどを明らかにした貴重な報告であり、後に喜田村[14]が毛髪中の水銀の結合形を分析する方法を考察する動機ともなった。浮田〔忠之進〕ら[32]が警告している毛髪中水銀の問題を考察する上にも貴重な研究である。このような地味ではあるが貴重な研究が、自治体の手によってなされたことは興味がある。

さらに自主的な研究として、保健所長伊藤の適切な指導のもとに東京栄養食糧学校生徒が熱意をこめて行なった栄養調査[33]をあげておこう。研究費目当ての研究とくらべると、その取り組み方には雲泥の差がある。テレビで水俣病の実情を知った彼女たちは、夏休みに水俣を訪れ、有毒成分を抜きとる調理法を工夫してみたいと伊藤に申出た。これはとうてい夏休みに素人でできる研究ではないことを説明した伊藤は、水俣病発生地区住民の生活指導のための調査として、栄養調査を行なうことを提案した。一九六〇年春に清浦のアミン説の発表があってしばらくは、現地では東京からきた人々への反感は強く、いくたの困難に逢いながら、彼女たちは保健所と現地の家庭に泊りこんで約一カ月の調査を行なった（ほとんど自費による調査である）。水俣病発生地区では、主食代りになっていた魚介類が全く食べられなくなって、熱量、蛋白質、リン、カルシウムのいちじるしい不足が生じ、食生活が破壊されている様子が明らかになった。この調査はその後の保健所の生活指導の重要な資料となったことはもちろんである。

新潟における問題点

一九六五年新潟に水俣病が発生した際に、新潟県はただちに研究の主体を中央に依頼した。その理由として、北野[34]〔博一〕（新潟県衛生部長）は次の点をあげている。

(1) 水俣では、地方大学の設備の貧困のために真因の発見に困難をきたし、かつ中央の学界の確認を得るまでに時間がかかったが、国立の研究所ではその心配が少ないと思われたこと。

(2) 補償などにからみ、工場側などからの反論が予想されるので、中央の権威ある機関によってauthorizeされた結果を必要とする。

(3) 地方の研究機関、大学などでは、新聞記者を通じて秘密がもれて政治問題になるおそれが多いこと。

自治体行政官としては、この懸念はあるいはもっともなことと当時は思われた。しかしその後一年の経過はどうであったろうか。たしかに秘密は守りやすかったが、結論そのものまで秘密にされてしまった。しかも実際の研究経過をみると、当初厚生省では研究組織に加えることを予想していなかった喜田村(元熊本大学)の加入が、現在までの原因追及に大きな役割を果しており、原因追及の中心をなす疫学調査の大部分は、厚生省から業務を再委託された新潟県衛生部の手によってなされた。これならば初めから新潟県が中心になって研究者を組織し、公開で調査した方がまだしも正しい形で研究が進められたであろう。

水俣病を単なる局地的食中毒症の一例と考えるか、環境汚染が人体に重大な影響を及ぼす一例とみなすかの立場の差によって、新潟大学の果すべき役割の評価が定まる。水俣病の特殊性は、喜田村[36]が述べるように奇異な点は病像にあらず、むしろこれが発生した由来にあった。世界で最初の二例が引きつづき日本で発見された事実は、この病気が決して局地的なものと軽視を許すべきでないことを立証している。残念ながら、一九六五年夏までは、新潟大学医学部のこの問題についての認識は十分なものとはいえなかった。脳研究所関係者の中には、この病気を自分たちの手だけで解決できると考えたものもあり、当初衛生学教室、公衆衛生学教室が協力を申出た時に、それを受け入れようとしない空気も存在した。(34) 種々の事情により、理学部の小山〔誠太郎〕が行なった患者毛髪の炎光《えんこう》分析のほかは、化学者との協力は遂に実現しなかった。大学研究者の独自の工場調査も、工場側の拒否にあって、実行されていない。工場排水が原因と疑われる場合に、工場内部の調査をぬきにして原因研究の名に値するものができるのだろうか。どのような根拠に基づいて私企業が調査を拒否できるのか。工場側は通産省の許可がないと立入はできないというが、法制上は国と対等の自治体である県に、立入調査権が与えられていないはずはない。財政的に国に依存している現状は認めても、自治体が自治の精神までも放棄することは許されない。

二つの病気の関連と工場災害としての水俣病

新潟に第二の水俣病が出たことがわかってから一年余、その原因に関してさまざまな論議がなされた。しかし、一〇年前から蓄積された水俣病における事実、研究結果、または失敗の経験を熟知しての所論はさほど多くない。原因究明の歩みも第一の水俣の場合の轍を踏んでいるかに見える。

最近、阿賀野川に排水を放流していた工場から、工場排水説に反論する見解が提出された。(37) この所論についても上記の問題があてはまる。すなわち、水銀系農薬の地震に伴う津波による流出が病気の原因であると主張し、喜田村の発見した生物体内でメチル水銀がほとんど代謝によって分解されずに毛髪に排出される事実を無視し、さらにはフェニル水銀系農薬と有機燐系農薬が日光の作用で反応してアルキル水銀が生ずる可能性もあると述べているが、実証されてはいない。患者が河口部に発生したこと、阿賀野川の水銀濃度がきわめて小さいことをあげて、工場排水説への反論としている。この問題についてはすでにMooreが第一回国際水質汚濁会議で、メチル水銀が生体物質と極めて強い親和性をもつことを、Hughes[39]の実験を引用して清浦のアミン説に反論した。事実、水俣においては、〇・一マイクログラム／リットル程度の水銀しか検出されない海域で、種カキ中に三カ月に五ppmの水銀が蓄積した例[41]〔一ppm（パーツ・パー・ミリオン）＝〇・〇〇〇一％〕、このカキを猫に投与して典型的水俣病を発症した例[41]、塩化メチル水銀の稀溶液中で飼育した魚中に数百倍の水銀が蓄積する例[40]などが、Mooreの所論を実際に立証した。魚類が捕食するプランクトン中にも高濃度の水銀が検出されている。[7]水中の濃度が小さいから無害であると主張することは食物連鎖によってメチル水銀が濃縮される過程を無視する非科学的態度であろう。

工場災害としての水俣病の性格については、野村〔茂〕、入鹿山[42]、富田[43]の記述に詳しい。

我々のなすべき課題

水俣病は単なるメチル水銀中毒ではなく、工場排水中のメチル水銀で汚染された魚介類によっておこる食中毒である。このような特殊な由来をもつ病気が世界で初めて二例もつづけて日本で発見された事実は何を意味するのであろうか。人口密度が高く、集約的な耕地利用を行ない蛋白源の大部分を水産資源に依存している日本では、特に環境汚染について慎重でなければならぬ。ところが最近の水銀農薬、大気汚染問題など環境汚染がはげしく進行して憂慮すべき事態になっている。水俣病は決して局地的奇病にとどまらず、重大な環境汚染の氷山の一角として真剣に対処しなければならない。工場の被害を受けるのは我々研究者をも含めた貧しい人々である。我々自身が綿密な調査力と広い視野をもち、研究の公開の原則を守って、現実を広く人々に知らせることが目下の課題であり、特にそのための手段として、これまで不当に軽視されてきた疫学的方法の強化、研究者の自発的な創意と専門をこえた協力を強調したい。

その際、問題になるのは工学研究者あるいは技術者の協力が可能か、ということであろう。先に大学の工学研究者が協力者とはならずに阻害者として働いたことを述べた。その理由を追及していくと、大学とくに工学部の場合にいちじるしい問題、企業と対等になりえない現状に突当るであろう。さらに生産現場の指導的位置にあって、技術上の主要な情報を掌握している技術者たちが、なぜ工場災害を事前に防ぎえなかったか、また事件発生後、なぜ早期解決に十分役立たなかったか、について深く検討する必要がある。

これまで、工場災害の原因究明の過程を、主として医学的な面での活動について考察してきた。工場災害の原因が解明されても、なお工場災害はなくならないことを、四日市その他の多くの事例が示している。今後は社会科学の研究者をも含めて、より強力な協同研究組織により、より広汎、多面的な研究によることが重要になってくる。

文献

（1）熊本医学会誌、三一、補一、一（一九五七）；三一、補二、七〇（一九五七）；三三、補三、一（一九五九）：三四、補二、二六（一九六〇）；三四、補三、一（一九六〇）；桑原：水俣病（写真集）〔解説（徳臣）、七七～八五頁〕（一九六五）；熊本大学医学部水俣病研究班：有機水銀中毒に関する研究（一九六六・三）
（2）白木：科学、三四（一）、二（一九六四）；世界、一九六四年六月号、一五五
（3）勝木：自然、一五（三）、八（一九六〇）
（4）新日窒水俣工場：水俣奇病に関する当社の見解（一九五八・七）
（5）武内：熊本医学会誌、三三、補三、七一（一九五九）
（6）McAlpine and Araki: *Lancet*, Sept. 20, p.629 (1958)
（7）喜田村：熊本医学会誌、三四、補三、一一七（一九六〇）
（8）新日窒水俣工場：所謂有機水銀説に対する見解（一九五九・七）；新日本窒素肥料ＫＫ：水俣病原因物質としての有機水銀説に対する見解（一九五九・一〇）；毎日新聞：水俣病こんごの問題点（一九五九・一一・一八）；大島：水俣病原因に就て（一九五九・九）；清浦：水俣湾内外の水質汚濁に関する研究（一九五九・一一・一〇）
（9）富田：水俣病、月刊合化、一九六六年八月号
（10）日化協月報：一九六〇年三月号、六三；六月号、一五；八月号、五六；一九六一年六月号、一一
（11）田宮：水俣病研究懇談会研究経過報告（一九六一・九・一八～一九六二・五・五）
（12）内田：生化学誌、三五（八）、四三〇（一九六三）
（13）入鹿山：日本衛生学誌、一六（六）、四七六（一九六二）；一九（四）、二四六（一九六四）
（14）喜田村：第三六回日本衛生学会（一九六六・四・四）；瀬辺：筆者への私信（一九六六・七）
（15）新日窒水俣工場技術部：部内報告（一九六二・二）；桑原：前掲書、八七頁
（16）宇井：科学、三六（九）、四七四（一九六六）
（17）熊本大学公衆衛生教室：水俣病に関する略年表（一九六六・七）
（18）富田：水俣病、月刊合化、一九六五年一一～一二月号、二八

(19) 戸木田：東邦医学会誌、八、一三八一（一九六一）
(20) 武内：熊本医学会誌、三一、補一、四二（一九五七）
(21) Halstead: *Report to World Life Research Institution*, Sept. 22, 1958
(22) 富田：水俣病、月刊合化、一九六四年一二月号、六四
(23) 長沢：水、一九六五年二月号
(24) 大石：朝日ジャーナル、七（三三）、九五（一九六五）
(25) 土井：厚生の指標、一二（一二）、三一（一九六五）
(26) 熊本日日新聞、一九五九年一〇月二三日
(27) 同上、一九五八年一〇月一八日
(28) 水俣タイムス、一四五（一九五八・一一・一六）
(29) 北野：第七回社会医学研究会（一九六六・七・一七）
(30) 喜田村：熊本医学会誌、三四、補三、一一七（一九六〇）
(31) 松島：水俣病に関する毛髪中の水銀量の調査、一九六一・五（第一報）；一九六二・五（第二報）；一九六三・五（第三報）
(32) 浮田：科学、三六（五）、二五四（一九六六）
(33) 生森・笹本・宮本：水俣病発生地区における栄養実態調査（卒業研究）（一九六二）
(34) 宇井・細川・大石：新潟における水俣病踏査記録、新潟県衛生部へ提出（一九六五・七）
(35) 厚生省疫学研究班：阿賀野川沿岸部落の有機水銀中毒疾集団発生に関する疫学的研究（一九六六・三）
(36) 熊本大学医学部水俣病研究班：水俣病、三八頁（一九六六・三）
(37) 昭和電工株式会社：阿賀野川下流流域中毒事件に関する見解（一九六六・六）
(38) Moore: Minamata Disease and Water Pollution, 1st International Conference on Water Pollution Research, London (1961)

(39) Hughes: *Annals New York Academy of Science*, 65, 454 (1957)
(40) 喜田村：水俣病（熊本大学）、三三五頁（一九六六・三）
(41) 小島：熊本医学会誌、三四、補二、三二（一九六〇・二）
(42) 野村：水俣病（熊本大学）、一〇頁（一九六六・三）；入鹿山：同上、四一二頁（一九六六・三）
(43) 富田：水俣病、月刊合化、一九六四年一二月号、三九

（『科学』三六巻一〇号、一九六六年一〇月）

❖1970❖

水俣病——現代の公害

日本の公害の原型

水俣病は、その病気の悲惨さに類がないばかりでなく、日本の公害の原型として、現代日本の歴史の上に重要な意味をもつ事件である。この事件の重みは、時間が経過するにつれてますます増大する傾向が出てきたように思われる。

工場排水の中に含まれていた微量の有毒物質が、海中の生物に蓄積され、魚に濃縮されて、それを食べた人間に病気をひきおこしたという因果関係は、それほど複雑なものではなかったが[1]、これを解明するまでに病気の発見から六年以上を費やし、その全貌が白日のもとにさらされたのは一三年のちのことであった。その間、地域社会を構成する各階層、すべての機関・組織が、それぞれの特性に応じて反応し、種々の政治勢力が事件をめぐって動き、その勢力の微妙な平衡が事件の展開を方向づけた。これらの諸相は、公害に対する社会的反応の典型として、社会科学的な解析のよい対象となる。水俣病が日本の公害の原型となされるゆえんはここにある。

更に、第二水俣病が新潟に発生し、ほとんど同じ社会的経過をたどったこと、スウェーデン、フィンランド、オランダ、イタリー、カナダ、アメリカ等に同様なメチル水銀汚染が発生し、進行中であって、それに対する社会的対応が、若干の国情の差をみせながら、管理社会における共通の様相を示している点を考えあわせると、この事件の歴史的重みは全世界的なものにひろがりはじめている。(2)

水俣市と水俣工場の性格も、昭和三〇年代の日本の産業保護政策と高度成長を、すでに明治末年から先取りしたものであった。特に日窒水俣工場で開発された製造技術のほとんどは、戦前・戦後を通じて日本の化学工業の指導的立場を占め、市場独占の基盤となったものであり、その開発過程もまた日本型技術の開発の歴史として、日本の化学工業の性格を体現したものである。(3) 明治末年人口一万の小商港・漁村であった水俣町が、新産業都市型の工場誘致により人口五万の工業都市となり、日窒水俣工場関係者が市政の中枢を占めて行政を左右した。この図式の水俣を日本と、日窒を日本産業資本とおきかえてみよ、それはそのまま近代日本の一断面となろう。

原因究明の過程で

一九五六年五月、原因不明のはげしい脳神経症状を示す数人の患者が水俣工場附属病院にかつぎこまれた。診察に当たった細川院長は、熟達した内科医であり、この病気が全く新しい未知のものであることをただちに見抜き、市内病院・医師会・保健所・市衛生課による「奇病対策委」を組織した。このグループによる調査の進展はめざましく、わずか二カ月のうちに、患者の発生状況、家族・生活環境、自然的条件などの疫学的な調査をほとんど完了して、この病気が伝染病ではなく何等かの中毒症状であり、人間だけでなくネコや犬など魚を食べる動物に共通にあらわれる重大な事実をつかんでいた。この段階で判明した臨床的な病気の特徴は、一五年を経た現在でもなお後述する世界中の疑わしい中毒事件の判定基準とされるほど正確なものであった。

この病気が化学薬品による中毒であるとすると、水俣市内の奇病対策委のみではこれ以上の解明はむずかしい。そこで熊本大学医学部に研究の中心が移された。残念なことに当時の大学の研究費の条件では、水俣市に大学から常駐の医師を調査のために派遣することは困難だったので、初期のすぐれた疫学的調査結果を更に発展させる方向へは、研究はなかなか進展しなかった。この制約をできるかぎり埋めたのが、病気の発見者である細川院長と、伊藤保健所長の努力であった。

熊本大学の手に研究が移って三年間、必死の努力にもかかわらず原因物質の手がかりはつかめなかった。困難の最大の原因は水俣工場にあった。工場からのあらゆる廃棄物は、水俣湾を著しく汚染し、泥や魚を分析すればあらゆる種類の有毒物質が発見されて、どれが本当の原因であるか見当もつかなかった。工場側に内部の工程で使用する物質について問い合わせ、試料を要求しても、厚い妨害の壁にはねかえされた。三年間に宝さがしのような努力の対象となった毒物は数十種に及んだが、どれも水俣病特有の症状とは完全に一致しなかった。

この間、漁民の生活もどん底となった。魚が危険であることは広く知られ、水俣漁民の売る魚は、どんな遠くの海からとれたものでも誰も買わなかった。漁民は市と県に禁漁区の設定を陳情したが、漁業補償の予算がないとの理由で全く相手にされなかった。舟を売り、網を売り、娘を売って、借金も借りつくし、物乞いをして命をつないだ漁民もあった。

一九五九年春にいたって、大量の水銀が、水俣湾の泥・魚・患者の死体などあらゆる試料から発見され、有機水銀中毒の症状が、水俣病と一致することがわかった。それまで医師たちは水銀のような高価な金属が工場から捨てられているなど思いもよらなかったのである。春から夏にかけて、つぎつぎとあらわれる証拠はすべて有機水銀説を支持した。工場内の二つの工程で、大量の水銀を触媒として使っている事実も判明した。

とまどいとためらいののちに、水俣の漁民は工場に損害賠償を要求したが、工場側は有機水銀説そのものを認めず、漁民の要求をはねつけた。おきまりの交渉引きのばしと乱闘さわぎののち、市長をはじめとする地方ボスのあっせんで、工場側は水俣病の責任とは無関係という前提のもとに、水俣漁協に三五〇〇万円を支払った。

この間も、工場が新たに設けた排水口から汚染は北方にひろがり、秋には数名の新しい患者が、不知火海の沿岸に発見された。病気の予兆として恐れられた猫の集団自殺は、対岸の島にまで及んだ。不知火海全域の魚は、病気をおそれて売れなくなり、漁民の困窮もまた社会不安としてひろがった。この時期にようやく、国会議員の視察団が現地を訪れたが、それをむかえた不知火海沿岸漁民三千名のデモは、工場側の高圧的態度に憤激して自然に暴動となり、工場に乱入して手あたり次第に事務所をたたきこわした。これが有名な一九五九年一一月の乱闘事件で、ようやく水俣病は全国の注目を浴びるに至った。

この乱闘に参加した漁民を最初に公然と非難したのは、工場労組であった。これにつづいて水俣市のすべての組織が、商工会議所から労組まで、工場の利益を支持し、操業停止命令に反対する統一戦線を結成して、漁民を追及した。警察は漁民の指導者を、建造物侵入と暴力行為の疑いで逮捕した。一年近い裁判ののち、執行猶予つきの有罪が宣告された。これが、現在まで司法権が水俣病にかかわった唯一の刑事事件であった。この公害の加害者であった水俣工場は現在に至るまで何らの刑事責任を問われていないのである。

この間、工場側は有機水銀説に対する反論を次々と発表し、外部の学者を動員して、熊本大学の研究結果を否定しようと試みた。東工大清浦教授、東邦医大戸木田教授、東大田宮名誉教授とその弟子たち、日化協大島〔竹治〕理事と、この論争で工場側を支持した「学者」の数は十指に余る。すでに〔一九五九年〕一〇月初め、工場内では細川院長の実験で、酢酸工場の排水を飲ませた猫に典型的な水俣病の症状が現れたが、工場幹部はこの実験の続行を禁止し、すべてを秘密に葬った。

政府・企業の対応

所管官庁である厚生省の態度も不可解であった。原因について調査を進めていた食品衛生調査会の水俣中毒部会が有機水銀説を認める答申を出そうとすると、高級官僚がそれを引きのばそうと試み、答申提出直後にこの部会は一方的に解散させられた。以後の研究は全く新しい構成で、経企庁の主管に移された。もちろん、通産省が工場側の主張を強力に支持したのはいうまでもない。後に首相となる池田〔勇人〕通産相が、閣議で厚相を罵倒したと伝えられたのもこのころである。

しかし熊本では、追いつめられた漁民が工場にダイナマイトを抱えてとび込むという噂が流れたほど事態は切迫した。漁民と工場の間をあっせんする委員会が知事を中心に作られた。この時、知事が同年〔一九五九年〕に成立した水質保全法の和解の仲介制度の適用をたくみに回避したことは注目される。あまりに企業側に密着した通産省の介入をかわすのが知事の目的だった。双方の勢力のバランスをたくみに利用した知事の綱渡り的な努力は実を結び、漁民は当初の二五億円の補償要求を自ら値切って最後に一億円で交渉が妥結した。この時同時に要求された患者補償に対するあっせんは、更に困難だったが、患者側は年末を控えてぎりぎりまで追いつめられ、一二月三〇日ついに見舞金協定に調印した。この協定は死者三〇万円、生存成人患者年金一〇万円、未成人三万円という金額の低さも有名だが、公害史上永久に記念すべき次の条文を含んでいる。

・第四条　甲（水俣工場）は将来水俣病が甲の工場排水に起因しないことが決定した場合においては、その月を以って見舞金の交付は打切るものとする。

・第五条　乙（患者互助会）は将来水俣病が甲の工場排水に起因する事が決定した場合においても、新たな補償金の要求は一切行なわないものとする。

この第五条は、知事の作成した原案にはなかったものを、患者側が降伏の意志を表明してから工場側が強引に協定にわりこませたものである。この背後には前述した細川の実験結果があったことはいうまでもないが、あくどさはここに極まったといえよう。

一九六〇年、安保の年は、水俣病にとっては反論による真相中和の年であった。厚生省から原因究明の仕事を引きついだはずの経企庁の水俣病〔総合調査〕研究連絡協議会の作業は、通産官僚の主導権下に、全く秘密のままにおざなりな会合を四回ほど開いただけで、年度末には予算切れを名目上の理由として自然消滅してしまった。その結果も現在に至るまで公表されていないし、関係者すら資料の所在を忘れてしまっている。一方、化学工業経営者の業界団体である日本化学工業協会(日化協)は前年いいかげんな反論を発表して原因究明を妨害したばかりか、この年に東大名誉教授田宮猛雄に依頼して、勝沼〔晴雄〕(東大教授)、大八木〔義彦〕(東京教育大)、斉藤〔守〕(東大助教授)らを中心とする田宮委員会なる研究組織を作らせ、これを第三者機関による公正な調査として宣伝した。ところが田宮委員会の調査も、研究の進行に伴って益々最初の前提である工場排水説の否定とは正反対な結果ばかりが出てくるので、日化協の研究費支出も打切られたらしく、田宮委員長の死と共に委員会も結論を出さぬまま解散してしまった。しかしこの二つの機関が、水俣病の真相を国民の眼から遠ざけるために大きな役割を果たしたことは否定できない。

六〇年から六一年にかけて、政府も企業側も何等積極的な努力をしていないのに、目下研究中ということで国民の関心をそらすためには役立った。この間、なまじ見舞金をもらった患者たちが、地域社会からどのようにそねまれ、孤立したかは、想像を絶していた[4]。

このような政府・企業の努力のおかげで、六二年に熊本大学の入鹿山〔且郎〕が、工場排水中からメチル水銀化合物を発見し、それが水俣病と全く同じ病変を実験動物にひきおこした事実も、ほとんどニュースとならなかった。日本の大学研究の悪しき伝統である産学協同と講座制下における感情的対立のおかげで、このころには熊本大学の中にさえ、水俣病の研究を秘密に葬ろうという空気が生れた。六三年に「熊本日日新聞」の記者がこの事実をスクープ(5)したときでさえ、大学側の反応はむしろ迷惑げであり、スクープを打消すような声明を発表した。この時、新聞記者の問いに答えて、熊本地検の一検事正が、医学的な結論次第で企業の責任も考慮の対象となり得ると言明したが、間もなく千葉に転勤させられてこの問題はそれきりになった。これが水俣病の全経過を通じて唯一の、企業の刑事的責任に関する非公式発言であった。

工場内では、さきに実験を禁止された細川の不屈の努力と説得が功を奏して、工場排水による動物の飼育実験が再開された。原因物質の単離、構造決定まで、水俣病の因果関係が、一点の疑いもなく工場内で実証されたのは、六二年初春のことである。もちろんすべての結果は極秘にされたが、入鹿山らの研究と答えは一致した。

水俣病、新潟に再発

いったん迷宮に入ったかに見えた水俣病を、再び国民の眼前にひき出したのが、六五年の新潟における再発であった。六四年末から原因不明の奇病が、阿賀野川河口附近に散発したが、たまたま新潟大医学部に赴任準備のために訪れた椿〔忠雄〕教授が、以前診察したことのある水俣病患者との類似に気づいて、水銀中毒の調査をはじめた。この努力は秘密のうちにつづけられたが、六五年六月、ふとしたこと〔新聞記者の取材〕から公表のやむなきに追いこまれた。

新潟における再発は、六〇年以後、水俣病の原因究明と再発防止のために、何等の有効な行政手段もとられていなかったことを暴露してしまった。すでに日窒病院を退職していた細川はただちに現地を訪れ、この病気が水俣病にまちがいないことを確認した。この判断がその後の研究の進展に大きく寄与したことは否定できない。細川の診断と一週間ほどの調査で、私たちは阿賀野川上流の昭和電工鹿瀬工場が汚染源として最も疑わしいと判断した。帰途、細川は新日窒本社へ立寄り、所見を経営首脳部に伝え、かっての秘密実験の公表を訴えた。これをきいた新日窒は直ちに昭電に連絡し、昭電総務部長は数回にわたって細川を訪れ、調査結果をきき出した。それにもかかわらず、昭電は私たちの調査をすべて拒否した。結果として、調査に協力しない企業が最も疑わしい汚染源であるという法則がこの場合にもあてはまったのである。

厚生省の委託をうけた新潟大学医学部を中心とする研究班は、企業側の非協力や、汚染源と目される工程がすでに閉鎖されてしまったことなどの困難にあいながら、六六年三月になって、私たちの調査と同様、昭電のアセトアルデヒド合成工程が最も疑わしい汚染源であると結論した。ところがこの中間報告は通産省の全く根拠のない強硬な反対によって、ついに秘密に葬られた。因果関係の究明過程は、第一回と全く同じ経過をたどりはじめた。

一回目と異なったのは、支援組織の存在である。勤労者医療協・新医師会・地区労などが連合して作った新潟県民主団体水俣病対策会議（民水対）の活動は、病気の公表直後から活発だった。その働きかけで、いくつかの部落に散在する患者の組織が作られて、患者自身の陳情などの行動も盛んになった。新潟市と豊栄《とよさか》町は、官製組織で患者と民水対の分断をはかったが不成功に終わった。

六六年中は、昭電側のやつぎばやな反論の発表と、厚生省の研究費打切りのもとで、手弁当で調査をつづけた研究班の努力で暮れ、研究班の最終報告は厚生高級官僚の妨害にあって引きのばされたが、石田宥全《ゆうぜん》代議士〔社会党、新潟二区〕の努力でようやく六七年四月に発表された。昭電は二月にたとえ国の結論が出ても承服しないと言明したため、患者側の態度は硬化し、最後の手段として損害賠償請求の民事訴訟が現実の問題となった。

厚生省は、はじめ研究班報告を国の結論とすると言明していたが、発表後、食品衛生調査会と科学技術庁の調整の二段の検討が必要であると主張を変え、結論の引きのばしと骨抜きをはかった。はじめせいぜい二、三カ月で結論が最終的に出ると宣伝されたが、実際には実に一年半を経た六八年九月に、「長期汚染の基盤は昭電の工場排水であるが、短期汚染の有無はわからない。短期汚染の原因については不明」というあいまいな文章が政府見解として出された。このとき同時に、水俣病発見の実に一三年後になって、ようやく熊本大学の研究結果を全面的に認めた政府見解が第一の水俣病に関して発表された。日窒と昭電のひきおこした全く同じ二つの事件に対する政府見解の差は、閨閥《けいばつ》に象徴された二つの企業の政治力の差によるものとのうわさが被害者の間にもあり、政治不信のもとになったのは言うまでもない。

民事訴訟の問いかけるもの

六七年六月、第二水俣病の公表満二周年を期して、新潟の患者たちは史上はじめての大規模な公害問題に関する民事訴訟を提訴した。この動きは全国に衝撃を与え、その後すぐひきつづいて四大公害事件といわれる四日市ぜん息、富山イタイイタイ病、二つの水俣病がすべて民事訴訟となるきっかけを作った。新潟における争点は、政府認定の因果関係が最もあいまいな上に、原告側は因果関係の立証と企業側の過失責任の存在を主張するという最も困難な問題をえらんだが、弁護団の熱心な努力によって裁判史上まれにみる科学的論文である準備書面が用意された。一見難解な科学論文を読みこなし、その内容を現実にあてはめて検証し、確実な事実のみをとり出して因果関係を組立ててゆく作業は、職業的科学者の日常生活よりもはるかに高度に科学的な仕事であることを、傍観していた私は痛切に感じた。果たして裁判は患者・原告側の主導権のもとに進行し、双方の主張の説得力には大きな開きがあるばかりか、被告側である昭電は、その巨大な政治力・金力にもかかわらず、立証事実に関する証人を立てることさえ困難な状態になっている。

この間、新潟の患者集団が一九六八年一月にはじめて水俣を訪れ、患者相互の交流が成立したことは、長い間孤立していた水俣病患者と、それを同情しながらも傍観していた水俣市民に、強い衝撃を与えた。水俣と熊本にそれぞれ「患者の心をわが心とする」市民組織が生まれた。九月の政府見解の発表で、責任を認め、患者宅をわびてまわったチッソ（元新日窒）水俣工場側は、その後新たな補償要求に対しては言を左右にして応ぜず、かえって厚生省による仲裁を示唆した。陳情に上京した市当局に対して、厚生省公害部長は、チッソの作成した文面の仲裁依頼状をそのまま患者側に渡し、承諾の署名をするよう要求した。この強引な仲裁工作をのむか否かで患者組織は紛糾し、いわゆる一任派と訴訟派に分裂した。依然として水俣工場依存の空気の強い水俣市において、訴訟派が少数に止ったのはふしぎではない。六九年六月、四つ目の公害裁判として水俣病訴訟が提起された。市民組織は、機関紙「告発」を発行するかたわら、裁判研究会を作って立証計画を側面から支え、やがてこの活動は独立して、水俣病の全貌をはじめから把握し直そうとする、水俣病そのものの研究に発展している。

元来、日本国民の大部分にとって、法律とはおそろしいものであり、裁判は身代限りを意味した。水俣病の経過において、司法権が介入したのは漁民の工場乱入のときだけであったことを見ても、国民のこのおそれには十分な根拠がある。その国民の最底辺に生きて水俣病を業として受けていた漁民が提訴した水俣訴訟こそ、被告工場だけでなく、法治国日本の全機構が裁かれる場であるといえよう。水俣病の原因となった水俣工場に代表される日本の製造工場の技術と、これを経営する企業の社会的な挙動のすべて、そして水俣病をここまで放置・激化させた行政機構の責任、結果として企業を支持し、因果関係の解明をおくらせた日本の科学者、最後に患者がここまで追いつめられるまで何等の発言・行動の生まれなかった法曹界、いわば管理社会における専門家集団のすべてが、その存立の当否を問われている。これほど因果関係と責任のはっきりした事件が、裁判所で被害者側に不利な結果に終わるようならば、我々にとって裁判という制度も、それにかかわる種々な職業も全く無用の物と化するのである。しかも、これは患者側にとって最後の手段であった。私はこれまで法律専門家といわれる人々に逢うたびに、水俣病が刑事責任の対象にならない理由を問いつづけてきたが、納得のゆく明快な答えを一度も得たことはなかった。やむなく患者側は因果関係と過失責任の立証を必要とする民事訴訟の道をえらんだのであった。いわば日本という国家の中で、正義が成立する最後の機会として、現在の公害訴訟は提起されている。これにこたえるか否かは、現体制の国家の存立が問われる深刻な問題である。

国際的な重要性

はじめ局地的な奇病とみなされていた水俣病は、胎児性病の発見、不顕性症例の発見と研究が進むにつれてその影響の範囲が広がった。昨年スウェーデンで確認された有機水銀による染色体異常の増加は、水銀農薬を多用した日本全国の住民にとって、集団遺伝学的に深刻な問題を投げかけている。一方、工場排水による水銀汚染は、スウェーデン、フィンランドで六五年ころから深刻な社会問題となり、六九年にはオランダ、イタリーにもその存在が確認された。本稿を執筆中の現在、予想通りカナダ、米国にも全く同じ事態が進行中であることが伝えられた。もし日本における最初の発生がもっと重視され、その解明に全力が集中されていたならば、このような汚染の進行のかなりの部分は食いとめられたであろう。

こうして公害先進国日本は、世界全体に対して重い責任を背負っているといえる。特に、水俣病の経過の後期に、支援組織の存在と患者の交流が、当事者の人権思想のめざめに大きな刺戟を与えた事実は、政治学的にも重要であり、日本のみならず多くの発展途上国の経済発展の方向を左右するような重大な意味をもつと予想される。すでに日本資本主義の東南アジア進出が開始され、公害の輸出が憂慮されている現在、大衆運動の戦略的な形態の一つとしての公害反対運動の意味は、単なる局地的なものではなく、国際的な重要性をはらんでいる。

この一文を、病床にある細川博士に捧げる。

一九七〇・四・二九

註

（1）詳細な因果関係については、熊本大学医学部編『水俣病』一九六七年、富田八郎＝宇井純編『水俣病』（「月刊合化」連載、のち水俣病を告発する会より刊行）一九六九年、宇井純『公害の政治学』三省堂、一九六九年、などの成書に詳しい。

（2）海外の水銀汚染については、宇井純「朝日ジャーナル」一九六九・三・一六、同一九七〇・四・一九、四・二六をそれぞれ参照。

（3）水俣病を告発する会編『水俣病にたいするチッソの企業責任』一九七〇年五月刊行予定に、技術開発の過程について詳しい記録がのっている。

（4）石牟礼道子『苦海浄土』の描写は、いささかの誇張もなく、この時期の患者の生活を控え目に書いているが、けい眼な読者ならば、行間の地獄図を読みとることができよう。

（5）「熊本日日新聞」昭和三八年二月一七日付。

（『ジュリスト臨時増刊』四五八号、一九七〇年八月）

❖1967❖

新潟の水俣病（上）

はじめに

熊本県水俣市におこった水俣病については、わが畏友富田氏〔富田八郎《とんだやろう》〕がまとめた資料が、現在「月刊合化」に連載されているが、この資料集めを手伝った私にとっても、第二例の水俣病が、そっくり同じ形で、新潟郊外の阿賀野川で出たことは、大変なおどろきをもたらした。いずれ富田氏の筆は新潟の第二例にも及ぶことになろうが、事態の進展はそれまで待っていることを辞さないところまで来てしまったので、新潟の水俣病の経過のあらましと、原因について、とりあえずはっきりさせておかなければならない事実を、ここにまとめてみよう。

さすがに第二例では、最初の水俣病にくらべて事態の経過はかなりはやい。しかし、公害事件に特有ないくつかの局面は、第一例とそっくり同じ形をとってあらわれているために、富田氏がのべているさまざまな指摘がそのままあてはまる例が多い。

第1章　病気の経過と原因究明の足どり

新潟の水俣病の存在が広く知られるようになったのは、一九六五年六月一三日の新聞各紙の記事であった。しかしこの発表は実はかなりの偶然の面もあり、もし次のような事実がなかったらもっと後までひたかくしにされていたかもしれない。

新潟地震〔一九六四年六月〕の直後に、新潟周辺の医療機関は非常体制をとって地震で被災した住民の診療に活躍した。このとき、民医連に属する労働者診療所の一つ、沼垂《ぬったり》診療所が、阿賀野川河口附近の農村部落を担当したことから、新しいふしぎな病気がこの地区に散発し、数名の患者が新潟大学病院に送られたことに気づいた。地震のあった一九六四年の年末から翌春にかけては、この変な病気がどうも水俣病に似ているといううわさが大学病院の内外でささやかれはじめたので、事態を重視した沼垂診療所では、「アカハタ」の記者をよんで、取材が大学病院に及んだところ、びっくりした大学病院側が、「アカハタ」にすっぱぬかれては一大事と、新聞記者を集めて発表したのが、六月一二日の午後だった。

そのころには実は新潟大学病院でも、この病気が水俣病にまちがいないことがわかっていたが、何しろ事は重大だから、秘密に調査をしようと県衛生部と相談をしていた矢先のことである。「アカハタ」通信員の来訪がなかったら、もう一月やそこらは発表はおくれたであろう。

ともかくこの記者発表で事態は急に進展した。現地の部落に取材に飛んだ新聞記者たちは、同じような症状の病人や、すでに死んだ患者の話などを続々みつけ出して、それまで七人しかわからなかった患者の数は、一両日の間に一三人にふくれ上った。

あわてたのは大学だけではない。県衛生部と厚生省も、これだけ大きな記事が新聞に出ては慎重調査どころではない。担当官は直ちに現地へ急行、水道が原因ではないとか、魚があやしいとか、いろいろな事実がかなり早目にわかった。「アカハタ」の投じた一石は、かなり事態の進展をはやめたもので、「アカハタ」本紙の記事は六月一四日におくれはしたがまずもって大手柄といえるだろう。

しかし、そのあとの原因調査はあまり順調とはいえなかった。水俣病であれば、原因は魚―有機水銀―工場排水という線が一番疑わしいはずだが、新潟大学医学部にとっては全くはじめての経験でもあり、患者やデータをひとり占めして手柄をあげようという野心も一部にはあり、野外調査はもっぱら県の仕事にまかせたし、県の衛生部とて資料は全くないので「月刊合化」の富田氏の連載「水俣病」のリプリントをどこからか探し出して、病徴の部分の大増刷をやった位である。当時、関係者の間では、「月刊合化」がひっぱりだこになり、日本ガス化学では、たまたま通勤バスの中で読んでいた労働者から、工場側が取り上げてコピーを作ったという話である。

これもみな一度目の水俣病をちゃんと調べておかなかったための混乱だが、厚生省や新潟大学の関係者の間でも、水俣の経験を生かそうとする考えはあまりなく、厚生省の調査班に水俣の経験者である神戸大の喜田村〔正次〕氏、熊本大の入鹿山〔且郎〕氏を加える必要があるとした新潟県の北野〔博一〕衛生部長の主張はなかなか通らなかった。科学技術庁の特別研究調整費の予算が九〇〇万ばかりついて厚生省の研究班がようやく発足したのは九月八日のことである。

この間、「朝日ジャーナル」の依頼をうけて、私も現地調査を行なった。富田氏は折あしく外遊中だったが、水俣病の発見者で最後まで水俣病を追いつめ、ついにつきとめた細川博士、ジャーナル記者大石〔悠二〕氏に、この問題を研究して来た無名の研究者たちを加えて、七月中旬に一週間ばかり現地を歩き、夜は新潟の新聞記者たちと情報を交換し、討論をつづけた結果、この病気は明らかに水俣病の第二例で原因はほぼ上流の昭和電工鹿瀬工場の排水にまちがいないと判断した。特にこのとき、地震より一年前に、患者の桑野さん宅の飼猫が典型的な水俣病の症状で狂い死にした事実がわかったのは貴重であった。この時の記録は八月九日号の「朝日ジャーナル」に一部のっているほか、北野衛生部長を通じて疫学班の資料にもなった。この時の調査では、日本ガス化学松浜工場、北興化学新発田工場、北越製紙新潟工場の調査はどうやらできたが、昭和電工鹿瀬工場の入場は工場側に拒否されて、現場はとうとう見ることができなかった。この秘密性のために、どれほどこれまでも研究を妨害されたことか、幸い今度は前回の水俣の経験から、工場の中へ入らなくても大体の様子は見当がついたのでよかったが、秘密にするところが最も疑わしいという私の予感は結局最後に的中することになった。

さて、厚生省の研究班の活動も秘密のうちに進められたが、臨床、試験、疫学の三班のうちで、特に試験班の秘密主義はひどかった。すでに新聞へ出ているデータまでもひたかくしにするし、第一最大の予算をとりながら、分析結果がなかなか出ず、他の班の活動のブレーキになったことは否定できない。逆に厚生省の秘密主義に最も忠実であったともいえよう。厚生省からみれば、調査結果をできるだけ正直に県民に伝えようとする北野衛生部長や、私たちと討論、意見交換を自由にしようとした喜田村氏、公衆衛生院松田〔心一〕疫学部長が入っている疫学班が、一番厄介な存在であった。

ともかく予算を受取った以上、年度末には報告をしなければならない。一九六六年三月になって、ようやく科学技術庁に中間報告を出すことになったが、もちろん会議は非公開で、通産省あたりが全く勝手な推論でまぜかえし新聞記者に発表された報告は、「昭電鹿瀬工場が疑わしい」と書かれた一枚の紙片で、報告書そのものは極秘にされ、私でさえこれを入手するには大変な苦労をした。

ところがこの中間報告から間もない六月になると、昭和電工側の最初の反論が発表された。これはたしかに極秘の報告書の内容を、国民には知らせずに昭和電工に流した者が政府の中にいることを明らかにしている。その後、九月、一一月、一九六七年一月、五月と矢つぎばやに昭和電工は反論を発表して、その度に少しづつ内容が変っているから、反論の要点については後にまとめてふれることにするが、この時期から公害紛争の第三段階である反論提出期に入ったとみなしてよい。

すでに富田氏が指摘するように、紛争の第一段階は公害の発生で、第二段階に原因が究明されると、第三段階の反論の提出を経て、最終段階の中和現象に到達する。私はこれをもう少しくだいて、起承転結とよぶことにした。但し、結の段階ではウヤムヤになることが特徴である。

一九六六年中は、この中間報告を補足して、何とか最終報告をまとめ上げようとする疫学班の努力と、それに一つ一つ反論を重ねてかきまわす昭和電工、それに報告をなるべく先へのばして責任を回避しようとする厚生省の押しあいのうちに暮れた。この間、社会党の石田氏が疫学班の喜田村教授を国会へよんで証言を求めると、自民党側は横浜国大の北川〔徹三〕教授に農薬・塩水くさび説を主張させ、更に喜田村教授には厚生省の館林〔宣夫〕環境衛生局長が農薬説のための逃げ道を残しておいてくれるようたのみ込むなどの暗躍があった。また、北川教授の所属する安全工学協会が、新たに公正な立場から原因を究明すると称して、工学系の研究者を主として委員会を作るなどの動きもあった。一方、「財界」誌が、北野衛生部長を名指しで攻撃する記事をのせたりして、舞台うらでいろいろな思惑が動いた年であった。

それでは、この一九六六年の暮れまでに、新潟の水俣病でどんな事実が明らかになっただろうか。

まず、一九六五年六月の新聞発表で、それまで秘密のうちに探していたのではわからなかった患者の分布が、はっきりした。明らかに水俣病の症状をもつ患者は、阿賀野川下流の一日市《ひといち》部落を中心にして、下流の下山から上流は上江口《かみえぐち》、森下部落に分布している。阿賀野川は、サケ、マスのそ上が多く、下流の部落では兼業、専業の川魚漁師がいるが、患者は主として漁師に出ており、漁師以外の患者では、川魚を多く食べた人に限られている。松浜町にも多数の漁民がいるが、ここでは沿岸漁業が主で、川専門の漁民はほとんどいない。そのためか松浜町には患者は出ていない。川魚と水俣病の間にはっきり関係があることは、一日市を中心とした患者の出た部落と、松浜町の住民の髪の毛の水銀量を調べてみると、更にはっきりした。椿〔忠雄〕教授が住民を四つのグループにわけ、①魚を全く食べない、②時々食べる、③週に一～二度食べる、④ほとんど毎日食べる、と区分すると、患者はいずれも④のグループに入り、髪の毛の中の水銀量はいずれも多いが、患者以外にも水銀の多い住民は存在する。一方、松浜町ではそのような水銀の多い例はない。

そこで椿教授はこういう水銀の多い髪の毛を切りとって、端から水銀量を測ってゆく方法をえらんだ。実はこれは昔からヒ素の中毒時期を調べるのに用いられていた方法で、それを水銀に使用したものだが、これで間接的にいつごろ水銀がからだの中に入りこんで来たかがわかる。この結果と患者の発生、ネコや犬の異変、工場の操業など、いろいろなデータをまとめてみた。すると、ネコや犬の異変、患者の髪の毛の中の水銀の増加など、水俣病に関連のある事件は一九六四年六月の新潟地震の前から起っているのに気づく。すでに一九六五年の秋には、こうして新潟地震と水俣病の間には直接の関係がないことがはっきりした。しかも、髪の毛の中の水銀量の増加や、ネコの狂い死になどが、大体鹿瀬工場のアセトアルデヒド部門の閉鎖と労働者の配置転換が発表されたころから後にはじまっていることが後にわかった。

これだけのことから、この病気がまさしく第二の水俣病、つまり魚の中にたまったメチル水銀が原因になった病気であることは見当がつくが、水銀を含んだ魚の分布を調べてみる必要がある。いろいろな調査機関がデータを秘密にしていたので、これはかなり厄介な作業だったが、何とかさぐり出したものを、河口からの距離によって区別してグラフにまとめ、ついでに念のため阿賀野川の勾配を入れてみると、魚の分布が意外にはっきりした。魚の標本の採集は、はじめは患者の出た地域のまわりに重点がおかれ、それからあとは手当り次第ということだったらしく、阿賀野川の上流から下流までまんべんなくは採れなかったが、塩水の入る下流域と、勾配がゆるくなり河水の流れもおだやかになる扇状地末端、工場排水の落ちるすぐ下の三つの地域で水銀の多い魚がとれることが明らかになった。これで汚染は下流から来たのではなく（実際にもあまりそんなことは起りそうもない)、上流から起って、それが下流に蓄積したことがわかる。

水俣病は魚を介して起る病気だから、病気が起るかどうかは、魚を食べた量によっても左右される。馬下《まおろし》から上流の山間部では主として釣漁が盛んで、それから下流では延縄、刺網などの漁法が多くなり、河口部ではこれに袋網が加わる。漁業を主としている漁師の数も下流ほど多く、とれる魚と漁師が自分で食べる魚の種類も変って来る。患者がいちばんたくさん食べていた魚であるニゴイとマルタに特に毒があるとみられたので、その漁獲量を調べてみた。ニゴイはあまり売れない魚なのでほとんど自家消費されるから、患者の発生した下流ではニゴイのような雑魚をたくさん食べていたために患者が集中したことがわかる。

更に県の衛生部が行なった調査では、阿賀野川の中流から上流にかけて、髪の毛の中に水銀が多い住民が分布していることがはっきりした。現在、水銀農薬などのおかげでわれわれの毛の中の水銀量は次第に増えているが、それでも一〇ｐｐｍをこえる場合は何かはっきりした汚染の機会があったとみてよいから、いずれも常人よりは多いことを示している。

衛生部の調査では、これと平行して、手足のしびれ、痛み、口の周囲のしびれ、目がぼんやりする、失調性の歩行などの自覚症状がある住民を調べ上げた。このような症状は老人性の病気である高血圧、脳卒中でもよく出ることがあるが、二つ以上の症状が重なって出るとなると水俣病の疑いが強くなって来る。事実こういう住民の中には、毛の中に水銀が多かった。

大体このようなところが、すでに一九六六年の三月に出た中間報告でほとんど明らかにされていた（ニゴイの漁獲量はあとから調べられたものである）。ところが、この中間報告まで鳴りをひそめていた昭和電工が猛然反撃に転じた。この辺から厚生省の足どりはあやしくなり、中間報告の全文は極秘のうちにしまいこまれ、その存在を知っているのは数人の官僚のみであり、初め臨床班、試験研究班、疫学班の三班で出発した調査団も、予算がないことを口実に試験研究班がまず脱落し、臨床班も患者の分布は内部のゴタゴタもあって手がつかず、疫学班だけが孤軍奮闘の形で昭電の反撃をまともにうけることになった。昭電側に中間報告を流したのも、本省だけではなくて、試験研究班の中にいた者らしいといううわさもある。ともかくこの研究で、分析部門が全体の足をひっぱる役割をしたことは否定できない。一サンプルいくらの請負主義で予算をぶんどり、分析結果はなかなか出て来ないし、研究報告も一番おざなりな書き方で、サンプルの番号だけしか書いてなく、その素性、いつ採取したかの記録もとってないものがほとんどである。そればかりでなく、昭電の反論にいちいち口うらをあわせて疫学班の結論に文句をつけたり、わざと一般の読者にわからぬように結論をぼかしたりしていることから考えると、昭電側に内通した者が試験研究班の中にいるらしいといううわさも全く根拠のないものではなかったようだ。サンプルのとり方についても全く計画性がないだけでなく、時にはわざわざ疫学班を排除して通産省と協力してみたり、後から調べると怪しいことがいろいろ出て来る。

一方、通産省のがんばりも仲々のものだった。一九六六年三月の中間報告の席上では、まるで企業側の代弁者の立場をとって議論をひっくり返したし、被害者の最初の陳情を受けた際には、「お前ら小学校しか出ていないくせに、昭電のせいだなどとどうしてわかるのか。うしろの八階建のビルの中には、東大を出た博士たちが大ぜい研究していて、工場排水でないという結論を出しているのだから、お前らの話なんか誰が信用するものか」とふんぞり返った小才とかいう課長がいたそうである。こういう言い方は、公害事件のときいつもくり返される。富山のイタイイタイ病や水俣病では企業側がこういう言動を残したが、新潟の場合にはとうとう通産本省までがこれほど高圧的になったかと、今昔の感を禁じ得ないものである。

昭電側の反論の第一回は、まず一九六六年六月に発表された。ここでは、地震の際に農薬が流出したという新聞記事と衛生部長通達をとり上げ、当時の農薬倉庫の在庫量と地震後の処分数量に食いちがいがあるとくいついた。実はこれは地震後の農薬の始末の監督に当った課が手柄顔でいいかげんな数字を報告したのを衛生部長がうのみにしたのが失敗だったので、県はあっさりかぶとをぬいで再調査したが、もう一つ厚生省研究班の報告書には、地震の時にできていなかった通船川《つうせんがわ》のこう門のことが書いてあったから厄介なことになった。昭電側では、この二つの誤りがある位だから、あと全部もまちがいにちがいない。それにイモチ病の農薬としてたくさん使われているフェニル酢酸水銀の中にも、メチル水銀はあるかもしれないと言い出した。佐渡ケ島のトキの話が持出されたのもこのときのことである。餌づけをして飼っていたトキが死んだので、解剖してみたらかなり大量のメチル水銀が発見され、エチル水銀はほとんど見出されなかった。喜田村の実験では農薬を与えて中毒させた動物には、必ず農薬中のメチル水銀とエチル水銀が伴って出て来るというが、トキが工場排水で中毒したとは考えられないから、メチル水銀だけがみつかっても農薬による中毒である、という論旨で、一見もっともにみえたが、あとでゆっくり調べてみたところ、このトキには阿賀野川の水で養殖したドジョウを食わせていたことがわかった。そこで工場側の反証は、かえって阿賀野川の水にメチル水銀が含まれていたことを示す証拠になってしまった一幕があった。

九月、一〇月の反論はほとんど同じ文面でただ表紙をかえた程度であり、県衛生部の訂正をとりあげて、そんなことだから疫学班の報告は全部あてにならないと強調しただけであるが、一一月に入って、フェニル酢酸水銀中に大量のメチル水銀が検出されたと主張をはじめた。農薬の中には実に二・六％もメチル水銀が入っているというのである。これで厚生省側ががぜんぐらつきはじめたし、自信を得て横浜国大の北川教授が乗り出すことになる。

実は、これには多少のうら話がある。はじめ昭電は分析化学の権威として東工大の岩崎〔岩次〕教授に話を持ちかけたところ、部下の忠告もあって岩崎教授はそんな話には乗れないと断ったので、以前からつきあいのある横浜国大へ話がまわり、北川氏が乗り出したという。一方、このころ一向に原因究明が進まないのに業をにやした地元選出の社会党代議士石田宥全氏は、工場排水説の中心である神戸大学の喜田村教授を国会に引き出して証言させ、一気に片をつけようと考えた。これには厚生省もあわて、喜田村教授のところへ館林環境衛生局長が夜ひそかに訪れて、何とか昭電側の逃げ道を作っておいてくれるよう、再度にわたってたのみこんだが、断わられたといういきさつがあって、当日になってみると自民党側推せん証人としての北川教授と、喜田村教授の対決となった。喜田村教授が水俣病の経験と疫学班のそれまでの調査結果から、工場排水しか原因が考えられない旨を理路整然とのべたあとで、北川氏から有名な塩水くさび説が出されたが、これは地震の時に流出した農薬が、海を通って阿賀野川の河口の塩水くさびに入ったというものでその他は全く昭電側の反論の代弁であった。論理の内容はともかくとして、これで双方とも言い分はもっともだという印象を広く与えた意義は大きく、北川農薬説は大いに中和のために役立ったといえるだろう。

この対決が一一月一〇日だったが、昭電が同時に発表した反論では、前記のフェニル水銀中のメチル水銀の測定値のほかに、鹿瀬より上流にも毛髪中に水銀量の多い住民がおるだけでなく、それがメチル水銀だという結果が出ていて、どうやら昭電のガスクロマトグラフが動き出したことを推察させる。もう一つこの時に、昭電側が現地を調査したところ泰平橋下流の一日市部落のあたりに、農薬が大量に捨ててあったという現場写真を持ち出したから騒ぎは大きくなった。

この時に昭電が提出した写真は、水銀農薬の大手メーカー、北興化学の文字があまりにはっきり出ていて、いかにも原因はこの会社でございといった具合の写真だったので、今度は北興化学をはじめとする農薬業界側が腹を立ててしまった。農薬メーカー側としても、身にかかる火の粉は払わねばならぬというわけで、早速声明を出して、信濃川流域と阿賀野川流域をくらべてみると水銀農薬の出荷量も使用量も信濃川流域の方が大きいのに、阿賀野川だけに農薬で水俣病が起るのはおかしいではないかと反論した。昭電側のいわゆる「証拠写真」なるものを見れば、こうくり返し北興化学の製品の名前をならべられれば、北興化学側が怒るのも当り前であろう。

その上、北川教授と昭電が一致して提出した、地震直後の航空写真なるものがあり、これを見ると農薬らしいものが信濃川河口の倉庫から流れ出して、阿賀野川河口に達しているとして、塩水くさび説の支えの一つとした。これで見ると、なるほど信濃川河口から何か白いものが流れて、海流にのって阿賀野川河口まで行っているようにみえるが、これはおかしいと考えた「新潟日報」のある記者が、この写真の出所を調べたところ、防災センターの依頼でアジア航測社がとった写真で、しかも同時にカラーでとった写真があることもわかった。このカラー写真と白黒版をよく照合して専門家が判定したところ、どうみてもこれは油らしく、農薬ではないし、もし農薬だったら莫大な量のもので、とても考えられないという結論に達した。ところが、即座にこのように否定されても昭和電工と北川教授はへこたれない。この写真をのちのちまで持ちまわって、反証の一つとしてふれまわっている。げにも反論は質より量である。

このいきさつは典型的だから「新潟日報」の原文をここに紹介しておこう(「新潟日報」一九六六年一一月二三日)。

水俣病　上流にも中毒者

鹿瀬電工　廃液説に反論

東蒲鹿瀬町、鹿瀬電工(元昭電鹿瀬工場)の上田浄雪取締役は二二日午後零時半から県庁で記者会見を行ない「さる一九日の新潟医学会シンポジウムで、新潟水俣病の原因が昭電であるかのような発表がなされたのは心外である」と、工場廃液説を否定して次のように主張した。

(中略)

われわれの立ち場では廃液説を否定するだけでよいが、他に原因を求めれば農薬である。県

の調査によれば、地震時に新潟港倉庫に保管してあった水銀系農薬はほぼ流出していないとい
うが、証拠がない。地震一〇日後の三九（一九六四）年六月二七日に、国立防災センターのへ
リコプターから撮影した写真を検討すると、港から信濃川、海にかけて農薬（?）とみられる
白濁がある。この流出農薬が信濃川―海―阿賀野川と、信濃川―通船川―阿賀野川経由で、魚
を汚染したと推測する。（後略）

ところが、この主張を完全に打ちやぶった投稿記事が出たのは、それから一〇日あまり後のこと
だった（「新潟日報」一九六六年一二月九日）。

農薬流出説に疑問
白濁は油　白い紡錐形は浅瀬
航空写真から　西尾元充

阿賀野川の有機水銀中毒にかんして審議された一一月一〇日の衆院科学技術振興対策特別委
員会の席上で、航空写真をもとにして、農薬の流出であると判断された北川横浜国立大教授の
発言については、また同二二日の記者会見で農薬と推論した鹿瀬電工の意見については航空写
真を専門とする立ち場からみて、多くの疑問点がある。
そのさい使用された航空写真は、国立防災科学技術センターに保管されており、六月二七日

に撮影されたものだ。この一連の写真を詳細に判読した結果、信濃川の河口附近から阿賀野川の河口附近に至る海面の汚染は、農薬の流出によるものでなく、海上に流出した油によるものと判断されるのである。

これは、単にこの写真だけでなく、同日撮影された他の航空写真、特にカラー写真などと比較した結果である。

新潟地震ほど航空写真が大規模に、そして組織的に撮影されたことはない。地震直後のスナップ写真に始まり、約二四時間後には、筆者の所属するアジア航測会社によって、本格的な立体写真が、おもな被災地を中心に数多く撮影され、さらに防災センターの依頼によって、数百枚の大縮尺写真が組織的に撮影された。

また自衛隊による偵察用写真の数も、実におびただしい数にのぼっている。特に今回提示された写真と同じ日に私どもの会社で撮影した写真も多い。これらの写真を比較判読して、筆者の研究室では自主的に詳細な災害判読図を作成したが、これは防災センターによって印刷され、関係機関に配布されている。これらの写真には、前記のカラー写真のほかに、赤外線写真など珍しい写真も含まれている。

さて問題の汚染であるが、白黒の航空写真では、単に白く写っているだけで、汚染の原因を判定することはきわめて困難なのである。しかし全く同じ白い模様が、カラー写真でみると、実に美しい七色のしま模様からなっていることがわかる。すなわち水面に広がった油が、太陽光線を受けてきらきらと輝いている状態であることは、一目りょう然である。しかもそれはふ頭部や大火災を起こした石油精製工場から流出したものであると判断される。

一般に、航空写真の判読にさいして、特に注意すべきことは水面は色調の変化がはなはだしいことである。これは連続して撮影していくために、一枚ごとに太陽光線の海面での反射が異なるためで、全く同じ区域でありながら、一対の写真で、両方の海面の色が極端に違う例が非常に多い。

また地震後の写真では表面に拡散しただけのものであって、阿賀野川にまでさかのぼっている様子はみられない。今度の地震に〔よって〕流出したといわれる農薬が、どんな種類のものであるか知らないが、聞くところによると、普通の場合、農薬は約一時間ていどしか浮かず静水の場合で半日くらいで沈下するといわれている。

われわれが、ある必要から行なった航空写真による海水中の拡散状況の研究における実験例から考えると、このような広範囲にわたる汚染のためには、ばく大な量の薬品が必要であると思われるのである。また航空写真にうつるのは、あくまでも表面か、またはわずかに海水中に拡散している場合であって、水中にあるものはうつらないのである。また阿賀野川の各所にみられる濃淡は水深の変化によって起きるもので、一日市附近の白い紡錐形などは浅瀬であって汚染現象とは無関係である。

写真判読は非常に新しい分野であって、今後の研究にまたねばならぬ点は非常に多い。それだけに写真だけで速断を下すことには問題がある。また判読の限界もじゅうぶん心得ておく必要がある。たとえば阿賀野川と信濃川を結ぶ通船川が汚染されているかどうかという点についても、ここにある写真でみる限り、川の周囲が部分的に冠水していることはわかるが、それ以上のことはわからない。航空写真の便利さ、有用さは非常なものであるが、それとともにその取り扱いには慎重さが望まれる。

この記事の筆者、西尾氏は戦争中から航空写真を手がけて、わが国の航空写真判読の分野では第一人者といわれる人物であるから、どう見ても昭電の提出した写真にあるものは油と考えるほかないというのが、現在の技術の結論としてよかろう。

更に、写真で腹を立てた北興化学の音頭とりで、農薬工業会が、西尾氏が引用したカラー写真をそえて、正面切って反論を発表したので、これが農薬説に追いうちをかけたかっこうになった(「新潟日報」一九六六年一二月一〇日)。

農薬説は誤り
新潟水俣病事件　農薬工業会が見解

全国三八メーカーで構成している農薬工業会は九日午後一時半から県庁で記者会見を行ない、大山琢三・常務理事、石山哲爾・北興化学中央研究所長から「新潟水俣病の原因について昭電側が展開している農薬説は誤りと偏見に満ちたものである」と見解書、証拠写真を添えて発表した。

それによれば、昭電側が主張している地震時における農薬流失やメチル水銀が自然に生成されるという事実上、あるいは化学上の農薬説根拠を次のように否定している。
①地震直後の農薬倉庫……新潟港で農薬を保管していた七倉庫のうち六倉庫は津波の影響を全く受けていない。ただ臨港ふ頭の滝沢倉庫だけは相当期間浸水したが、施錠、外壁が完全だったので流失はなかった。しかも在庫品にメチル水銀系はない。
②農薬の搬出……港にあった約一千トンの在庫農薬の搬出は、運送会社、自衛隊の手で完全に行なわれ、途上で投棄した事実はない。
③農薬の投棄……北興化学が被災農薬の引き取り途上、阿賀野川泰平橋附近で投棄したという疑いは事実無根である。
④メチル水銀を含有するソイルシン乳剤の被災……地震時に東洋埠頭倉庫にだけ在庫したが、破損したものはなく、メーカーの北興化学が引き取った。
⑤航空写真……地震一〇日後の航空写真に見える白濁液が農薬だとすれば、その汚染の面積から計算して、八千トンという膨大な量が流れたことになり、全保管量の数倍にあたる。また農薬は一〇日間も浮くことはない。
⑥化学問題……昭電側のいう生体内でのエチル水銀化、自然界でのメチル水銀生成、一般水銀農薬へのメチル水銀混入など数々の化学問題は、学者が解明すべきだが、メーカーとしてはいずれも科学的根拠がない。

少し舌足らずな要約だが、農薬工業会の主張は大体正確に伝えている。これで農薬の流出の問題は一応片づいたようにみえたが、実は昭電側は全く主張を変えていない。つまり強引に主張しているならば、いつかは勝つといった論理で通しているらしい。

この時に同時に反論として提出されたうちに、昭電鹿瀬工場上流で毛髪中に多量の水銀が検出された健康人がたくさんいるという主張があったことは先にも一寸ふれた。しかもこの中には、魚を食べたことがなくて、メチル水銀が検出された——つまり魚以外の原因でもメチル水銀汚染があり、それがおそらく農薬であろうという主張である。この主張のもとになった分析結果は、昭電側が東京原子力産業研究所へ放射化分析を依頼したというもので、全水銀として一七〇ｐｐｍにものぼる大量の水銀が検出されたというものだった。これにはもちろん椿教授もあわてて、同一人物の髪の毛を入手して分析したところ、せいぜい二〇ｐｐｍ前後のもので、カラさわぎに終った一幕があった。この食いちがいを新潟大学がつついた直後、昭電はさりげなく次のような文書を発表して逃げを打った。これは厚生省への報告という形をとっている。

昭和四二年一月四日

毛髪全水銀分析値の訂正と地震前汚染説に対する見解

Ⅰ．先に東京原子力産業研究所の放射化分析による毛髪水銀値を提出申し上げましたが、別添の如く当所より一部誤りがあった旨受信致しましたので御報告申し上げます。(中略)

但し、メチル水銀についての記述は、当社分析によるもので誤りはない事を申し添えます。

写

過日当研究所より「毛髪中水銀」の分析結果を御報告致しましたが、その結果の一部に誤りがあり、非常に御迷惑をおかけいたし真に申訳ございませんでした。衷心よりおわび申し上げます。

東京原子力産業研究所　所長　西堀博

昭和電工株式会社中央研究所長　高橋彰殿

あとの主張のうち、フェニル水銀農薬中にメチル水銀が大量に入っているという件は、川城〔巌〕、上田〔喜一〕などの試験研究班のメンバーが、そんなこともあるかも知れぬとぐらつき出したので、もっと手間がかかった。怒った喜田村は、自分で実験をくり返してこれを否定したが、水かけ論で一向にけりがつかなかったので、結局国立衛試のガスクロマトグラフを使って神戸大、新潟大、東京歯大、東京理大が立会試験をやることになった。この実験は非常な無理な条件で行なったことを立会者も認めているが、ともかくフェニル水銀に対して〇・〇一％未満のメチル水銀と疑わしい物質しかみつからなかった。この部分の試験研究班の報告は何度読みかえしてもよくわからぬ難解なもので、よくみると誤植や脱字などがあって更にわかりにくくしてあるのだが、ともかくこの方法では決定的な答が出ないというのが報告の結論で、ついにメチル水銀はこの時はガスクロマトグラフでも、薄層クロマトグラフでも確認されなかった。これは六七年の一月に入ってのことである。

最後に、反論の発端となった投棄農薬の件だが、これは一番馬鹿げた話だったが、結末の方もやっぱり一番尻ぬけの解決だった。広い阿賀野川の河原へ、誰が写真のタネになった農薬の箱を捨てたかなどという議論は、およそ無理な話で、「赤旗」には、昭電が自分で捨てて自分で写真をとったのではないかと、うがった推測が記事になった位である。県会で議員から尻をたたかれた県警察本部がむきになって犯人をさがした結果、五月ごろになって、下山部落の農家が面倒がって捨てたものとわかり、きついお叱りをこうむった。とんだ人さわがせなお話ではある。

こうして、航空写真、工場より上流の毛髪中水銀、フェニル水銀中のメチル水銀混入、投棄農薬の写真といった昭電側の提出した反論の主張は、いずれもくつがえされた。あと、一見科学的に見える塩水くさび説については、後に又ふれるが、反論とはいつでも質より量のものであって、マギレの手をたくさん打っておけばどうにかなるという考え方の上に作られるもののようである。現に、水俣病の原因をめぐる民事訴訟の第一回弁論でも、以上の主張が被告である昭和電工側からくり返されている。いつまでわれわれはこういう水掛け論に答えなければならないのかと、この報告を書きながらも、暗然たる感がある。

(『技術史研究』三九号、現代技術史研究会、一九六七年一二月、図表省略)

❖1967❖

阿賀野川を汚したのは誰か

初夏のさわやかな陽光のふりそそぐもと、鹿瀬電工（元昭和電工鹿瀬工場）の門前に立つと私は、今度こそこの工場の実態をつきとめてみようと心に期していた。

工場調査の申入れはこれで四度目。新潟に水俣病が発生した直後、去年〔一九六六年〕のミュンヘンの国際水質汚濁研究会議へ参加する前、今年〔一九六七年〕春の農薬説を主張する北川徹三教授の安全工学協会調査団の現地視察と、機会あるたびに現地の工場調査を申入れたが、三度とも断わられて来た私にしてみれば、今年六月上旬の社会党議員団の現地視察に同行をよびかけられたことは、渡りに舟のチャンスになった。早くから工場排水に疑いを向けていながら、問題の核心を自分の眼で見ることが許されぬまま、私はこれまで推論を組立てては、事実をあてはめて検証を繰り返してきた。それだけに私はなおさら自分の見解が正しいかどうかを、自分の眼で直接たしかめたかった。

しかし事務所に通されたとたんに、予期した通り一悶着もちあがった。地元選出の石田宥全議員が、見学者の氏名を紹介して私のところに及んだとき、東京からかけつけた昭電本社の安藤信夫総務部長が急にさえぎったからだ。

「ちょっと待ってください。今日の視察は議員の方だけと通産省から連絡がありましたので、あとの方には御遠慮いただきたいと存じますが」

「いや、たしかに大学の人も同行すると通知したはずだ」

押問答のあげく、私も大声をはりあげることにした。

「これまで何度も申入れをしているのに、工場廃液説をとっているというだけで断わって、反対の立場の学者には見学を許しているのは不公平ではないか」

「そうだそうだ。我々が国会から見に来ている前で、そんな不公平はけしからん」

私に負けない角屋堅次郎議員の大声で、工場側もあきらめたらしく、専門的なことは別室で技術者から説明させると、一応議員団からは切りはなされることになったが、ともかく見学だけは許されることになった。

彼も水俣病にかかったか

水俣病を調べはじめて七年、はじめは私も工場で昇汞《しょうこう》などを排水に流した現場時代の経験から、むしろ自分も加害者の一人ではなかったかとの自責から調査にかかった。そのうちに工場排水の問題に熱中するようになり、研究テーマも変えて本気で取り組むことにしてからも、もう五年になる。

そんな私を、友人たちはからかいと若干のあわれみをこめて、

「あいつも水俣病にかかったか」

と評していることも知っている。

しかし、二年前に、水俣病が新潟でも再発したことを知った私のおどろきと怒りは大きかった。厚生省の研究班とは別に、誰に頼まれたわけでもなく個人で原因を調査する私は、この二年間ずいぶんうさんくさい人間として怪しみの眼をむけられることも多かった。

工場の見学拒否も、今の日本では当然のことかも知れない。九分九厘まで原因を追いつめて来て今日やっと現場に入る感慨は大きかった。しかし問題の水銀を使っていたアルデヒド工程は、すでに去年設備を取り払ってしまったあとだという。今さら現場を見ても、何の役に立つかとの疑問もないでもなかった。

案内された現場は、ほとんど取りこわしがすんで、真っ暗な化物屋敷のようなありさまだった。主な設備はみなすでになく、使いみちのない半端もののパイプが、ところどころに宙に浮いて口をあけているほかは、タンクや蒸留器などの装置を支えていた足場さえ大方なくなっていて、どこに何があったのかさえ説明をうけなければ見当がつかない。これでは運転当時の様子など、事情を知らない人にはつかみようがない。

だが、かつてこういう化学工場の現場に働いていた私には、ボロボロにくずれて砂利の露出した床や排水溝、赤さびてネジ山のなくなってしまったアンカーボルトなど、いたるところの残骸から、この工場が閉鎖前からどの程度に荒れはてていたかの見当はつけられる。しかも幸運なことに、当

時アルデヒド工程で使用していた設備の一部を明年一杯まで稼動する酢酸ビニルの工程に転用している部分が残っていた。いずれ閉鎖する部門の常として、まったく整備のあとがないのは歴然たるありさまで、重要でない部分のパイプはくさって落ちてしまい、はがれかけた保温ケースをビニルテープでからげて止めているありさま。同行の記者氏の表現を借りると、

「光っているところをさがしても見つからない」

というくらいだ。

「いや、ポンプのシャフトは光っている。そのかわり液体のもれがひどいだろう」

と、これは私の意見。水や何かの液体が、頭上からもたえまなくしずくになって落ちる。案内に当った工場側技師も、排水処理設備は何もないことを認めたが、すぐ先に見える阿賀野川の広い流れにくらべれば、排水の流出量はまったく比較にならぬことを強調していた。

案内がすんで工場側の説明の終り近くで、寺本亘二昭和電工化学品技術部長は、こう反問してきた。

「それでは最後に一つだけききたい。あんたは微量でも工場排水中の水銀は有毒だというが、一体どれぐらいの量なら危険と思いますか」

「工場側が出している反論の数値ぐらい、つまり一万分の一ｐｐｍ（一億分の一パーセント）で十分あぶなくなりますよ。魚の中にたまるまで、一〇万倍も濃縮されるのですからね」

「そんなことを言われたらわれわれは仕事にならんじゃないか。こんな大河に少しぐらい出したって、そんな心配はありませんよ」

「大河だからこそ濃縮するのですよ。他の工場では処理していますね」

あとできいた元工員の証言でも、水銀は貴重品として厳重に取り扱うよう、貯蔵庫のカギまで監視されて作業したが、有毒物質であることはほとんど知らされなかったという。そのせいか、永年勤めた工員たちは、専門外の私が見ても明らかな水銀中毒に苦しめられていた。この人たちの中にも水俣病の患者が絶対に出ないとは断言できない。

有毒な水銀化合物をまったく工場外に出さないように処理する設備は、高く見積ってもせいぜい数百万、その維持経費は月に数万円の程度なのに、なぜその措置を惜しんだのだろうか。

しまらない公害論争

第二の水俣病の発見が、新聞に報道されてからの経過は、原因が有機水銀であることを知っている者にとっては、じりじりするほど長い時間だった。昭和四〇（一九六五）年の八月に厚生省が研究班を作ってから、農薬と工場排水についての調査が本格的にはじまり、有毒な魚が阿賀野川の上流、鹿瀬町にまで棲んでいることがわかってようやく昭和四一（一九六六）年三月末、原因として鹿瀬工場の排水がもっとも疑わしいとの中間報告が発表された。

ここまでの第一段階は、比較的順調な運びであった。話がそれるが、私はこれまで足尾以来のいくつかの公害事件のあとを調べてみた結果、多くの場合に共通な四つの段階が繰り返されることに気がついた。

第一段階は、事件が発生して、社会的な騒ぎになるところである。もちろん原因をつきとめようとする努力が始まるが、これが実を結ぶまでにはかなり時間がかかる。被害者や科学者の協力で、原因なり害の発生源がつきとめられると第二段階に入ったことになる。

次第に動かしがたい証拠が積み重ねられて原因がはっきりするにつれて、それに反対する動きが、一見公正な第三者の顔をよそおって出て来る。これが第三段階で、このときに出る反論は、質はともかく量が多いほど効果がある。そして最後の段階は、はたから見ているとどれが本当なのかわからないという形で、正論と反論が衝突して中和されてしまう。こうしてうやむやになったところで公害は世の中から忘れ去られてゆく。いうなれば〝起承転結〟だが、最後の結でしまらないところが公害の特徴といえようか。

中間発表が出たところが第二段階になるが、ここまでこぎつけたかげには、熊本県水俣市で起こった、本家の水俣病の苦い経験があった。熊本ではここまで来るのに三年もかかったが、その間に猫の狂い死にと水俣病の関係もわかったし、化学工場でアセチレンを原料としてアセトアルデヒド（酢酸やビニロンの原料）を作るときに、かなりの量の水銀を触媒に使って、水に流してしまうこともわかって来た。

そのうえ、あまり一般には注目されなかったが、水俣病の原因になるメチル水銀が、工場装置の中で触媒の無機水銀から自然に出来てしまうことまで、学会雑誌に報告されているのである。こういう学者の努力をよそに、一回目の水俣病はさきほどの起承転結をひとめぐり終えてしまったのだが、その経験はいくつか今度は生かされて、一年足らずで一応のメドがついたかに見えた。

環境衛生局長の去就

しかし、ここで「転」と来るのではないかと予感した通りに、当事者の昭和電工はもちろんのこと、学者からも反論の火の手があがった。横浜国大の北川徹三教授は、安全工学の大家として知られているが、三九（一九六四）年の新潟地震のときに流出した水銀農薬が原因と考えられると発表した。新潟大学の遠藤寿一教授も、まだ軽々しく原因を論ずべきでないと地元紙に投書している。本家の水俣病の時に腐った魚が原因だと主張したアミン説の東工大の清浦雷作教授も含めて、みな工学部の先生であって、こういう反論は、足尾の昔から決して理学部からは出ないのはどういうわけだろうか。

思いがけぬ反論に厚生省の研究班がたじろいだ折も折、四一（一九六六）年の一〇月末に、新潟で開かれた一日厚生省の席上で、被災者を前にして鈴木善幸厚生大臣は翌月上旬までには結論が出せるだろうと言明した。

ところが期限が来ても結論どころか、研究班報告も出ないのに業をにやした地元の石田宥全代議士は、熊本時代から水俣病をずっと追ってきた、厚生省の研究班員でもある神戸大学の喜田村正次教授を国会に証人として呼び出して、一気に決着をつけることにした。

が、一一月一〇日の当日になってみると、農薬説の急先鋒の北川教授が、自民党側証人席に控えているではないか。先日きいた石田議員の話では、優勢のうちに時間切れであやうく中和の一幕がおりるところだったという。

しかもこのころから例の黒い霧解散で政界は水俣病どころではなくなった。解散、選挙で一時仕切り直しになって政府側は時間をかせいだかっこうになったが、時は一方だけに味方しない。議員にとって選挙とはもっとも真剣な調査でもある。*1

年があけると、二つの動きがあって、大分様子は「結」に近くなった。ニュースの裏話を追って信ぴょう性が高いといわれる「デスク日記」（小和田次郎）には、このころに次のような記録がある。

・〔一九六七年〕三月六日　新潟水俣病についての厚生省の調査結論発表はきょうの予定がまた延びた。厚生省が調査を委託した二、三学者の特別研究班三グループは六六年三月に中間報告を発表、中毒は阿賀野川上流にある昭和電工鹿瀬工場の工場排水による可能性が大きいと昭電犯人説の立場を打出し、原因追及の主役である疫学班グループは一二月二三日にも、さらにこの立場を立証する報告を出している。

それなのに、昭電側からの巻返し攻勢が激しく、館林〔宣夫〕環境衛生局長のところでレポートはにぎりつぶされたままの形。昭電の安西正夫一家といえば佐藤〔栄作〕首相、三木〔武夫〕外相や天皇家と姻戚関係にある。館林は新予算で創立の環境衛生金融公庫総裁に内定している人物で、この任命権は総理大臣にある。厚生省内でも圧力説が流れている。（中略）週刊誌にも大分手が回っていて、昭電批判になるような記事はちょっと書けぬという編集者の話も聞いた。反対に雑誌「財界」のように昭電側に有利な記事が目立って出ている。NHKテレビが〔一九六七年〕二月一九日夜、政経番組の報道特集で放送した「二つの証言——新潟水銀禍のナゾ」は昭電の反論にくみした内容だったと厚生省の役人さえ怒っていたという。昭電側安西正夫常務、厚生省側館林局長が出て発言したこの番組に「昭電―政府―ＮＨＫ」工作を感じとった関係者も少なくない。

ともあれ、この二月のテレビ番組で、工場側がたとえ不利な報告が出ても承服は絶対しないと言いきったことが、被災者の怒りに油を注いで、のちに慰藉料訴訟を起す一因になったことは事実である。

「診断する」と「考える」

四月に入って、衆院予算委にふたたびこの問題のエース、石田議員が登場する。少々長くなるが、この時のやりとりは、問題をめぐる丁々発止、虚々実々の実相をほうふつさせるので引用しよう。

石田　今日なおその原因が発表に至らないのは一体どういう理由があるのか……

坊厚相　実は、まだその疫学班の調査報告というものは、厚生省がお受けをしていないというような状態でございます……

石田　実は、そういう白々しい答弁が行なわれると問題なのであります。疫学班としては、昭和四一（一九六六）年一二月二三日に報告書なるものを出しておる。これは長文でありますから、私はあえて全文を読みません。（中略）この結論がちゃんと出ているにもかかわらず、そんな白々しい答弁は一体何事ですか……

坊厚相　さらに広く総合的に、新たなる事実、新たなる資料といったようなものもどんどん出てまいっておりますので、そういったようなものを総合して調査をして、その結果を提出してもらうために、厚生省としてはこれを待っておる、こういうような次第でございます。

石田　次から次へといろいろなものが出ておるとおっしゃるが、一体何が出ておるのですかと言っておるのですよ。そうして、総括結論には何と何が足らないのですか……

坊厚相　所管の政府委員からお答えさせます。

館林局長　……結論を書き上げる段階に入っておりますので、ごく近日中に結論の提出があるものと、かように期待をいたしております。

石田　……大体近日中といっても、五日も近日中、一週間も近日中、一〇日も近日中ということになろうかと思うのでありますが、おおよそ幾日までに文章はおまとめになりますか。大事なところですから、これははっきりしてください。

館林局長　……（医）学会は四月の上旬一週間程度で終るわけでございますので、それが終ればもなく出るもの、かように期待をいたしております。（後略）

というわけで、これは石田議員のねばりに厚生省が負けたかっこうになって、とうとう四月一八日、厚生省研究班の最終報告が発表された。この一年間で、かなりの事実がつけ加えられてはいるが、大筋には変りがなく、さらに疫学班の報告書は、「原因は、鹿瀬工場の排水によるものと診断する」と、むしろ一年前より強くなっているから、厚生省が出ししぶったのもうなずける。

実は、この最後の一言でずいぶんもめた。はじめは「考える」とあった原稿だが、これだけたしかな証拠がそろったら断定してもいいではないかと強い意見が出て、この表現におちついたという。

どこまで続く関所の数

これで結論かと思った被災者たちは、このあと厚生省の食品衛生調査会、科学技術庁主催の各省連絡会議と、二段も関所があるときいてがっかりした。被害のもっともひどい三家族は、八月か九月に出る国の最終結論を待ちきれず、事件発表二周年の六月一二日を期して、訴訟にふみきった。残りの患者と家族たちの中にも、国の結論次第ではつづいて訴訟に加わる決意が強い。

これで事態は起承転結の「承」へもどったのか、結末に近づいたのか、今後の展開によってわかれ道がきまるわけだが、ここで現在の舞台になっている食品衛生調査会に作られた臨時委員会の動きを占ってみよう。

この委員会は、最近までメンバーが秘密にされていたが、豊川行平、山本俊一両東大教授をはじめとして、疫学、薬学等の大家をそろえた顔ぶれである。ただ、工場排水と魚にからんだ中毒事件なのに、この分野の研究者は入っていないのが意外な点であり、また、水俣病の経験者も含まれていない。

実際に、臨時委員会での発言をみても、

「松浜地区（沿岸漁業が主で川魚はほとんど食べない部落）では川魚の摂食量が多いのに頭髪の水銀量

が少ないのはなぜか」

というように厚生省研究班の報告を読みちがえた質問や、

「自然環境下で酢酸フェニル水銀（イモチ病によく使われる農薬）からメチル水銀化合物に変化する可能性はないか」

など、本来食品衛生調査会自身で解明しなければならない問題まで持ち出している。

臨時委員会の人選は、小林芳人会長（東大名誉教授）の責任で、館林宣夫局長の手によってきめられたが、大分前のこと、黄変米が騒ぎになったころ、この同じ食品衛生調査会では小林氏らの意見によって、黄変米を一〇パーセントまでつきべりすれば食べられると答申した。

その後数年、小林氏らは黄変米による肝硬変や肝ガンの研究で学士院賞を授賞された。今度の水俣病の問題でも、あくまで農薬説を主張する日本化学工業協会へ取材に行った記者が、農薬説を支持する大権威として、小林会長を紹介されてびっくりしたという事実さえある。

こうしてみると、食品衛生調査会の臨時委員会は、研究班のリポートを検討、審査するという名目で、結論をあいまいにさせることになりかねない。メンバーを秘密にしたのは、うるさい新聞記者の追及をさけて、静かに結論を出してもらうための配慮だと厚生省は主張するが、秘密に事を運ぶ時にはきっと国民にとってよくないことがあると考えてまちがいない。本家の水俣病の時にも、さすがにこれほど秘密にされたことはなかった。

経済なければ公害なし

食品衛生調査会では、七月中に結論を出すそうだが、われわれ国民がのぞむのは、会社を納得させる結論ではなくて、国民の健康を守る立場から、きちんとした結論を出すことだ。

しかしこの関所を通っても、このあとに各省連絡会議がある。通産省はあくまで強気の由であり、この連絡会議で工場排水説が通ったら閣議で問題にさせると、これも取材に当った記者からきいた。原因究明を上へ上へともち上げてゆくやり方は、公害問題をぼかすためによく使われる手であることは、私も『安全性の考え方』〔武谷三男編、岩波新書、一九六七年〕にすでに詳しく例をあげてのべた。まして、研究班の結論を政治の段階でいじりまわすなどは、本来許されることではない。閣議で決定されるのは「今後の対策」であって、「原因の判定」ではないことを切に祈るものである。

このような国にかかわる公害に、どう対策が立てられるかは、今度の国会に提出された公害基本法〔公害対策基本法、一九六七年八月三日公布、施行〕の効果をおしはかる上でも、一つの試金石となる。公害審議会の答申が法案になるまでに、対象は「相当範囲にわたるもの」に限定され、対策は産業との「調和をはかりつつ」立てることとなり、環境基準は「別に定める」と持ちこされて、法案の内容は後退に後退を重ねた。

六月二日、衆院本会議に提案の際に、次のような首相答弁があった。

佐藤首相　……これは骨抜きになったのではないか、産業界の要求に屈したのではないか、こういうことを言われますが、経済との調和がなければ公害対策というものの基本がないのだという、そのことをお考えいただきたい。と申しますのは、経済発展なければ、そこに公害の事実が起らない。だからこそ――これはもう会社がないのです。また、近代産業は興らない。したがって、経済との調和をはかってゆくということは最も大事なことであります。この点を私は皆さんにはっきり申上げたい。この経済との調和をはかるというようなことばを使うと、いかにも企業の利益追求は何事にも優先する、かように考えられやすいのですが、私はさような考え方は持っておりません。人間尊重こそ、また健康を確保し生活環境を保持することこそ、私どもの政治の大目標だ、かように考えておりますので、この点では誤解のないように願います。

これはきわめてむずかしい文章で、工場があるから公害が起るのだという主張の意味をどのようにとってていいのかよくわからない。善意に解釈して、生活と健康の方が大切だというのがこの法案の目的ならば、はっきり法律にそう書いた方がいいし、その立場から二度目の水俣病の対策もたてられるべきだろう。

タテかヨコかの考え方

私が調べた限りでは、水の中に毒が入ってこんな重い病気が起った例は、世界でもまれだが、よりによって二度まで日本で起るというのは、ただごとでない危機感がある。局地公害か都市公害か、特定原因か不特定多数かなどという議論が今学者の間では盛んだが、こんな水かけ論に時間をつぶしているうちに新しい病気が次々に出て来て、手おくれになるのではなかろうか。世界地図をひろげてみても、国土のわずか二割に一億の人口と、それを支える高度の工業化した産業が集中している日本に比較できる国は、バチカンやモナコのような一つの町で一つの国をつくっているところを別にすると、まったく例がない。

こうなると、外国なみの防止技術だとか、外国なみの基準とかいったものでは、もう役に立たないことはたしかで、われわれ技術者や公害の研究にあたる科学者には、それだけ重い責任がかかっている。

いっぽう、被害をうける住民の側にも、もう一歩の前進の道がある。私が調べている明治以来のいろいろな例に共通した点は、国民が、「お上」をどう考えているかで、公害紛争の勝負がついてしまうことだ。

さきにちょっとふれたが、国―県―市町村という縦の順序で今の政治が動いているから、原因究明や対策もこの順序でやってもらえると思っていた場合は、かならず住民が負ける。足尾しかり、富山のイタイイタイ病しかり、本家の水俣病しかり、四日市もまたこの例にもれない。

反対に、国も県も市町村も別々に税金を払い、議員もそれぞれに選出するのだから、本来は対等なのだと住民が考えるようになり、自分の手で原因を調べ、納得のゆかない点はどこへでもぶつけるようになると、紛争は必勝とはゆかぬまでも、四つに組んだ勝負になる。戦前では日立、別子の煙害、岐阜荒田川の紛争、戦後有名な三島・沼津のコンビナート反対運動は、これを私は「タテか、ヨコかの考え方」とかりに名づけたが、よく考えれば、これは自治というものの根本にふれる重大な問題である。

この点では、六月一二日に患者の三家族が新潟で民事訴訟を起したことは、たいへん注目される。外国では(使いたくないことばだが)こういう事件はたいがい私害として訴訟で処理されて、国の責任にまでなるのはめったにない大事件だと聞いたことがある。新潟の水俣病患者たちは、国の結論が出ないことで業をにやして、法廷で原因を明らかにする道をえらんだ。

これは、公開の席で双方がデータを出しあい、文字通りしろうとの裁判官がどちらに納得するかを競うのだから、無理な論理は相手にされないし、政治的な判断が入る余地も少ない。他にさきがけて起ったこの訴訟は、被害者を含めた住民運動の一つの新しい動きである。

香辛料みたいなもの

おしまいに、舞台のかげにあって地味な努力でこの事件を解決へ進めて来た人々のことを忘れないでおこう。

本家の水俣病では、病気の発見者である細川一日窒附属病院長と、伊藤蓮雄水俣保健所長の名コンビが、現地で大活躍したために研究がはかどったのだが、今度の場合は北野博一新潟県衛生部長が、現地と研究班をつなぐパイプの役割を果し、一歩もあとへひかずにがんばった。側面から的確、かつ機をのがさぬ報道で世論を支えた記者たちの活躍もみごとだった。いずれも「水俣病にいかれた人々」である。

もう一人、事件の最初から現地を足まめに歩きまわって、訴訟といえば身代限りと尻ごみする被災者たちを説いてふみきらせるのに力があった小林懋《つとむ》民主団体水俣病対策会議（民水対）事務局長のねばりも認めなければなるまい。ああいうアカと手を切らなければ援護しないと新潟市におどかされたこともある近喜代一《ちかきよいち》患者同盟会長は、私にこう語った。

「自民党でも共産党でも、応援してくれれば助かるよ。実際につきあってみて思ったね、共産党てのは香辛料みたいなものだ。そればかりでもたまらんが、ある程度なければこの世の政治はとても味気なくて食えたもんじゃない」

その通り、アカでもクロでも大いに利用して運動を進めたらよいと私も相づちをうった。(1)

註

（1）私がこの小文を書くにあたり、水俣病の原因が工場排水中のメチル水銀であることの説明は、「科学」一九六六年九月号、一〇月号、「エコノミスト」一九六七年五月三〇日号、岩波新書『安全性の考え方』などに詳しくのべたので、できるだけ省略した。疑問や興味をもたれる方は、原文を参照していただければ幸いである。

編註

＊1　一九六六年後半に自民党の不祥事が相次いで発覚し、永田町を「黒い霧」が覆っていると批判されるようになった。第五四回国会が召集された初日の一二月二七日、佐藤栄作首相は求心力回復のために衆議院を解散。これを指して「黒い霧解散」と呼ばれたが、翌年一月二九日の第三一回衆議院議員総選挙では、自民党は議席を微減させるものの予想外に善戦。安定多数を維持し、第二次佐藤内閣を発足させた。

（『文藝春秋』四五巻八号、一九六七年八月）

❖1971❖

銭ゲバは人間滅亡の兆し

新潟水俣病裁判

判決まで人目はばかる

「金なんぼ積まれても、ワシのこわれたからだ、もとに戻らんが……」

ある水俣病患者が新潟水俣病の第一審判決の下った直後、こう叫んだ。公害によって、もっとも悲惨な災厄に全身をさいなまれてきた人間の血のほとばしるような叫びである。苦渋にみちた、この叫びが、今回の裁判の本質を、そして公害反対運動の限界を、仮借のないきびしさで表現している。

いったい損害賠償請求の裁判なるものは、公害の被害者にとって、どのような意味をもつものだろうか。公害病の場合、そもそも患者には何らの過失も認められない。公害による病気は、向こうから一方的に被害者をおそってくるのである。この点で、交通事故による損害賠償を請求する場合などと異なる局面が、公害の被害者の賠償請求裁判には存在している。

そのうえ公害の被害者の多くは、自分が公害の患者であることを公表することによって、周囲の地域社会から冷酷な差別の目を向けられることになる。公害問題とは〝差別〟の一形態なのである。たとえ裁判では勝利をおさめたにしても、公害病の患者は判決までの長い時間を肩身を狭くし、人目をはばかって生きなければならない。これは、一面では日本社会において人権思想が育っていない弱さをものがたっている。

ところが損害賠償請求の裁判は、患者の受けた精神的、肉体的被害の総体のうち、金銭で補償できる部分だけを、加害者に支払うよう要求するものである。そこでは、加害者側の責任というものが、いわばひとつの〝手段〟としてしかとらえられていず、公害の根本的な責任の追及そのものが〝目的〟にはなりえていない。

公害問題の真の解決は、裁判の結果として加害者側が賠償金を支払うことによってではなく、公害発生にいたる過程の責任が徹底して追及されることで、つぎに起こるかもしれない公害を、いかにして防止できるか、その方法を本格的につきとめることによってしか果たされない。そうでなくては、公害はぜったいに防げない。

しかも、裁判のなかで被害者が受けている社会的な差別、不利益をじゅうぶんに表現することは、きわめてむずかしい。

結論的にいうならば、公害による損害賠償請求の裁判は、どのような観点からみても、公害反対運動の全体をおおうものではなく、運動のある一つの部分としての機能をになうものでしかない。

この事実を、われわれはしっかり頭に刻みこんでおかなければならない。

「二度目の水俣病がきちんとカタがついておれば、二度目のは起こりようがない」と第二水俣病患者が訴える。この憤りにみちた表現は歴史的に真理である。

現地調査もしない学者たち

熊本県水俣市に起こった水俣病は、昭和三四（一九五九）年に、いったん有機水銀原因説が発表されたが、厚生省、通産省、そして企業の強大な圧力によって原因はあやふやに葬られた。工場排水の問題も、秘密裡に、とおりいっぺんの調査がなされただけ。しかもその結果は、一度も公表されなかったのである。

第二水俣病の裁判において、被告の昭和電工側は「当社には何らの法的責任がない。さらに排水の処理を負担すべきじゅうぶんな根拠もない」と主張した。この論理は、おそらく現在の行政と癒着して公害を発生させる大企業の側の思考方法としては、とうぜんすぎるほどだといわねばならない。第一の水俣病をもみ消し、企業の過失を不問に付した最大の責任は、行政に、国にある。しかも国は、第二の水俣病が発生した時点でも、原因を組織的に追及することを怠り、責任の所在をあいまいにしたままだった。国は二度も過ちをおかしたのである。こんなことが近代法治国家で許されていいのだろうか。

行政責任を現在の日本の裁判制度のワクのなかで追及することは、至難な課題である。今回の新潟での裁判でも、私見によれば、行政責任の問題がじゅうぶんに検討されたとは、とうていいいがたい。数人の高級官僚が自ら陣頭指揮して、水俣病の研究を妨害、研究の結果を一般の目の届かぬところに隠ぺいしようとする露骨な工作をなした事実は、裁判で間接的に暴露された。とはいえ、本人たちの口から誠意ある責任論を聞くことは、ついにできなかったのである。

行政の人間性をおよそ欠如した無責任な態度を追及する場は、どこに求めたらよいのか。国会か。世論か。だが、いずれも正しく機能しているとは思えない。

四年余にわたる裁判を通じて、さらに私たちを苦しませたのが、科学者の怠慢であり、本来の使命感を喪失した腐敗ぶりであり、責任のがれの独善ぶりだった。ろくな現地調査もせず、被告の昭和電工側、チッソの水俣工場側を支持した学界の〝権威〟たちの無節操、無定見な行動は、目にあまるものがあった。彼らは、会社が公害で訴えられると〝お家一大事〟とばかり、何はさておき支援にはせ参じた。それが学問、研究の目的であるかのような口ぶりと行動をもって――。

〝権威者〟たちの行動は、企業内技術者が法廷に提出した科学的証拠なるものによって支えられているが、こいつがまことにインチキきわまりないお粗末な実験であり、データなのだ。同じ科学にかかわる人間として、私は深刻な絶望を味わわねばならなかった。

もともと公害の被害者側には、工場内の実態がまったくわからない。工場内の作業工程、廃棄物の処理方法、とくにどのような廃棄物が、どのような方法で川に流されているかが、つかめない。断片的な手がかりから、慎重に相互の関連を推測するほかはない。

知識と利益を独占する企業

新潟水俣裁判のさい、私どもの手に入った工場側資料は、工場の門衛日誌・安全日誌、それに若干の伝票類がすべてであった。いずれもぐうぜんのことから法廷で取り寄せて入手した。工場側は法廷提出を要求されていた製造工程図を、工場閉鎖と同時に焼却、運転設備も解体、物的証拠になりそうなもののすべてを処理してしまっていたのである。

私たちは、工場側があらゆる機会をとらえ、告訴団に反撃してくる反論を資料に勉強せざるをえなかった。反論から学ぶという方法は、それなりの実りをあたえ、しばしば重大な手がかりを示唆してくれた。しかし知識を独占し、そこから生じる利益を独占している企業側が新潟水俣裁判でみせた、事実を一方的に解釈する思いあがりには、憤りをとおりこして、われわれを絶望的な落胆におとした。

被告側証人として出廷した鹿瀬工場の製造課長は、鹿瀬が無事故、無災害の記録をもつ模範工場である、労働基準監督署の表彰も受けていると証言。しかし同証人は、自らが勤務する工場内での火災の発生、機械の故障の事実について何ら知るところなく、故障によって、どんな物質が流失するかを問う原告側弁護人の再三の追及に、ほとんど一言も答えることができなかった。工場の内部が無責任体制によって生産をつづけていた事実は、行政の無責任、無能ぶりとぴったり符号している。

同工場技術課長の提出した資料にいたっては、失笑を買うばかりであった。一例をあげる。作家の水上勉氏が「婦人公論」誌に四回にわたり発表した新潟水俣病のルポから、連載三回目の昭和電工側が唱えた農薬説の紹介部分だけを提出、「このとおり著名作家の水上氏も会社側のいいぶんを支持している」と得々として主張した。手前勝手も、ここまでくると相手にするのがバカバカしくさえなる。水上勉は同じ連載の四回目で、いかなる意味でも昭和電工の農薬説を支持する点を見い出せないと結論しているのである。

水俣病の発生時期について賢《さか》しげに申したてた会社側技術者の証言は、一度も水俣を訪れたこともなく、水俣病患者を見たこともなかった。申し立てはすべて文献、新聞の断片知識を即席仕入れしておこなったのである。

これらの証人たちにむかい、同じ問いを繰り返す私の心が、重く暗く閉ざされていったのもしかたがあるまい。なぜ水俣病を自分の足と目で調べないのですか、という問いに、どの証人からも同じ答えが白々しく返ってくるばかりであった。「私の分担ではないから……」「私は上司からそんな命令を受けてない」と。この徹底したタテ割りシステムによる分業化・能率化の企業体制こそが、公害の元凶でなくして一体何んであるというのか。

〝未必の故意〟の責任

あまりにも多くの実例が、この原則の正しさを証明している。昭和電工のみならず、日本の近代企業のほとんどが公害の原因をつくっていると断言するのは、けっして私の偏見や独断ではない。無責任な分業・能率第一主義の企業生産体制のすきまから、とめどもなく公害が流れだしている。

流した公害には、企業の誰ひとりとして責任を負わない。日本の生産体制そのものが〝未必の故意〟を有しているといっても過言ではあるまい。

しかし、企業の肩をもつ大学教授連に、そうした角度からの反省はまったくみられなかった。与えられた課題を、自己の専門分野の狭い視野から、机の上で過去の理論と照らしてみる作業に終始して、企業に有利な結論をひきだす。これが昭電側の〝権威〟ある学者たちがとった、まさに判で押したような行動である。

横浜国大の北川教授（安全工学）は「一八年間にわたる公害研究の結果からいって、大気汚染やガス爆発など、かならず原因は結果の一〇キロ以内にある」と単純明快に証言した。

こんなインチキはない。原因と結果が一〇キロ以内にあるかどうかは、水の汚染のときは何ともいえないのだ。〝公害の権威〟北川教授は、足尾鉱毒事件の場合に鉱山の場所と被害をうけた桐生から野田、東京の郊外・小菅あたりの水田地帯との間に四〇から一〇〇キロの距離があったこと、イタイイタイ病の原因となった神岡鉱山と富山市郊外の婦中町が四〇キロ以上離れていること、さらに雄大な例で、アメリカの五大湖地方に水銀が流れて、数百キロへだてた下流のセントローレンス湾にまで影響し、水銀をふくんだ魚がでて大騒ぎになった事件、いずれもご存じないようであった。

まったく噴飯ものの被告側のでたらめの立証計画に、私たちはしばしばあきれ果て、サジを投げた。しかしいまにして思えば、とうぜん追及すべき点を徹底せずやりきれなくて投げだした場面もかなりあったことが悔やまれてならない。裁判長が判決理由の朗読のなかで、立証不じゅうぶんの個所を一つ一つ指摘されるたびに、私どもの追いこみの足りなさに思いあたるふしがあって身にしみた。

すべての工場内資料を会社側に握られ、しかも、手弁当で問題の糾明にあたらねばならなかった被害者側弁護団としては、あれまでが力の限界であったことは否めない。新潟地裁の一審判決が、被害者側の賠償請求額のほぼ半額を認めたことは、国や行政や企業対被害者という法廷内での力関係の表現としては、じつに的確なものだったといわざるをえない。被告昭電側の過失責任はじゅうぶんに立証された。だが、金額の面で象徴的に示されているように、われわれの完全勝訴というにはほど遠い。

原告側が主張したように、この問題には、たしかに故意に近い、未必の故意の責任が存在した。工場排水の有害性、有毒性についてはいまさら立証するまでもなく、すべての産業人が、とうぜん心得ていなければならないことであるし、その実例もまた無数に存在する。工場排水を無処理で放流すれば、結果として何らかの異変が起こるであろうということが予測できないような産業人、企業の経営者は、その企業を経営する資格がないというべきである。

この点について、判決は明確な断定を避けた。因果関係についても、被害者側の主張する工場排水説と、昭電の主張する農薬説という比較の基盤が異なる二つの学説を並列させ、どちらが公害現象をよく説明しているかという形で対比を行なった判決は、双方の説ではじゅうぶんに説明のつかない場所、あるいは、説明はしてないがいっぽうの説が矛盾なく適合する場所などを数か所指摘した。

こうしたいくつかの論証の〝空白地帯〟が残ったことは、やはりわれわれの力の限界というべきである。

だが、判決直前に昭電側が示した上訴権放棄という行動は、考えてみればまことに奇怪なものであった。

すさまじいばかりの居直りかた

もし責任ある経営者が法廷に出廷して、裁判の進行状況を逐一自分の目で見ていれば、すでに一年以上まえに、自分たちの部下が報告した農薬説がいかにずさんで、いい加減なものであるか、学説の名に値いしないインチキであるか、思いあたったはずである。西独のサリドマイド訴訟と同じように、とうぜん被告側から訴訟の取り下げが真剣に考えられてしかるべき情勢にあった。しかし代理人・弁護士まかせの現在の裁判制度では、自動的に判決が出るまで、被告側の責任者は知らん顔をして法廷に出ずにすむのである。

原告側の勝ちが半ば予想される段階にいたって、とつぜん、半額の補償なら企業の損害もさしたるものではないとソロバンをはじいたのだろう。上訴権放棄の挙にでたのは、その意味ではむしろエコノミック・アニマルにふさわしい行動だったといえる。しかも因果関係についての発言を保留し、上訴権放棄の理由に原告側の上訴放棄を条件につけ加えているあたり、ちゃっかりと巧妙に商売じょうず、駆け引きじょうずな面を見せている。判決後の会社側声明を読んでも、経営者幹部の言動をみても、水銀をたれ流したことの反省のことばは、ついに一言も聞かれなかった。こじきがインネンつけにきたから、情をかけて金を払ってやるのだといわんばかりの、会社側の口吻《くちぶり》は、以前も現在もまったく変わっていない。すさまじいばかりの鉄面皮、居直りかたには、こちらがおそれいる。

新潟水俣病の第一審判決は、企業活動の責任を明確に指摘した点で、日本の公害反対運動にたしかに大きな足跡をのこしたといえよう。

しかし、賠償金は、総額として半額、被害者の症状を裁判所が一方的に認定するという形の判決は、被害者にとってとても納得のいく、満足できる結果ではない。だが全面勝訴ではないことを承知のうえで、被害者はこの判決に服さなければならなかった。ここに、現在の日本の公害反対運動の力の限界が見られることから、われわれは目をそらしてはならない。

原告側弁護団に参加した科学者のひとりとして、判決の指摘には、残念ながら、いちいち思いあたるふしがある。しかも、上訴してさらに疑問点を徹底して解明していこうという社会的な力が、被害者側にもじゅうぶん用意されていない。上訴権を放棄せざるをえない現実をまえに、われわれは自分らの肩に残された荷の重さは、おそらく想像を絶するほどのものであろうと覚悟させられた。

患者側が上訴を放棄したことは、もちろん経済的な力の差だけではない。四年有余の裁判に自ら参加して、その時間がいかに長く、被害者に対する圧力として強くはたらいていたかを、痛感した。上訴するにはさらに数年を費やし、その間さまざまな重圧と苦痛に堪えなければならないことを考えるとき、現在の運動の力量から評価して、上訴放棄、一審判決に服すという態度はきわめて妥当であり、ほかに選択の道はないと思われる。しかも反動化を強める司法体制のもとで、被害者側が高級裁判所で勝つという保証はどこにもないのである。

四年半の裁判の過程で、一つ一つの証言の立証に費やされた膨大なエネルギーを思うときに、原告側弁護団にも、また補佐人にも、支援団体にも、さらに上訴して新たなエネルギーを最後まで持続してそそぎこみうる力量がないことは、自ら認めざるをえない。

手ばなしで喜べない勝訴

日本の公害反対運動の歴史のうえでわれわれがこの裁判からくみ取るべき教訓を求めるならば、それは、裁判による責任の確定は広範囲にわたる公害反対運動の一つの部分であり、裁判だけを運動に限定してしまえば、裁判の結果そのものも、けっして被害者にとってほんとうに有利なものとはなりえないという苦い経験であろう。

今回の判決を全面勝訴と手ばなしで喜び、お祭りさわぎに気をとられて、判決の内包している問題点の確認を怠り、また判決ののこした教訓を忘れるようならば、全国各地の公害反対運動はかならずや苦い失敗をなめさせられるであろう。

結論は明快である。公害問題は、発生源である企業と、被害者である地域住民の力のバランスのうえに立つ。バランスの傾きぐあいで公害が激化するか、減少するかの分かれ目となる。

公害裁判は、この力のバランスを変える一要素である。またこれに関連した要素として公害反対運動がある。二つを切り離して考えることは不可能である。ただひとつの運動のみで公害と闘いうる、公害をなくしうるという幻想を、われわれはもってはならないのだ。こんごも、公害反対運動は全体として、さらに厳しく、苛酷な道を歩むことを余儀なくされるであろう。
公害病患者の苦しみを真に理解し、われわれの国土から公害という〝怪物〟を完全に退治するために、われわれはこの遠くつらい道を歩みつづけなければなるまい。

（『潮』一四七号、一九七一年一二月）

❖1976❖

不知火海調査のよびかけ

かねてから水俣病にいろいろのきっかけからかかわった私たちは、現実のわかっている部分があまりに小さく、問題のひろがりがあまりに大きいことを嘆いておりました。水俣病研究会のすぐれた仕事や、たくさんの個人の営みがありながら、それぞれ目前の急務に追われて、その相互作用を期待することはできませんでした。

現在水俣で進行中のニセ患者発言事件や、水俣湾の埋立計画などを見るにつけても、私たちの力不足をあらためて思い起させられます。このような目前の急務を何とかするためにも、今後又同じようなことに追われぬためにも、私たちの力を持ち寄って、これまで何がわかったか、何がわからないか、これから何を調べなければならないかをはっきりさせ自分で調べてゆく努力が必要です。三木首相が約束した政府の水俣病センターにも、そういう姿勢はないようです。

そこで差当り、私たちの協同学際研究をはじめたいと考えますが、左にその一つの案を記してみます。

㈠　目的……不知火海の汚染の実情をつかみ、その中で人間がいかに生きるのかの手がかりをつかむ。

㈡　方法……一年に二〜三回現地で合宿して討論し、成果を交流すると共に、現地を歩いて観察、聞きとりを行なう。瀬戸内海総合調査団の方法は参考になろう。

㈢　差当り着手すべき分野

・汚染と被害のひろがり、主として医学、生物学、社会学の分野から
・不知火海の特性、埋立は果して解決になるか
・被害者はここでどう生きてゆけばよいか
・世界へ与える影響
・水銀汚染とその経験の伝播形式
・国際機関へ協力のよびかけ

㈣　必要経費の調達……参加者が持ち寄るほかに各種の公的研究資金（国内、国際）への申込みをおこなう。

㈤　参加又は協力をよびかける対象

・水俣病研究会へ参加した個人およびその周辺の人々
・告発読者

・被害者の各グループ
・これまで水俣を調査し、報告を公表した人々

私たちの学際研究は、各分野の専門家に問題を分類するものではなく、協力を通じて自分の分野におけるやり方を反省してゆくものになるでしょうし、巨大な科学ではなく、素人と専門家の区別のない等身大の科学をつくり出してゆくものになるでしょう。そのかわり、仕事はかなりおそい長期のものになることも覚悟しなければなりません。

箇条書きにしてみると固くなりますが、まず水俣へ集まり、現実に直面することから仕事ははじまるでしょう。第一回を三〜四月、第二回を七〜八月として、まず集まれる人たちから一緒に歩いてみることをすぐに始めたら、だんだんに内容がはっきりして来るのではないかと考えます。私たちが自然とそこに住む人間からまず聞かなければならないことがたくさんあり、それと並行してこれまでの仕事を整理するだけでも、かなりの作業量であり、それを通してわかって来ることをできるだけ早く世界に伝える仕事も大切なものです。

差当って次の方々にこの手紙を発送いたしました。

宮本憲一、本田啓吉、色川大吉、日高六郎、石牟礼道子、原田奈翁雄、原田正純、飯島伸子、川本輝夫、浜元二徳、土本典昭、田村紀雄

（『自主講座通信』自主講座公害原論実行委員会、一九七六年一月一九日）

❖1995❖

水俣病問題の真の解決とは

沖縄大学の宇井です。初めてお目にかかる方がほとんどですから、ちょっと見当をつけるために、こちらから二、三、ごく簡単な質問をしてみます。別にそう難しい話ではないので、皆さん簡単にイエスかノーで、私が知っていますかと聞いて知っていたら手を挙げてください。

イバン・イリイチが書いた『脱学校の社会』〔東京創元社、一九七七年〕という本を読んだことのある方、ちょっと手を挙げてみてください。

では、イバン・イリイチという名前を知っている方。

次に、エルンスト・フリードリヒ・シューマッハーの『スモール・イズ・ビューティフル』〔講談社学術文庫、一九八六年〕という本を読んだ方。

では、シューマッハーという名前を聞いたことがある方。

もう一人、『被抑圧者の教育学』〔亜紀書房、一九七九年〕という著作があるパウロ・フレイレという教育学者の名前を聞いたことがある方。

はい、ありがとうございました。

最近、私が話をした大学生の集団のなかではここ〔立教大学〕がいちばん比率が高いですね。東京だけでなく日本全国いろいろなところで大学生を中心とするグループに話をするときには、大概いまの三つの名前について聞くんですが、ほとんど知らないというのが今の日本の大学の実情です。しかし、ヨーロッパやアメリカでもしこの三人のうち一人でも知らないと「おまえ、それでも学生か」という扱いをされるぐらいに有名な名前です。

「学習」の形態――「銀行型」と「問題解決型」

さて、その一人、パウロ・フレイレは現代の教育を表現して「銀行型学習」と言っています。つまり、ちょうど銀行にお金を預けるように、知識をできるだけ自分の頭のなかに蓄えて、必要なときにそれを引き出して使う。だから、預金の残高が多いほうがいいのと同じように、知識もたくさん頭のなかに入っていたほうがいい。それだけいろいろな場合に対応して自分の知識が使える。勉強というのは、働いてお金を貯めて銀行に預けるようなものだという表現をしたわけです。

しかし、フレイレはブラジル人ですから、銀行にお金を預けてもインフレでパーになるということが日常的にあります。銀行は破産します。したがって、世の中が変化すると、せっかく頭のなかに蓄えた知識がどんどんインフレで減価してしまう。若いときに勉強したことがいざというときに役に立たない。そういうことは当たり前だという、いかにもブラジル人らしい考え方です。

われわれからすると、日常的に銀行が破産するということはない。われわれの世代は確かに一日一％ぐらいのインフレすら経験した世代ですけれども、日常的にはそれほどひどい超インフレは経験したことがない。知識が見る見るその命を失っていくという経験はまだないのですが、フレイレはそういうことが日常的に起こるものだと言っています。きょう水俣病について皆さんにお話しするのは、そういう知識ではありません。

「銀行型学習」では今後はとてもやっていけないだろう。第一、本人にお金を貯めて銀行の残高を無限大にするような努力をしろと言っても、土台、今の変化の激しい世界では無理だ。そこで、フレイレは対案を出しています。

フレイレは、ブラジルでもいちばん貧しい、東北部のレシフェのスラムでの識字運動をその出発点としています。スラムの住民にとって何がいちばん深刻な問題か。毎日生きていくうえで何がいちばん大きな問題か。それを探せと言っています。多くのスラムの住民にとっては、それは貧困であり、暴力であり、あるいは政治的な参加ができないことであったりする。では、なぜそういう問題が起こるのか。どうやったらその問題を解くことができるのか。それぞれ考える。

いくら働いても貧困であるのはなぜか。その答えを探すためには、当然、経済学を勉強しなければならない。暴力の問題はどうか。特にスラムのなかで暴力が発生するのは、抑圧される側が抑圧する側の文化、その最も乱暴な部分を真似しようとするからである。暴力の問題を解くためには、抑圧する側の暴力を抑圧される側が模倣するという社会学的な現象を取り上げることになる。そういうことから、フレイレは字を覚えよう、字を覚えれば学問の土台となってくると、識字運動をスラムのなかで実践したわけです。

それは確かにある程度成功しました。成功し過ぎて、彼はかえって危うくなります。つまり、スラムの住民が本当にものを考えて行動するようになったら、やはりスラムのなかにとどまってはいない。必ず政治的な行動となって表に出てくる。ちょうど軍事政権が成立したころ、フレイレは国を出ざるを得なくなります。ジュネーブのＷＣＣ（世界教会協議会）で教育担当アドバイザーとして働いていましたが、その後、軍事政権がつぶれたので、彼はまたブラジルに戻ってサンパウロ市の教育局長をやったりしています。

日本にも招かれて来たことがあったようです（経歴に一九八九年八月、識字キャンペーン東京フォーラムに参加のため来日の記述有り）。一九九二年に会ったときに、日本はちょっと遠い、おれの体では行くのは骨だと言っていましたが、被差別部落の識字運動のフォーラムに参加したという話をしていました。しかし、フレイレの話によると、彼を招いた日教組としてはあまりピンと来なかったようです。

いろいろ考えてみたのですが、問題解決型の学習をすると、生徒の数だけ問題が出てきます。教員組合の一つの目的がなるべく楽をして成果を上げようということである限りは、日教組にとってはフレイレの問題解決型学習は迷惑な話です。それだけ労働強化になるというので、フレイレの話が受け入れにくかったらしい。それでどうもフレイレの来日があまり日本に影響を与えなかった。日教組にとって理解困難であったからしいというのが、私の差し当たりの分析です。

水俣病という三九年前に起こった事件を取り上げて考える意味は何か、皆さんにとっての問題は何かということを考えるための一つの手掛かりとして、きょうは話題を提供したいと思います。

「水俣病問題の真の解決」はない

きょうの演題として考えた「水俣病問題の真の解決とは何か」という問いに対して、今の私の答えは、残念ながら「ない」ということであります。というのは、水俣病問題というものがわからない。どれぐらい大きかったかということについてのはっきりした、だれもが納得する答えがないんです。

大ざっぱに考えて、不知火海沿岸に当時住んでいて、多かれ少なかれ魚を食べていた人口はほぼ二〇万人と推定されます。これは八代以南の不知火海沿岸で、熊本は含みません。熊本の周辺はいちおう別にして、八代から南の不知火海沿岸に、天草などを含めて、ほぼ二〇万人ぐらいが住んでいて、多かれ少なかれ魚を食べたであろうとわれわれは推定しています。そのうちおそらく一割ぐらいには何らかの症状が起こっただろう。つまり、二万人ぐらいは水俣病の何らかの症状が出たのではないかと推定されます。

そのうち認定されている患者の数は、生存者では二千人に満たないんです。死亡者を含めても三千人です。何回もこれでおしまいという水俣病幕引きの動きがあったのですが、今度こそ最後の解決だと言われている（今回の最終解決案の）対象は一万人にもなりません。

どうしてそんなにはっきりしないのかと言われると、いつも困るんです。外国の連中に、水俣病というのはいったいどれぐらい罹って何人ぐらい死んだんだと聞かれても、返事ができない。間違いなく言えることは、環境庁と県が認めた千何百人。これが認められた患者の数だというぐらいしか返事ができない。

公害問題がどこまでの広がりを持つかということについてきちんと調べようとしないのは、実は水俣病に始まったことではないんです。水俣病の公式発見の前の年、一九五五年に森永ヒ素ミルク事件が起きています。歴史を振り返ってみると、森永ヒ素ミルク事件が起こったときに、戦後の公害あるいは薬害、集団食中毒に対する政治の取り組み方がほぼ決まったのではないかと思い当たるところがあります。

つまり、被害者は体全体で被害を受けている。被害者の公害の受け取り方は常に全体である。それに対して、加害者の公害あるいは事件の受け取り方は常に部分的である。

加害者と被害者——問題認識の差

たとえば森永ヒ素ミルク事件のときには、これは後遺症がない、一過性の中毒だから治りますということを医者が最初に言ってしまった。そうすると、症状が残っている人は中毒とは別なんですね。まず、そういうことで症状を限定してしまった。

われわれの体は基本的にはチクワのようなものです。人間の体のなかを管が通っている。上が口で下が肛門です。なかに毒が入ってくると、まず体の反応として、これは毒らしいと気がついて吐き出すか、下すか。上へ出すか、下へ出すか。これが正常な反応なんですね。

われわれの体が毒を検知して吐き出すか下すかしなかったら、毒は体のなかに入っていく。毒が入ってしまったときに体はどうするかというと、肝臓で、水に溶けやすい形で毒としての働きを少なくする、解毒の作用が働く。それから腎臓で毒を水に溶かして吐き出す。この水に溶かして吐き出す作用は実に微妙なもので、われわれの体は腎臓でまた水を絞っているんですね。水というのは非常に貴重な物質ですから、そのまま腎臓から出してしまうと、いくらあっても足りない。だいたい二〇倍ぐらいに濃縮したものが尿になる。これが普通の人間の体の働きです。

そのように水についてはいわば節約をしているというか、ケチな使い方をしている。下から出すほうもそうです。下痢をするとどんどん水のような便が流れますけれども、常時は、それをまた絞って九五%ぐらい水を取り戻してから出している。健康な状態のときは、水については非常に節約した体の働きがあります。

ところが、毒が入ってくるとそんなことは言っていられませんから、どんどん下へ下します。入ったものは肝臓で仕事をしますから、肝臓が腫れます。森永ヒ素ミルク事件で被害にあった赤ちゃんは、当然、肝臓がずいぶん腫れたんです。

われわれでもたとえば肝炎などで肝臓が腫れると、医者は肋骨のところを押さえます。手触りでだいたい腫れた大きさがわかりますから、指一本とか指二本と言って診断するんです。これはお医者さんに行って肝臓の調子がどうもおかしいという話をすると必ず行う最初のテストです。たとえば指一本は軽症、指二本は中等度、指三本、四本となるとかなり重篤だということになります。私も劇症肝炎で指四本以上腫れて命が危なかったことがあります。幸いにしてそのときは治ったのですが、毎日のように肝臓のところを押さえて腫れ具合をみるというのがお医者さんの日常的な仕事になっていました。

森永ヒ素ミルク事件で厚生省に委託されて診断に当たった、岡山大学の小児科を中心とする医者たちの診断の基準は、指二本という基準でした。身長が一五〇センチ以上ある大人ですと、確かに指二本というのは中等度です。ところが、小さな赤ちゃんで指二本というと大変な重症です。その大変な重症のところで線を引いて、指二本分腫れていなければ患者ではないとすると、加害者側の被害認識はずっと小さくなってしまいます。

診断基準の決め方によって、公害は大きくもなれば、小さくもなる。加害者の側からすれば、当然、問題は小さいほうがありがたいわけです。仮に後から補償しなければならないとしても、対象が減ります。これは行政も同じです。問題が小さければ、手を打つ範囲も狭くて済む。問題が大きければ、広く手を打たなければならない。

水俣病の場合でもそうでした。森永ヒ素ミルク事件の指二本という診断基準に象徴的に示される問題の過小評価、だれが見ても否定できない例だけを患者と認めるという手段、手法、あるいは手口は、すでに一九五五年に確立されたものであったわけです。

そのことに私たちは気がつきませんでした。森永ヒ素ミルク事件がもう一度社会の前に顔を出したのは、実に一四年後の一九六九年でした。それも保健婦さんたちの大変な努力の結果でした。しかも、医者でない素人の保健婦がやった調査だから学会で発表を許可しないという圧力があったにもかかわらず、たまたま一九六九年という大学闘争のピークの年であったために、学生たちが支援して、ようやく『一四年目の訪問』（大阪大学医学部衛生学教室、丸山博教授が公表した森永ミルク中毒事後調査の会の集計報告）〔一九八八年、せせらぎ出版より再刊〕という形で森永ヒ素ミルク事件が社会の前に姿を現したのです。

このことに象徴的に示されるように、水俣病もやはり被害者と加害者の問題認識の絶対的な差が初めからありました。

水俣病の全体像の把握の難しさ

水俣病の患者さんのなかに入っていろいろ話をしながら症状を聞いてみると、医学的な症状として、目がまわりから見えなくなってくる求心性視野狭窄、手足が思うように動かない運動失調、手足の痺れ、知覚障害など、当然いろいろな症状が出てきます。それを全部記録して、これで全部ですかと聞くと、「いや、それだけではない」と言われます。

病気の症状としてはそういうことだけれども、生活がめちゃくちゃになった。特に初めのころは伝染病扱いをされて、買い物に行っても直接お金を受け取ってもらえない。物陰に隠れてどうするかと思って見ていたら、熱湯消毒してから金庫に入れる。うつると思われていた。本当につらかった。そういう社会的な差別の話をしてくれます。「にせ患者」だと言われてどれほど悔しかったかという話も出てきます。

そして、できるだけ被害者の感じている全体像に近いものを探そうとして、そういうものも全部書きとめて、これで全部ですかと聞くと、「結局、口で言えることは全部言ったけれども、このつらさはなってみなきゃわからないよ」と言われるんです。

ですから、被害を全体的にとらえることは非常に難しい。「なってみなきゃわからないよ」と言われてしまう、気の遠くなるような作業です。

一方で、チッソに行くとどう言うか。初めのころは、「だいたいあれは漁師が腐った魚を食って体がおかしくなったものだから、会社に文句をつけてきたんだ」。そういう話でした。

だんだん調べていって、「それは違うでしょう、あなたのところは水銀を使っているんだし、それが海へ出て魚に溜まったという証拠が出てきている、こっちも調べているんです」と言うと、水銀中毒として補償金を払っているのは何人ですと数が出てくるんです。人数とか金額とか、とにかく数が出てくるところが特徴的です。

この世の中で何がいちばん具体的な内容を持っているかというと、数で数えるということが普遍的にあります。やはりぼくらが生きている社会は市場経済です。そのなかで、ほとんどすべてのことがお金に換算できるということを反映しているわけです。患者が何人、あるいは補償金がいくらという数字で出てくるのが加害者側の答えです。

この数字で出てくることに象徴されるように、常に定量化できる部分だけしか加害者は認めようとしない。定量化できる部分というのは、当然部分的なものです。仮に私が公平な第三者の立場に立って加害者の言い分と被害者の言い分を両方聞いたとすると、当然一致しません。どこか中間をとるということになると、部分と全体を足して二で割ることになってしまいますから、常に部分的な答えになってしまう。

当人のいないところでこういう議論をあまりしたくはないのですけれども、長いこと日本の環境行政の中心にあって非常に熱心に行政官として努力してきた、橋本道夫さんという人がいます。局長を最後に環境庁を辞めた人ですが、いま開かれている世界湖沼会議霞ヶ浦（一九九五年一〇月二三〜二七日）でも宣言の起草委員を始め中心的な役割を果たしていて、昨夜も会ったところです。この人は非常に真面目な行政官で、その善意については私も全く疑うところがないのですが、水俣病の現地へ行くと、彼は決してよく言われません。

というのは、行政官という立場上、どうしても公平であろうとする。加害者の言い分と被害者の言い分とを聞いて、その間で公平な線を出そうとする。そうすると、被害者側から見れば、必ず加害者寄りの解決、部分的な解決しか出てこない。

いま被害の全体像すら見えないわけです。だいたい患者が何人いたのかわからない。そういうものに対して、行政が間に立って、あるいは政治が間に立って何らかの解決ができるかというと、それは原理的に無理だというのが私の現段階の答えです。

行政の取り組み

患者のなかには自分が水俣病だと知らないで死んでいった人もいます。また、ある漁村から水俣病の患者が出たということになれば、その漁村で獲れる魚は売れなくなります。だれが見ても間違いなく水俣病であるというので医者に説得されて入院したら、そんな患者が出たらこの村は食えなくなるといって、漁協の幹部がやって来て担いで帰ったという例すらあります。それから数年して、今度はその担いで帰った漁協の幹部が水俣病の症状を示して狂い死にをしたという悲劇もあります。

そういう問題を含めると、われわれは水俣病の全体像をどうしても知り得ないし、また、日本政府は知ろうともしなかったわけです。不知火海全域が汚染されているということを何回も研究者に警告されながら、全域についての健康診断はついに一度も行われませんでした。

今までなされたうちでいちばん規模の大きい調査は、確か一九七四年に県が行った検診ですが、これは九州大学医学部の教授たちを中心に組織された調査チームが行った第三次検診と言われるものです。その乱暴さは今でも語り草になっています。注射針をブスブス血が出るほど刺して、「痛いか、痛くないか」「痛くない」「そんなはずはない」「痛みます」「しかし、おまえは看護婦さんに知覚障害と言っているだろう」。そんな調子で行った第三次検診はついに患者の抗議によって中止されます。

しかし、それがいちばん大きな規模の調査であったわけです。ですから、日本の行政あるいは政治に水俣病を全体として調べようという努力はついになかったのです。

もう一つ二つ、象徴的なことを挙げます。

環境庁に水俣病を担当する特殊疾病対策室という部局が作られました。もう作られて二〇年近くなりますが、二〜三年に一回、室長が交代します。その歴代の室長で、たとえば私のところに水俣病について教えてくださいと来た人間は一人もいませんでした。ある時期の水俣病、たとえば一九六〇年代前半の水俣が置かれた状況についてはほとんどだれも研究していなかった。たぶん私と原田正純さん（熊本大学医学部）ぐらいしか調べていなかった時期があります。そういう時期のことを調べに来た環境庁の役人は一人もいなかったのです。

今年の八月、ちょっと別のことで私は環境庁の特殊疾病対策室に資料の問い合わせに行きました。担当の役人と三〇分ぐらい話をしていましたら、後ろに室長がいて立ったり座ったりしていました。私たちが話していることを彼は十分聞いているわけです。しかし、ついに挨拶一つしませんでした。

そういう姿勢ですから、日本の官僚には社会問題の全体像をつかまえようという気が全くないということです。そういう連中が作る解決案がどういうものであるか。水俣病患者はむしろあきらめに近い境地ではないかという気すらします。

たとえば今までいちばん激しい行動をとってきた川本輝夫さんたちのグループは、今度の政府の和解案に対して、これでもういいんだ、おれたちはできるだけのことをやった、その結果がこういうものだったらしょうがないという態度をとっているそうです。その気持ちはわかります。つまり、やるだけのことはやった。そこから先、日本政府がこういうものしか出してこないのであれば、もうそれに対して言うべき言葉を持たない。

社会党が政権にあるからできたのだという話もあります。それはそうかもしれないけれども、この程度の和解案、つまり患者とされた人に対して一人あたりせいぜい二〇〇〜三〇〇万円という金額は過去にも示されました。これに対しては当然、患者のなかにも不満があるのでまだ交渉が続行中ですけれども、それよりももっと大切な、この病気は水俣病である、公害病である、自分たちは「にせ患者」と言われてずいぶんつらい思いをした、それに対して国に謝って欲しいという点については、国はついに水俣病であるとは認めようとしないまま、最終和解案を出してきた。つまり、国の謝罪というものはないわけです。

それは、しかし、私は無理もないと思います。行政の姿勢がそうなんですから。たとえば私が環境庁の担当者のところへ行って話をしていても挨拶すらしない、自分の仕事すら調べようとしない官僚が扱っている以上、日本では公害問題の真の解決はそういう形ではあり得ないという気がします。

いずれにせよ、どこかで線を引いてこれでおしまいにしたいというのが日本の政治や行政の真意ですし、当然、チッソという会社も、やはりどこかで線を引かないことには、今後永久に補償金を払う相手が増え続けてかなわない。その本音はわかります。

「くり返すな」

しかし、これまでも本当に水俣病がどういうものであるかということをつかもうとした研究は少なかったんです。今ではかえって、患者をどうやって水俣病でないとはねるかという研究のほうに研究費が出ている。ここ一〇年ぐらいの傾向はだいたいそうです。

新潟水俣病の裁判を担当していた坂東〔克彦〕弁護士が嘆いておりました。第一次訴訟のときにはわれわれの側に立ってくれた医学者たちが、今度は次々と環境庁の側に立ち、厚生省の側に立つ。いわば裁判の相手側に立っている。これが現実だというのです。第二水俣病の裁判は判決が一九七一年ですか、もう二〇年以上たっています。二〇年以上経過したら、医学者の立場が逆転したわけです。

一方で、たとえば東大の白木〔博次〕先生が行った有名な研究があります。研究だからこういうことも敢えてやらざるを得ないのだなと後で納得したのですが、サルに放射性のメチル水銀を少量注射し、そのサルを生きたまま冷凍して、カンナみたいな機械で削ってサルの薄片を作る。そうすると、体のなかにメチル水銀が分布していったところは放射線が出てきますから、写真乾板の上にサルのカンナ屑を乗せると水銀の溜まったところは感光します。

オートラジオグラフィというのですが、そういう形で体内の水銀の分布を調べると、サルでもネズミでもきれいに出てくるところというと、脳です。胎児の脳に溜まります。当然そのほかのところにも溜まるんですね。肝臓にも溜まりますから、肝臓がやられて肝臓の病変が出てきます。水銀が腎臓に溜まることは昔から知られています。利尿薬に水銀が使われたぐらいですから、腎臓にも溜まりますが、そのほかに、心臓や血管系にも溜まります。膵臓にも溜まります。

このことから、当然、高血圧や糖尿病が水俣病の症状として出てくることが予想されます。事実、高血圧、糖尿病は水俣病の中等度の患者にはかなり多い障害です。

ところが、認定患者とするかどうかということで診察されると、糖尿病だから、あるいは高血圧だから、水俣病ではないという棄却の材料にされる。つまり、水銀中毒の症状を水銀中毒でないと否定するための材料に使う。そういうことすら現代の医学では起こっているわけです。

私のような素人でさえ、ちょっと調べれば、それはおかしい、オートラジオグラフィの結果、糖尿病の症状が出ることは当然予想されるし、動脈硬化の症状が出ることは当然予想されるではないかと考えます。しかし、現に糖尿病や動脈硬化の症状があるから水俣病とは診断できないとして、はねられている患者がたくさんいるんです。ですから、結局、いま水俣病の全体像はわからない。

むしろわからなくしてきたのが日本の行政であり、日本の医学であり、日本の政治であった。

そのような状況の中で当の国側から今度出されてきたのが、一人一律二六〇万円の最終解決案です。これが本当に解決なのか？　しょうがないですから、そういうときは患者に聞くんですね。「本当にこれで解決すると思うかい」と聞くと、「いや、とてもそんな、全然解決にも何にもなりやせんよ」という答えが返ってきます。「じゃあ、しょうがない、どうするね」と言うと、「どうするねって、おれはすでに罹っちゃったからしょうがない、だけど、これ以上よそのところで起こるのはやめて欲しい」。

だから、浜元二徳《つぎのり》さん〔水俣病第一次訴訟原告団〕は、あの体で世界中へ行ったんです。それで、おれのようなひどい目にあう人間をこれ以上増やすな、みんなもっと公害に神経を使って予防しろということを説いて回った。浜元さんにとっては、真の解決はそれしかない。自分ができる、自分の関われる真の解決はそれしかない。これは一つの答えになっていると思います。

日本の公害減少の裏側

実は、私の講演の日程がプログラムに入っていながら変わらざるを得なかったのは、この二〜三カ月、外を歩くことがめちゃくちゃに多くて、日程がとれなかったからです。先週クアラルンプールで会議があって、その足で筑波へ来て世界湖沼会議に出て、そして、今日ここに来て、明後日は沖縄に帰る。その前は、九月に韓国へ一週間ほど行っていますし、一〇月の頭にはエントロピー学会を沖縄で開いたのですが、実行委員長をやっていたものですから、その準備などで日程がめちゃくちゃになりました。ようやく筑波を切り上げれば立教に寄れる日があるということで、今日ここに出現することができたのですけれども、この私の日程が象徴しているように、実は世界中で問題が起こっています。

次回の村井吉敬さんの講演にも重なってくることですが、よくこういう席でちょっと肩の肉をほぐしてもらうのに話す例として、「一杯のてんぷらそばのなかで純粋に国産のものは何か」というクイズがあります。「水とたぶん薬味のネギ」というのが正解です。エビはだいたい台湾以南のどこかから養殖されて来ているはずですし、てんぷらの粉はアメリカの小麦でしょうし、油は中国の大豆かもしれない。醬油も同じです。豆も塩もみんな輸入ですから、間違いなく国産と言えるのは水だけということになる。

いろいろ均してみるとわれわれの体の半分以上は、たぶん外来の物質、輸入品でできているでしょう。ですから、皆さんもたぶん国産の部分は半分以下というぐらい、食べ物が動いているんですね。食べ物だけではありません。すべての製品が動いています。当然、公害企業も動いているのでありまして、実はクアラルンプールでこんな話をしました。

一九七〇年というのは、おそらく日本でいちばん公害がひどくなった年ではないかと思います。その一九七〇年に比べると確かに水の公害は減った。工場が出している水の汚れはいろいろな尺度で表現しますが、いくつかの尺度ではだいたい一五分の一ないし二〇分の一に減っている。一九七〇年を一〇〇とすると、五から一〇ぐらいに減っているというのが一九九〇年の実情です。

その減った分は、確かに公害対策として処理して取れた部分もあり、工程を変えて減らした部分もある。これは事実です。そういう点では、日本の産業がかなり努力したことは事実ですが、また、かなりの部分、アジアへ公害企業が出ていったことも事実です。これは否定できない。

先週のクアラルンプールの会議でマレーシアの人たちと話していて、マレーシアには排水をこれ以下にして流せという排水基準があるかと聞いたら、いや、まだ決めていないと言っていました。これから決めるんだ、当然、日本が一つの手本になる、シンガポールがもう一つの手本になるという話をしていました。

世界湖沼会議の昨日（一〇月二五日）出た討論のなかで、スリランカの人から、日本の水質汚濁防止法の基準が緩い、BOD〔生物化学的酸素要求量〕、COD〔化学的酸素要求量〕、SS〔浮遊物質〕といった下水に対して使うような指標についてひどく緩いのを不思議に思う、どうしてそうなっているんだという質問がありました。これに対して日本はきちんと答えなかったのですが、実は全国一律の基準は、まだ下水道が普及していないから、日本中どこでも生の下水が流されたときにそれが処罰の対象にならないように、生の下水の水質を排水基準として決めたわけです。

もちろんそれでは環境が汚れてどうしようもなくなりますから、各都道府県、自治体がそれより厳しい上乗せ基準を決めて、それから後はかなり改善されたのですが、東南アジアの国々が日本の法律を手本にするときは、当然、国の法律から手本にします。条例は後回しになります。日本ではなぜ地方条例で国より厳しい基準を決めるようになったかという経緯については、外国に伝えるのは容易なことではありません。やはりどうしても日本がとった国の緩い基準が東南アジアに最初は行き渡る可能性が高い。

先進国の公害輸出と社会主義体制下の公害

そういうなかで日本の企業がアジアへ出て行って何をするか。その一端が、ここ数年、マレーシアで問題になっているアジア・レアアース（希土類）という会社ですね。

放射性の廃棄物を野積みにして、工場周辺の住民に被害が出た。あわててそれをどこかに埋め込もうとしたら、また反対が出た。放射性廃棄物は危ないということで、現地の住民運動の側で埼玉大学の市川〔定夫〕教授を招いて測ってもらったら、果たして非常に汚いという結果が出て、これは裁判になりました。しかし、早稲田大学の企業側についた学者が行って、安全だという証言をして、結局、最高裁では企業に有利な結論が出たという実例があります。

この場合は、騒ぎが大きくなってうるさくなったからということもあるでしょうけれども、三菱化成（アジア・レアアースの親会社）がこれ以上現地で生産を行っても採算が合わないからとマレーシアの工場を閉鎖して、中国に工場を移転しました。では、中国がどういうことになったか。だいたい想像がつきます。マレーシアの非常に厳しい政治風土のなかでかなり強い反対運動が起こって工場の閉鎖まで行ったわけですが、中国では公害反対運動というのは、事実上、成立しません。

実は、社会主義体制の下では公害が非常に激化するという話をしたので、私はずいぶん日本の左翼から恨まれました。公害は資本主義の二次的な矛盾で、革命が成立すれば自動的に解決するのだから気にする必要がないというのが日本の左翼の言い分でしたが、そんな簡単なものではない。ソ連だって、中国だって、東欧だって、公害が山ほどある。実際に行って見てきて発表をしたら、えらく怒られたわけですけれども、実際に蓋を開けてみたら、ソ連・東欧圏の公害は猛烈なものでした。

東ドイツの政権が崩壊したのは、一つはベルリンの壁の崩壊によるものですが、もう一つは、ライプチヒで起こった一〇万人規模の公害反対デモが直接の引き金になりました。ライプチヒへ行ってみるとよくこんな狭いところで一〇万人の人間が集まったと思うぐらい、狭いところで、それこそ全市民が立ち上がって公害反対のデモを行った。それぐらい公害がひどかったんですね。

ライプチヒとハレという二つの街は歴史でたびたび出てきますから、私たちも名前を知っていますが、そのすぐそばにビッターフェルトという街があります。文字通り荒れ野です。よくしたもので、ライプチヒ、ハレ、ビッターフェルトの三角地帯を煙の三角地帯と言ったそうですけれども、ビッターフェルトの大気汚染は、ひどいときには視界が一〇メートルだったといいます。つまり、一〇メートル先はもう見えないぐらいの煙のなかに街が入ってしまっていた。そういう公害の激化が社会主義体制の下でも起こっていました。

ですから、今後、中国がどうなるか。下手をすると、中国は環境面で崩壊するのではないか。英語で言うとcollapse、自分の重みによってつぶれるということが起こるのではないか。私は環境的崩壊が起こるのではないかという心配をしているぐらいです。

それをある程度裏付ける事実があります。一昨年、ベトナムで北と南と両方の工場を見せてもらいました。北は、これはソ連が造ってくれた工場だ、これは中国が造ってくれた工場だということだったのですが、この運転では原料がずいぶん漏れていると思うぐらい、ものすごい煙と廃液です。それこそ、その回収を考えたほうが必ず儲かるというぐらい、原料が浪費されている。そういう産業公害の状況が特に北側にありました。南側はある程度西側の技術が入ってきていて、対策がとられている。あるいは処理の研究もなされていて、比較的日本に近い。

「現場を歩く」ということ

そういう状況のなかで、真の水俣病問題の解決として果たして何があるかというと、一つは、患者に聞くということがある。もう一つは、やはり現実にぶつかって私自身が考える。子どものときのことを書いた本に『キミよ歩いて考えろ』（ポプラ社）という題を付けたことがありますけれども、これは今でも私にとって最大の手掛かりでありまして、わからなくなったら現地へ行って考える。できるだけ現地へ行って考えるようにしています。

先週のクアラルンプールの会議にしても、やはり現地へ行けば行っただけ、いろいろな勉強ができます。クアラルンプールの会議そのものは国連環境計画（UNEP）の「グローバル五〇〇賞」という賞に関する会議で、大きなアブラヤシのプランテーションを経営している会社が、いま流行りの言葉で言うと「環境にやさしい」技術を使っているということでその賞をとったのですが、その現場を見せてもらいました。

アブラヤシとは、パームオイルを採るパームヤシのことです。アブラヤシのいろいろな病気の対策なども、なるたけ化学物質を使わないで防除をするよう工夫している。そういう話を聞きました。その一つとして、ネズミの被害がかなり大きいという話がありました。確かにネズミにしてみれば、アブラヤシの実はたいへんカロリーがありますし、硬いですから歯を削るためにも役に立ちます。絶好のエサなんですね。

私も、アブラヤシがあんなにごついものだというのは、実際見るまでは知りませんでした。大きな葉っぱがあって、どこになっているんだという感じですが、葉っぱの付け根のところに何かボサボサッとした大きな毛の塊みたいなものがあって、それが五センチぐらいの種子と太いトゲの塊（果房）なんです。それをネズミがかじる。そうすると、肝心の油がネズミに食われてしまう。

どうやってネズミを防除するか。昔から殺鼠剤をばらまいて防除するということをやってきたけれども、どうも効果があまり感心しないというので、フクロウを入れてみた。ヤシ林のあちこちに、一ヘクタールあたり一カ所ぐらいフクロウ用の巣箱を作る。だんだんフクロウがそこへ棲み着く。外からフクロウを連れてくるということも積極的に行った。そうすると、実によくネズミを捕ってくれる。

罠でネズミの数を数え、巣箱にフクロウが入ったかどうかを数えて、ネズミとフクロウの数、食われた実の比率をグラフに描いてみると、見事に三年目ぐらいからネズミの数が減り、食われた実の比率が減ってくる。四年目、五年目になると、全滅はしないけれども、ネズミの数は最盛期の一割以下に抑えられ、被害も一割以下に抑えられて、十分採算がとれるようになった。三年目にようやく効果が出てきて、四年、五年とたって効果がはっきりしましたと言っていました。

われわれはせっかちですから、まず日本人だったら、フクロウを入れて一年目に減ったかどうか、効果の判定をするだろう。我慢しても二年目がせいぜいで、三年目以降までデータをとる気にはとてもならない。それが日本人としての私の感想です。そういうせっかちなことでは、生物防除が効いたか効かないかわからない。したがって使えない。せっかちに効果を判断してはいけない。やはり最低三年から五年ぐらいかけなければ、生物の効果というのはなかなか出てこないものだということを教えられました。

そういう形で、現地を歩くと、やはり何か教えられるものがあります。皆さんの世代は、私たちが学生時代を過ごした四〇年前に比べると、はるかに楽に外へ出ていけるようになりました。私たちのころは、よほど運がよくて、ドクターコースでアメリカに留学できる。それが幸運なほうだったわけですけれども、今では学部の学生でもちょっと旅行で東南アジアへ行ってきますということが日常的にできますね。東南アジアの現場で考えると、必ずや水俣病に象徴される日本とアジアとの関係に対しての答えが出てくるであろう。自分の問題に対する何らかの手掛かりを見つけることができるだろうと思います。

今、若い世代にできること

たぶん私たちが、皆さんの世代でもできることとは、日本というアジアのなかでは非常に早く工業化を進めて、いいところも悪いところも両方経験した国と、これから工業化という過程をたどろうとしている国々、もちろんそれは一通りの必然ではなく、幾通りかのやり方があると思いますが、そういう国々との間に架かる橋になることだろう。そこを多くの人が踏んで渡るようになれば、それは一つ目指したものになるのではなかろうかという気がします。

そうした十分役に立つ橋になるためには、まず、こちらが日本という国をやはりきちんと承知していないといけないですね。日本の近代史、現代史がどういうものであったか、この一〇〇年ぐらいのところについて自分のはっきりした、しっかりしたイメージをまず持っておく。自分の側の柱がないと、次の柱が立たない。

そして、相手の国の側の柱がないと、そこに板を架けることはできません。それはベトナムへ行ったときにも感じました。日本で必死になってベトナムの歴史についての文献を探しましたけれども、話が決まってからではついに間に合いませんでした。しょうがないので、ハノイに着いて最初にしたことは、本屋に行ってとにかく英語で書いてあるベトナムの歴史の本を探すことでした。ようやくベトナムの歴史の本がうまくあって、彼らに言わせるとベトナムには四千年以上の長い歴史があるということを初めて知ったような次第です。

ベトナムの歴史は、ほとんどすべてが中国に対する抵抗の歴史なんです。いかに中国を追い払ったかというのが彼らの自慢でありまして、おれたちだって日本には負けない、日本は元が攻めてきたときに台風で切り抜けたけれども、おれたちは自力で追い返したんだと自慢します。それはそのとおり、確かに元が攻めてきて追い返すことができたのは日本とベトナムです。

それから、不思議なことに、もう一つ、琉球、沖縄もそうなんです。中国の歴史書によると、元が琉球を攻めたけれども、大敗して、将軍は捕虜になり、あとは逃げて帰ったと書いてあるんです。ただ、琉球側に一一世紀に書かれた歴史書がありませんから、それに対する記述は何も残っていないんです。

そういう不思議なこともあるのですが、ベトナムというのは中国に対しては抵抗し、周りの国、カンボジアやラオスに対しては逆に押していく、中国から押されると南へ押していくという不思議な国でして、結局、南北二千キロ近い長さがありながら、東西には狭い。いちばん狭いところはダナンのあたりで五〇キロぐらいしかない。やたらに長い国です。

どうしてそんな細長い国ができたのかというと、内陸に当たるラオスやカンボジアがベトナム人を絶対になかへ入れない。仲が悪いというか、顔を見るのもいやだという関係なんですね。カンボジアについてはわかります。長い戦争の歴史があります。カンボジアは今よりはるかに大きな国だったのですし、チャンパというインド系の高い文化を持った王国を造っていたのですが、それをずっとベトナムが侵食していって、今のカンボジアの地に押し込んでしまった歴史があります。

ですから、カンボジア人のベトナム嫌いはよくわかるのですけれども、ラオスのほうはよくわかりません。どういうわけか、非常に強い、インドシナのなかではしこい感じのするベトナム人が内陸部に入れない。おっとりしたラオス人の国に攻め込めない理由がやはりどこかにあったのだろうと思います。

そういうベトナムやインドシナの歴史については、行くまでは全然考えたこともなかったんです。日本ではなかなかそういうことがわかりにくい状況がありますけれども、やはり橋になるためには、最低、こちら側の柱と向こう側の柱がしっかりしている必要があるだろう。それが、この時代に生まれ合わせた、特に公害問題を自分で体験した私たちの世代が公害問題に対して最低果たすべき責任だろう。真の解決とはとても口幅ったくて言えませんが、それが私の解決策にはなるだろうと感じています。

それでは、皆さんの世代、若い世代はどうなるか。実は、現に皆さんの体自体、国産の部分が半分以下になっている。生まれたときからそうなっているわけですから、やはり日本のなかだけでものを考えるのではなくて、常にアジアのなかに日本を置いて、アジアのなかの自分の位置を考えると、おそらく自然にだいたい問題が見えてくるのではなかろうか、そして、できれば現地へ行ってぼやっと見て考えるだけでも、だいたいわかってくるのではないかという気がします。

正解のない問いに向けて

日本の産業公害の歴史というのは、現地へ行ったときに必ず聞かれることの一つです。水俣病はいったいどうして、なぜ。先々週も、私が留守の間にインドの友人から来ていた手紙に悩まされました。水俣病が発見されてから四〇年たって、今ごろ解決の話をしている。いったいどうしてそうなったのか。わかるように説明してくれ。おれの発行している雑誌に載せるとたいへん参考になる。

実はインドでもボパールのガス漏れという大事故があって、何千人か死んだわけです。これも被害者が何人死んだのかわからない。スラムで住民登録も何もないですから、何人死んだかもわからないような事件ですけれども、そういう大きな災厄が起こったときに、災厄の規模もわからない、あるいは解決に何十年もかかるという原因がどこにあるのか。文化にあるのか、政治にあるのか。そのへんをわかりやすく書いてくれという手紙を受け取って、ほとほと困っているところです。

どうやったらインド人にわかってもらえるように水俣病を説明できるだろうか。四〇年の遅れがなぜ起こってしまったのか。しかも、今ごろ出てきた最終解決案が、要するにカネを渡してこれでおしまいだよという程度のものでしかない。これをどうやったら説明できるだろうか。ほとほと困っているわけですが、これはやはりやらなければいけないと思うわけです。

そういうことでは、できる限りの努力を先に生まれてしまった世代として果たすつもりではありますけれども、皆さんもそういうものをできるだけ使いこなして、アジアと日本をつなぐ橋になって欲しい。もちろんいろいろな形があるでしょう。そのなかで皆さんそれぞれの答え、真の解決が出てくるだろうと思います。それは別にこういうものでなければならないと限定することはないのではないか。人数だけの答えがあっていいのではないか。あるいは、答えがたくさんあると初めから思っていいと思います。

皆さんは受験勉強のなかでフレイレの言う「銀行型学習」をずっと続けてきて、しかも必ず正解が一つある問題ばかり解かされてきたわけですけれども、これからは正解が全くないか、あるいは正解が無数にある問題にぶつかることになると思います。ほかの人と違う答えが出てきても全然気にすることはない。

この問いに対しては、差し当たり、なぜ真の解決ができなかったかを自分でできる限り掘り下げて客観的に伝えられるようなものにするというのが、たぶん私の答えだろうと思っているところです。

旅が長かったものですから、あまり元気のいい話にはなりませんでした。申し訳ないことですが、いちおう私の話はこのぐらいでひと区切りにして、皆さんからの質問やご意見にできるだけ答える

ようにしようと思います。（以下、質疑応答は省略）

（一九九五年一〇月二六日、立教大学七一〇二教室での講演録、「一九九五年度学生部セミナー——環境と生命VI　報告書」立教大学学生部、一九九六年一〇月）

❖2002❖

水俣病は終わっていない

木野茂・山中由紀著『新・水俣まんだら――チッソ水俣病関西訴訟の患者たち』書評

長い水俣病の歴史のうちで、何回かこれで水俣病は終わった、として幕引きの努力がされた。一九五九年末に見舞金補償、七〇年の補償処理そして九六年の政治的和解がそれであった。そしてその度にそれまで無視されていた部分、あるいは主流ではないと見逃されていた部分から新しい問題提起が始まり、終わったはずの水俣病問題を最初から調べ直す必要が生じたのであった。水俣病に関しては、十数件の裁判が進行したが、政治的和解を拒否した関西訴訟において、それまで定説とされていた末梢神経の障害がどうやら間違っていて、中枢に当る大脳皮質の障害が主であると考える方が、症状の変化などを考える時に合理的であるらしいこともわかって来た。水俣病が発見されて四十数年、その最初の頃にいわば緊急避難の一種として症状の記録、その相互の関わり方から判断される障害の原因というような一番基礎のところが十分突き止められずに来てしまったところに、水俣病の研究がいかにその時その時の政治に引き回されて来てしまったかが象徴される。

認定患者の補償金額が争点となった一次訴訟、認定制度から棄却された患者の認定を要求した第二次訴訟に続いて、国と県の行政責任を問うた第三次訴訟が、八〇年代に入って熊本、関西、東京、京都と提訴される。これは七〇年代末から始まった一連の裁判において、環境庁の認定基準が不当であり、決定をやり直すいわば司法決定に相当する結果が次々に出てきたこともあった。

しかし国や県に不利な判決が出ても次々と上告して引き延ばす作戦をとり、原告の高齢化もあって和解を求める方向に動いて行った。関西訴訟でも裁判所から和解の勧告があったが、国、県の責任には触れないものだったのでこれを拒否した。九四年七月に出た判決は、国や県には水俣病を起こした責任はなく、原告が水俣病であるか否かを確率的因果関係で判断するという奇妙な論法と、二〇年以上前に不知火海を離れた患者には時効によって請求権がないなど、この時期の判決としては最悪のものであり、和解の誘いに乗らないためのみせしめ的な判決ではないかと評されたものである。

この一審から再出発して、高裁判決で国と県の責任が認められたこと、疫学的な判断と中枢障害が認められたことなど、大逆転というべきであって、この裁判を背後で支えた弁護団や支援の人々の努力には頭が下がる思いがするが、その一端をうかがわせる本がここにまとめられた〔木野茂・山中由紀『新・水俣まんだら――チッソ水俣病関西訴訟の患者たち』緑風出版、二〇〇一年〕。この本は、原告団長だった岩本夏義さん、その後を引き継いだ川上敏行さんをはじめとする、五〇年代、六〇年代の高度成長期にいろいろな事情で水俣を離れ、関西地方で働いていた人々の生活の聞き書きを中心にまとめられた。

よく公害患者にも生活があるといわれる。生活の中心であった漁業が、汚染や濫獲によって先細りになり、陸へ上がっても適当な仕事が無くて、大阪周辺に出てきた人々は、この時期ずいぶん沢山あった。水俣という出身地を口にして不利な扱いを受けることもあり、身体の異変に気づいても認定申請を先延ばしにしていたことが、症状を悪化させる一因にもなった。統計で表される無機的な数字一つ一つに、一口で表現できない事情があることを、大阪地裁の一審は目もくれずに切り捨てたのであった。


これに対して、一審の立証計画でも国と県の行政責任について努力を集中したが、その成果はむしろ二審の判決に反映されたと言えるであろう。弁護団と支援の人々の地味な努力は、二審になってようやく正当に評価されたといえる。少人数ながら熱心な、そして決して表に出ようとしない支援グループの存在は、本書でも背景に退いているが、その努力がなかったら二審の判決もなかったであろう。たしかに水俣病患者は一矢を報いたといえよう。これに対し、国の政治屋と官僚たちの、政府はその時に出来る限りの努力をしてきたという言い分がいかに空々しいものであるか、役人が作文したその言葉を上告の根拠に使った白々しさに、暗然とした感じを持つ。そういう相手である日本の官僚に、たとえ強いられた戦いであろうとも上告を受けて立つ原告の人々の存在に人間の尊厳を見る思いがする。

水俣病関西訴訟についてはあまり広く知られていないが、この本はその争点もよく整理してまとめられていて、長期にわたる裁判の進行を理解するにもわかりやすい本となっている。国と県の行政責任を問う水俣第三次訴訟がすべて和解してしまった現在、法廷で明らかにされた行政責任を調べる点でも貴重な資料になる。水俣病において、日本国がいかにその時々において責任逃れの努力をしてきて、その結果として被害者を苦しめて来たかを一冊において見る上で、わかりやすい本になっている。ここまでこの問題を整理してくれた木野、山中両氏の努力と、支える会の人々に感謝するものである。

（『月刊むすぶ』三七九号、ロシナンテ社、二〇〇二年七月）

❖2005❖

水保病——その技術的側面

水俣病問題は終わっていない

水俣病の歴史的経過の中で科学技術が果たした役割を振り返ってみると、そこには多くの反省すべき課題があることに気づく。その課題を、それぞれの時期について掘り下げ、同じ失敗を繰り返さないように銘記しなければならない。

1　食品衛生法の不適用

一九五六年五月、水俣病が発見されたとき食品衛生法による食中毒事件として漁獲禁止、販売禁止の措置が熊本県により検討され、ほとんど実施の直前までゆきながら、なぜか実行されなかったことが、被害の拡大を招いた原因になった。半世紀前のこの行政の不作為の責任については、宮澤の詳細な状況証拠の分析があり、当時の熊本県副知事、水上長吉が企業優先の立場で画策したと判断したが、おそらく真相を射ているものと思われる。(1) 深井もまた当時の行政資料を分析して、厚生省側が適用させなかった可能性が大きいと結論している。[2] 主導権がどちらにあったにせよ、戦後復興、生産優先の政策が、中央・地方政府の両方において貫かれた時代ではあったが、初期における被害全体像の把握に失敗したことが、戦後最大の公害の悲劇を生む原因になった。

2　情報は横に流れなかった

水俣病の原因となったメチル水銀化合物を排出したチッソ水俣工場は、第一次大戦後独自の技術を展開して日本の化学工業の先頭に立ったリーディング・カンパニーであり、水銀を触媒として使っていた合成酢酸、塩化ビニル樹脂の両方が、第二次大戦後の日本の化学工業の中軸になった成長部門であった。その先頭にあってチッソは高い技術水準を誇りにしていた。水俣病が発生して多くの死者を出した一九五九年に到っても、この病気が自分の工場の排水によってもたらされたのではないかと疑っていた技術者はごく少数であった。[3] 一九五六年以来、原因不明のたくさんの劇症患者を抱えて、熊本大学医学部が原因究明に手探りの努力を続けていたときに、工場で大量の水銀を使っている事実は、医学部には全く伝えられていなかった。また同じ大学の工学部では、アセチレンに水銀触媒によって水分子を付加させる工程がチッソ水俣工場の他に日本合成宇土工場にもあり、いわば県内の化学工業の中で最も重要な、有機合成化学の要になる反応であるから、その内容を知らなかったということはあり得ないはずだが、研究面での協力は何もなされなかった。このために、医学部の研究班では神経系統を侵す危険性のある有毒元素の一つとして、水銀を初期にあげながら、実験室において高価であった水銀を工場が大量に排出するはずがないとして検討対象から外してしまった。[4] 水俣病とそこに住む魚介類は、長年チッソの工場から排出されたたくさんの有害重金属によって高度に汚染されていたので、動物実験の神経症状から予想された種々の物質の投与実験を行っていたが、水俣病と一致した症状を示す物質は見つからなかった。マンガン（Mn）、セレン（Se）、タリウム（Tl）などの投与実験が試みられたが、思わしい結果は得られず、また中間的な結果の発表に対し、工場からはすかさず反論がなされた。

3　水銀の発見

二年半近く全く手がかりのなかった因果関係の壁を越えるきっかけを作ったのは、熊本大学医学部に滞在したイギリスの医師 McAlpine が「Lancet」誌に投稿した、アルキル水銀による職業性中毒の症状[5]が水俣病に似ているという指摘であった。[6] たしかにこのハンター・ラッセル（Hunter-Russel）症候群といわれる特徴的な症状が水俣病にも当てはまった。水俣湾周辺の底泥、魚介類、自然発症の猫、死者の臓器などに高濃度の水銀が発見され、工場の工程内でも塩化ビニル合成工程、合成酢酸の工程で多量の水銀触媒を使っていることが明らかになったのは、水俣病の発見後三年余たった一九五九年七月であった。この発表は、地域社会に大きな衝撃を与えたが、当時は塩化ビニル合成工程で使われている水銀が注目されて、酢酸合成の工程はあまり重視されなかったようである。

4　反論と中和

熊本大学医学部の水銀説の発表に早速反論したのは工場側であり、さらには日本化学工業協会理事大島竹治、水俣市長橋本彦七（もとチッソ工場長）がこれに続いた。決定的だったのは東京工業大学教授清浦雷作の、魚の腐敗によって生じた有機アミンによるという中毒説で、中央の有名な大学教授の見解として説得力を持ち、熊本大学医学部は当てにならぬという印象を世論に与えるのに成功した。清浦の論拠は日本の他の地方には水銀の多い魚や底泥があるのに水俣病は起こっていないというものであったが、それが水銀を使っている工場の近くである事実は伏せられていた。[7]

一方、日本化学工業協会は会員企業から臨時会費を徴収して、東京大学医学部衛生学名誉教授田宮猛雄を中心とした田宮委員会を作って、熊本大学医学部の研究を否定しようとした。[8] 一九六〇年以降、熊本大学医学部の水俣病水銀説は、これらの異説に取り紛れて、世論の中ではほとんど忘れられ、水俣病の原因は不明ということにされてしまった。このころ熊本大学医学部の多数意見は、工場で使われた水銀は大部分が無機水銀として環境へ放出され、そこで有機化して魚介類に蓄積したものであろうと見ていたが、その証明ができなかった。一九六二年になって、合成酢酸の触媒液の中にメチル水銀が存在することがわかり、最初から有機水銀が流出していたことが判明したが、ほとんど注目されなかった。[9] この時期の熊本大学医学部の水俣病研究は、厚生省からの研究費も絶たれ、医学界の主流とも対立せざるを得ないところへ追い込まれていたので、外国の文献で記載されているハンター・ラッセル症候群を水俣病診断基準の中心に据えて、防衛的、限定的な姿勢で水俣病に取り組もうとした点には、同情の余地があるのかもしれない。だが、全く新しい事象である公害の一種、水俣病を前にして、その被害者、当事者である水俣病患者から学び、全体像を自分でつかもうとする姿勢は、水銀が見つかるまでの段階ではある程度感じられたが、そのあと水俣病はすでに終わったという姿勢で、行政や企業とも仲良くやってゆこうという態度すらあった。皮肉な話だが、一九五〇年代に医学部の講座制の下で、行政や医学界の主流からある程度自立して、あるいは孤立して研究を進めることが出来たのは、新制大学への博士号の切り替えに伴い、開業医から相当の研究費が講座に向けて流れ込んだ、いわば博士号の切り売りの動きがあったからである。もしこういうあまり表沙汰にできないような事情がなかったら、熊本大学医学部がこの困難な時期を乗り切って、水俣病の原因究明までたどり着けたかどうかは疑問であり、また教授の権威が絶対であった医局講座制が、防御に強かったことも事実である。この時期、国民の健康を守る立場のはずの厚生省や熊本県の衛生部は、生産優先の企業や通商産業省に対して常に受け身であり、水俣病の全体像、不知火海の汚染状況をつかもうとする努力を今日に到るまで、全く示していない。一方、水俣工場の中では、病気の発見者であった細川一は、工場排水の投与によって猫に水俣病の病変が出ることを突き止め、排水に含まれる水俣病の原因物質がメチル水銀であることを証明していた。(10)

5　前例となった森永ヒ素ミルク事件

戦後の高度経済成長の中であちこちに多発した公害問題に対する行政政策の方向が決まったのは、一九五五年の森永ヒ素ミルク事件の時ではないかと、振り返って気づくことがある。この事件では、官僚が自分の責任で政策を用意する代わりに、高名な人権派弁護士やジャーナリスト、社会評論家などで作られた五人委員会が補償の枠組みを決め、岡山大学の小児科医師を中心とした六人委員会が患者を審査したが、どの段階でも被害者の参加の機会はなかった。いわゆる専門家と称する人たちと、官僚との結びつきが次第に形成され、高度経済成長のもとで成立した保守永久政権が、企業に有利な人選を行う慣習が確立してゆく過程が進行した。[11] こうして官僚にも都合よく選ばれた専門家が、いろいろな理屈をつけて被害を過小評価し、補償を値切る（あるいはその両方）というのが公害処理の定石になった。

6 新潟で水俣病再発

もし一九六五年に新潟で第二水俣病が発見されなかったら、水俣病の原因は不明ということにされてしまったかもしれない。新潟では阿賀野川の川魚が汚染され、死者が三人出たところで病気が発見された。その因果関係は二回目の発生であるから一回目にくらべればかなり簡単に河川の上流にある化学工場、昭和電工鹿瀬工場にたどることができたが、病気の発見時には工場は閉鎖され撤去されていたので、直接の証拠を得ることは困難であった。ここでも第一回目と同じように、公害の起承転結すなわち反論と中和が試みられたが、喜田村正次、細川一、入鹿山且朗といった熊本水俣病の研究に従事した人々の経験をうまく生かした新潟県衛生部長北野博一の努力で、厚生省研究班が組織された。通産省や企業側の圧力でこの研究班の調査結果の公表はだいぶ引き延ばされたが、患者側はその確定を待ちきれず、民事訴訟という公開の場で因果関係の公表を迫った。こうして新潟では患者の行動が新しい局面を切り開いたし、水俣でもそのあとを追う形で局面が展開した。[12] 日本で戦後最初の公害訴訟は困難を極めたが、原告側弁護団の必死の努力で前例のない訴訟進行が実現し、水俣病事件に対する世論を盛り上げる効果もあった。ついに一九六八年九月二六日、政府は厚生省見解という形で、熊本と新潟の水俣病が公害であったことを認めるが、同時に熊本の水俣病は一九六〇年頃終わり、汚染された魚介類は水俣湾内に限られたような印象を残してしまう。またチッソとの交渉をめぐって、水俣病患者に白紙委任状を求めて、患者団体を分裂させてしまう分断工作を、行政が先頭に立って行うという、とんでもないことが起こったのもこのときである。多数派は行政を頼って和解を目指し、追いつめられた少数派は新潟の例を追って民事訴訟に踏み切る。だがその道は決して楽なものではなかった。

7　患者掘り起こしと一九七一年判断条件

新潟では、眼前にある水俣病患者の集団から出発し、臨床症状を広くとらえようとする努力がなされた。だが熊本では、臨床医の大部分は患者を限定し、一九五九年に結ばれた見舞金補償の対象となる患者は、六九年までほとんど増えていない。徳臣らの論文「水俣病の疫学」には、「九〇名近い患者と三六名の死亡者を出して住民を恐怖のどん底に追い込んだ水俣病も昭和三六年以来新患者の発生を見ずようやく終息したようである」と書かれ、六六年の内科学会では、「補償問題が起こった際に水俣病志願者が出現したので、過去において我々はハンター・ラッセル症候群を基準にすることにして処理した」[13]と語っているが、水俣には当時水俣病志願者などが存在しなかったことは、徳臣自身よく知っていたはずである。この当時の熊本大学医学部主流の医師たちは、ハンター・ラッセル症候群に合うものだけ〔重篤なメチル水銀中毒症状〕を水俣病と規定することによって、田宮委員会に象徴される医学界主流の圧力から身を守ると共に、熊本県と共謀して被害を限定し、対策をとらずに被害者を放置し企業を守る道具としても使われていたのである。目の前にある現実から出発せず、外国の権威に頼ることによって身を守ろうとする日本の科学者の悪習はこのあとも繰り返される。この姿勢が企業優先の政策のもとで、公害を過小評価し、対策を最小限にしようとする官僚の保身と栄達に利用され、一種の共生関係が成立した。水俣病の認定申請には本人の申し出が必要条件であり、一人でも患者が出れば集落単位で魚が売れなくなる恐怖が行き渡っていた不知火海沿岸で、劇症患者を集落で押し隠してしまうような例も起こったことを、徳臣をはじめとする認定委員会の医師たちが、知らなかったということはあり得ない。これを打ち破ったのは、患者の一人である川本輝夫による隠された患者の掘り起こし運動と、それを市民が支えた行政不服審査請求、その結果である一九七一年判断条件であった(14)。ここでようやく知覚障害、言語障害、歩行障害、視野狭窄などの症状があり、水銀汚染の存在が否定できないときは水俣病と認めることになった。熊本県と熊本大学医学部は猛烈に抵抗したが、一九七一年判断条件によって、水俣病の範囲は大きく広げられたし、症状を示す被害者の分布も、不知火海沿岸に広がっていることが次第に誰の目にもはっきり見えるようになった。

8　被害者の爆発的増加

一九七〇年は、公害問題が国内政治の争点として大きく取り上げられた年であった。それまで水俣のような辺境の社会問題と考えられていた公害が、牛込柳町〔東京都新宿区〕の自動車排気ガスによる鉛汚染や、大都市の光化学スモッグのように、都市の中産階級にとっても深刻な問題であることが明らかになった。水俣病では、厚生省による多数派の患者に対するチッソとの和解斡旋が東京で行われて、その不条理が都民の間にも広く知られる機会になった。マスコミにおける公害事件、水俣病の報道量は爆発的に増大し、世論もそれまでの政治、行政に対し厳しいものになった。佐藤内閣は一九七〇年末に公害国会を召集し、翌年に環境庁を設置することを約束した。この世論の盛り上がりは一九七二年のストックホルム国連人間環境会議を経て、七三年水俣病一審判決勝訴まで続くが、第三水俣病の発見とその否定、それに続く魚貝パニック、石油危機で暗転する。武内忠男を団長とする熊本大学の第二次水俣病研究班は、不知火海全域に水銀汚染が広がっていることを明らかにしながら、その報告のごく一部である対象地域における類似症状、いわゆる第三水俣病の扱いの混乱に巻き込まれて、環境庁の事態沈静化策動の前に、医学部教授会統一見解によって否定されるという不幸な事態が展開する。(15) この波に並行するように、水俣病の認定申請者が激増し、チッソの補償能力を超えた被害者の存在が見えてきて、地域社会に衝撃を与える。一部センセーショナルなマスコミによる中傷記事に続いて、熊本県議によるニセ患者発言があり、環境庁への陳情にまで発展する。この動きは地域の危機感を反映したものであった。熊本県は不安を鎮静させるための集中検診を七四年に行うが、その乱暴さと申請者をはじめから補償金ほしさと決めつけたことで、申請者の怒りを買い、検診を拒否された。

この間、有志による小規模な調査は自弁でなされた。新潟大学の白川〔健一〕助手や、熊本大学の原田助教授、民医連の医師グループらが汚染地域での検診を進め、多くの潜在患者を掘り起こした。色川大吉東京経済大学教授を中心に組織された不知火海総合調査団はトヨタ財団の支援も受け、のちに『水俣の啓示』〔筑摩書房、一九八三年〕として報告をまとめる。映画監督の土本典昭は、「水俣――患者さんとその世界」に続いて大作「医学としての水俣病」三部作を完成させ、不知火海沿岸の漁村を巡回する上映活動を続けた。このことによって、水俣病が中毒であり、漁民のせいではない病気だということを明らかにしようとしたのである。この映画の解説書をまとめた有馬澄雄は、大部の包括的な論文集『水俣病――二〇年の研究と今日の課題』〔青林舎、一九七九年〕を作った。これは水俣病についての基本的な文献の一つである。残念なことに、こうした成果は水俣病に対する中央・地方の政府政策の中に全く取り入れられていない。

9 研究者の変質

新潟水俣病の初期においては、阿賀野川下流、感潮域を中心に発生した病気の患者を、毛髪中の水銀量や感覚障害などとの関連で比較的素直に診断していたから、政治的制約に縛られて動きがとれず、被害者の協力も得られなくなっていた熊本にくらべて、病気の全体像をつかむ仕事はかなり順調に進んだし、被害者が自分の行動で局面を切り開かない限り何事も展開しないという、これまでの公害被害者の体験も素直に受け止められた。しかしここでも、病気の発見者である椿忠雄の姿勢は、一九七三年ごろから微妙に変化を見せるようになった。第三水俣病の収拾、社会問題の沈静化の責任を負わされ、国や企業の立場を無視するわけにはゆかないと発言するようになった。それまでは比較的予断を持たずに新潟の水俣病に向き合っていたように見えただけに、この変化は奇異に感じられた。六五年の新潟水俣病発見の時にあった謙虚さが、専門家として行政に評価されてゆく過程で見えなくなってしまったようである。そういう椿と被害を小さく見積もりたい熊本県、環境庁の意を体した専門家たちが、水俣病の認定対象を狭くするために症状の組み合わせを条件として作ったのが、昭和五二年判断条件（七七年条件）であり、事実この基準が適用されると、認定される患者の数は激減し、棄却される者が急増した。

認定制度から閉め出された被害者は、司法の場に救済を求めた。七三年一月に提訴された第二次訴訟の福岡高裁判決（八五年八月）では、広範囲の病像を示す水俣病患者を網羅的に救済するために、認定制度と補償を切り離して、昭和四六年判断条件（七一年条件）に戻るべきだとの判断が示された。環境庁は椿を中心とする専門家会議を招集し、昭和五二年判断条件は正しかったと主張した。水俣第一次訴訟の弁護団は、一九八〇年に国と県の行政責任を問う熊本第三次訴訟を提起し、これに順次東京、京都、福岡、新潟第二次訴訟が合流して全国水俣病被害者団体連絡協議会（全国連）を作り統一行動をとった。これとは別に関西へ移住した患者たちが、一九八二年に関西訴訟を提訴する。公開された裁判の過程で多くの事実が明らかにされる効果は確かに大きかった。だがもう一方で、椿忠雄に代表されるように、初期には被害者の側に立って証言した学者も、行政責任が裁判によって問われるようになると、企業、行政側に専門家証人として立つが、その専門性の中身はきわめて空虚で、素人の私にさえも見破られるような誤診をしていた。

その後二〇年近く、裁判のたびに昭和五二年判断条件は厳しすぎて被害者を救済していないという判決が出ながら、国の行政は巨額の研究費に群がる「族学者」と結託して態度を変えようとはせず、行政責任も否定し続けてきた。被害者の高齢化と村山内閣の成立で、一九九六年にいたって国もそれまで拒否していた和解にようやく参加したが、行政責任にはふれないことが和解の条件であった。しかし二〇〇四年一〇月の関西訴訟最高裁判決では、水質二法という欠陥の多いザル法として批判された法律に照らしても行政責任があると認められた。昭和五二年判断条件はここでも厳しすぎると指摘され、一九九六年の政治解決そのものの基盤にも疑問が持たれるものになった。

10　研究への圧力、妨害の存在

日本の公害研究の歴史の中では、因果関係の究明や被害範囲の調査などの段階で、種々の圧力や妨害がしばしば存在したが、水俣病の場合にもそれは例外ではなかった。水俣病の研究から出発して、日本の環境社会学のパイオニアとして、また大部の『公害・労災・職業病年表』〔公害対策技術同友会、一九七七年、新版：すいれん舎、二〇〇七年〕を作り上げた飯島伸子は、一九六八年東京大学医学部保健学科助手として採用され、公衆衛生学教授であった勝沼晴雄のところへ挨拶に行くと、「あんたが、公害問題を通産省や企業の立場で研究するならいいけれど、厚生省や住民の立場で研究するなら、わしは、あんたを好かんからな」と言われた。勝沼は水俣病をもみ消すために作られ、それに失敗した田宮委員会の幹事長であり、後に国立公害研究所の副所長を務めるなど官僚に対しても影響力のきわめて大きいタカ派の教授であったが、新任の助手にこれほどはっきり宣言することがどれほど大きな圧力になったかは想像にあまりある。[16]

東京大学工学部化学工学科の助教授であった西村肇は、七〇年代から水俣を調査して、その後、瀬戸内海汚染、自動車排ガス規制などでも活発な発言を続けてきたが、産業界から学科に強く圧力がかかり、本人が知らぬ間に関西の小さな大学に移るよう話が進められていたという。それを知った学科の創設者、矢木栄教授は七八年、西村に「公害の研究はそろそろおしまいにしなさい。皆さんが困っている」と申し渡し、西村はそれを受け入れなければならなかった。しかし西村はそこであきらめたわけではなく、九三年東京大学を定年退職後研究を再開し、『水俣病の科学』(17)をまとめてこの経過を公表している。

飯島の例も、西村の例も、両方とも東京大学で起こったことは気になる。大体、水俣病〔関係者〕における東京大学の比率は異常に大きい。会社の創立者野口遵、水銀を流したアセトアルデヒド合成工程の考案者で、後の水俣市長橋本彦七は共に東京大学工学部卒であり、チッソ水俣工場は東京大学応用化学科の首席しか採用しない会社であった。水俣病の発見者細川一も東京大学医学部卒であるが、田宮委員会や神経内科出身者に見られるように、東京大学と権力の密接なつながりが、被害者を苦しめる大きな要因となった。初期の東京工業大学教授清浦雷作の有機アミン説は、確かに熊本大学の因果関係研究を攪乱するのには大きく役立ったが、少なくとも彼は現地を自分で調査して自分の名前で意見を出した。田宮委員会の場合は匿名に近く、ほとんど表に出ていないだけ悪質だった。ちなみに、イタイイタイ病の因果関係を攪乱するのに成功した「グループ一九八四」*1も東京大学教授たちの匿名活動であった。このような現象は東京大学が日本の大学の中で占めている特権的立場の表れであると共に、日本社会の中に科学者の権威主義が抜きがたく存在することの表現であろうか。

最近、環境倫理学、あるいは科学技術と倫理の議論がなされるようになったが、その大部分は外国の理論や事例の紹介が主であって、水俣病を日本の事例として詳細に取り上げているものは少ない[18]。時間がたつことによる記憶の風化、関係者の老齢化による証言の困難等を考えると、目の前にある現実の問題として水俣病を取り上げることに火急の必要性を感ずる。

11　研究の偏りと被害者の直感

原田が指摘するように、水俣病の長い歴史の中で、研究の中心は医学であり、施策の中心は医療であった[19]。初期に激甚な病気として気づかれた公害として、ある時期はやむを得なかった事情があるにしても、飯島伸子が明らかにしたように、一人の公害病患者の発生は、家庭を荒廃させ、地域社会を破壊してゆく[20]。水俣で起こったのはまさにこの地域社会が環境もろとも破壊される過程であった。このことに気づいていたのは、患者の救済を求める運動の先頭に立って、激しい直接行動で加害企業と行政の責任を追及していた川本輝夫であった。企業や行政に責任をとらせることでどこまで地域の回復がもたらされるだろうかと問うた私に、いったん破壊された地域の福祉水準が回復し、向上することで初めて地域の復権が遠い将来に見えてくるのだろうと彼は答えた。これは十分に納得できる、洞察的な判断であり、先に挙げた不知火海総合調査団の結論も、同様な文化的回復を目指すものであった。同じく患者の一人として水俣病で苦しんだ杉本栄子は、病気も含めて海からの「のさり」（賜り物、運命とでも言うべきか）と語り、水俣病の恐ろしさを訴えて五大陸を飛び回った浜元二徳は、「水俣病はとんだ災難じゃったが、今思えば、ちいっとおつりが多かばってんなあ」と表現しているところにも相通ずるものがある。

しかし中央・地方政府が行った施策の中には、こういう社会科学的、文化的な局面を考慮して視野に入れたものが全くなく、全体像をつかもうとする視点も薄弱だった。自分たちが直面している事態が人類にとって全く新しい災厄であるということに気づかず、その場しのぎの事態を糊塗する程度のものがほとんどだった。その中では、最初に異変が気づかれたときに、熊本県水産課の三好〔礼治〕振興係長が行った調査が、工場排水の危険性について重要な手がかりを与えていたが、それ以上の掘り下げはなされなかった。

熊本大学医学部の水銀発見ののちに、食品衛生調査会の研究班を解散して、その代わりに経済企画庁の主管下に各省から人を出して一九五九年末に作られた、水俣病総合調査研究連絡協議会は、確かに海洋科学の宇田道隆、生化学の赤堀四郎といった当時第一級の専門家も含めた構成ではあったが、現地に腰を据えて地域住民からゆっくり話を聞くという方法ではなく、東京でそれぞれの省庁に分担させてデータを集めるという机上の計画であったために、実質的な成果はほとんどなかった。もちろん実際の目的は熊本大学の水銀説のもみ消し、中和にあったので、六一年春に第四回会合を開いたあとは事実上消滅してしまったが、表向きは六五年の第二水俣病の発見の時もここで研究が続けられていることになっていた。

それでも六〇年代にはこの種の審議会、委員会の人選には、ある程度見かけ上の公平さを配慮する動きがあったが、七〇年代、八〇年代になると、水俣病の例に見られるように、保守永久政権のもとでの昇進、天下りを狙う高級官僚たちが、自分たちに有利な証言をしてくれる特定の族学者で会議を固めあげ、その成果として有利なポストを配分するという傾向が定着してきた。もちろん関係する研究費の配分を握っているのもこういう高級官僚と、それに結びついたボス学者である。[21]環境の分野での経験の蓄積は必要であり、熟練した科学者の重要性は明らかだが、これまで専門家と称してその権威を社会に押しつけてきた連中はことごとくその根拠がないことが明らかになったにもかかわらず、一人として責任をとろうとしていない。権力と結びついた科学者の荒廃を我々は眼前に見ていることになる。これに国立大学の独立法人化が結びつき、科学の商品化が一段と進むことになると、環境科学の未来については決して楽観できない。

もし政権交代がしばしばあり、官僚たちにも近代国家としての本来の仕事をきちんと遂行する職務専念義務が強く求められれば、少なくとも水俣にも行ったことがなく、患者の悲惨な生活も見ぬ官僚が、東京で「補償金ほしさのニセ患者」などと口にすることは不可能になるだろう。国民の血税を自己の栄達のために浪費するようなことも出来なくなる。少子化、高齢化社会において、公金をどのように配分して社会を動かしていくかは、きわめて困難ではあるが挑戦的な課題になるだろう。そういうときに必要な環境科学の思想とはどのようなものになるか。医学が究極的には病人のためにあるように、環境科学もまた環境と社会に対する何らかの行動を必ず含むものになろう。

すでにメチル水銀、PCB、ダイオキシン類といった、胎盤を通過し世代を超えて社会に蓄積していく毒物の存在を知った我々にも、まだ問題の全貌は見えてこない。被害者や未来世代の立場から見ると、水俣病の経過のかなりの部分は、科学者、専門家による不法行為、あるいは犯罪となる。事実、行政の不作為責任については最高裁で確定したが、科学界にも同様のきわめて大きな責任があるのではないか。長い時間にわたって失敗を繰り返して来た水俣病の歴史を直視して、その負の遺産の大きさを認め、経験を反省的に振り返ることによって、そこから出発して科学技術の名誉回復への手がかりをつかむ契機になろう。

文献

(1) 宮澤信雄『水俣病事件四十年』葦書房、一九九七年、一二四〜一六一頁。
(2) 深井純一『水俣病の政治経済学』勁草書房、一九九九年。
(3) 細川一チッソ水俣工場附属病院長、水俣病発見者の筆者への証言。
(4) 武内忠男他、『熊本医学会誌』三一巻(補一)、四二号、一九五七年。
(5) Hunter et al., *Quart. Med. J.*, 33: 193, 1940.
(6) McAlpine and Araki, *Lancet*, 1958, 629.
(7) 清浦雷作「水俣湾内外の水質汚濁に関する研究」昭和三四年一一月一二日。
(8) 田宮猛雄「水俣病研究懇談会研究経過報告」昭和三七年五月五日。
(9) 入鹿山且朗他、『日新医学』四九(八)、五三六号、一九六二年。
(10) 宇井純『公害の政治学』三省堂、一九六八年、一七一頁。
(11) 宇井純編『技術と産業公害』一九八五年、八二頁。
(12) 宇井純『公害の政治学』一七四頁。
(13) 椿忠雄・徳臣晴比古他「第六三回日本内科学会講演会」『日本内科学会誌』五五巻六号、一九六六年。
(14) 後藤孝典『沈黙と爆発――ドキュメント「水俣病事件」』集英社、一九九五年、一六五頁。
(15) 武内忠男「水俣病におけるガリレオ裁判――水俣病研究史の報告」『公害研究』二一巻三号、五九頁。
(16) 飯島伸子『環境社会学のすすめ』丸善、一九九五年。
(17) 西村肇・岡本達明『水俣病の科学』日本評論社、二〇〇一年。

(18) 丸山徳次『応用倫理学講義』越智貢他編、岩波書店、二〇〇四年。
(19) 原田正純「水俣病の歴史と現実は何を問いかけているか──『水俣学』の取組から」『環境と公害』三六巻一号、一〇頁。
(20) 飯島伸子「公害・労災・薬害における被害の構造──その同質性と異質性」『公害研究』八巻三号、五七頁。
(21) 津田敏秀『医学者は公害事件で何をしてきたのか』岩波書店、二〇〇四年。

編註
＊1 正確な名称は「グループ一九八四年」。一九七四年から一九七七年にかけて、月刊誌「文藝春秋」誌上に七本の論文を寄稿した匿名集団。香山健一(元学習院大学教授)、佐藤誠三郎(東大名誉教授)、木村尚三郎(同)、公文俊平(元東大教授)らが関わっていたと推測される。

(『環境と公害』三五巻二号、二〇〇五年一〇月)

❖2006❖

水俣に第三者はない——水俣病公式発見五〇年に際して

〈対談〉鬼頭秀一（東京大学教授、環境倫理学）

鬼頭　水俣の問題はいまだに未解決のままです。先日も例の水俣病懇談会で、水俣病の認定の基準の見直しができないことになってしまいました。その一方で、世の中で一般に流通している環境問題の方は、一九八〇年代に「公害問題は終わった」として、公害問題の提起した本質的な問題を落としたまま、九〇年代からは「地球環境問題」という枠組みの中で展開していきました。その結果、日本の世の中で語られる「環境問題」というものが、かなり表面的なものになってしまいました。

しかし、一方で、今度はグローバルな議論の中で、「環境正義」という大きな枠組みの転換が起こりつつあります。そのような状況の中では、八〇年代に、日本の「環境問題」が置き忘れてしまったものをいま一度きちんと捉え、再考せねばならない時期になってしまいました。この問題は、環境問題における人権の問題、特にマイノリティーの良好な自然とかかわる権利の本質的な保証など、環境問題と平和との関係を考えたとき、特に重要な問題でもあります。

今日は、そのようなことを頭に置きつつ、原点に立ち戻って、水俣病などの公害問題の本質はどこにあったのか、その本質が現代の環境問題とどのように関係するのかということについてお話を伺わせていただきたいと思います。

水俣病五〇年に際して

鬼頭　今年は、水俣病公式発見五〇年ということで、水俣や東京などの各地で、患者さんたちも含めて、水俣フォーラムなどの団体が中心になって、いろいろな行事が行われました。東京でも、叢想行列や特別講演会〔いずれも二〇〇六年四月二九日開催〕にも非常に多くの方々が参加されているのを見て、多くの人々の心の中では水俣病が決して風化していないことを実感しました。しかし、一方で、五〇年たっても行政がきちんと責任を明確に認めないし、いまだに決着しないで問題が積み残されたままです。科学技術とか学問のあり方に関しても、きちんと受け止めて、議論することが十分になされていません。

宇井さんは、水俣にこれまでずっと関わられてきて、この「水俣病五〇年」をどのように見ておられますか。

宇井　まず患者さんに対して、もう少しまともな形で問題を解決できていたら、という責任を感じています。どうすれば良かったのかというのはいろいろあるのですが、一つは食品衛生法の摂食禁止を最初の段階でやっていれば、こんな大事にはならずに済んだ。仕出し弁当で食中毒が出たときに、最初にやることは「食べるな」という処置でした。それは魚にしても何にしても同じです。もう一つは被害の影響を調べるのに、行政が影響調査を行ったがそのやり方に問題があった。行政官が問題を調べると、必ず問題を小さく評価する傾向がある。小さく評価すれば打つ手も小さくて済むわけですから。これを行政にやらせてはいけないというのが私の経験です。やはり行政がやるにしても行政官が自分たちで勝手に範囲を決めることができないようにすることが必要だと思います。

鬼頭　行政が必ず問題を小さく評価し捉えてしまうのは、今でも大きな問題ですね。宇井さんがずっとおっしゃられてきた「公平性」とか「中立性」の問題と深い関係があると思います。また、「公害」も含めて、「環境」は人間にとって総体としてかかわらざるを得ないような問題であるのに、行政や専門家が、きちんとそれを総体として捉えなかったということがありますね。

患者を前にして責任をどうとるかということは、行政だけでなく専門家も、ということですか。

宇井　はい、専門家が、ということです。

鬼頭　専門家が、といわれたときに、宇井さん自身そうした問題では忸怩たる思いがあるのかもしれませんが、専門家の責任といえば、水俣病ではもっと犯罪的な役割を演じましたよね。

宇井　とくに東大系の専門家ですね。これは最初の原因解明の段階からはじまって、ずーっと続いています。どういうわけかこの問題は東大系の連中が悪いことをやったんですね。

鬼頭　宇井さんはまさに東大におられたわけですが、宇井さんの場合は当時の東大系の教授がしていたのとは違う手法で問題に取り組まれたのですよね。そこにはどのような違いがあったのでしょうか。

宇井　それはやはり現場主義ということでしょうね。しょっちゅう水俣に行き、そして患者に会い、患者の話を聞いて、自分の行動を選択してきた。あの患者を前にしたら、うそはつけないですよね。

鬼頭　宇井さんの場合は、工学の研究者として水俣に行かれたわけですよね。そうすると研究者として、その時に何ができるかというのは、どのように思われていましたか。

宇井　何ができるかというのは、これまで五〇年近くやってきたのだけれど、結局、何もできなかった。せいぜいこの辺で間違えましたという話ぐらいしかできなかったのです。新潟の水俣病の場合には若干因果関係の究明でお手伝いができたのですが、本家の水俣では水俣病の解明そのものにはまったく役に立たなかったというのが正直な感想です。

鬼頭　それでも宇井さんは水俣に行かれて、『公害の政治学』（三省堂新書、一九六八年）を書かれた。宇井さんは工学の研究者ですが、この本のタイトルには「政治学」とつけられています。内容も社会的な問題から政治的な問題まで、非常に鋭い分析をされています。そういう意味では、科学技術の研究者として行かれたにもかかわらず、「公害」というか「環境」にかかわる、現代的に言えば、領域横断的（トランスディシプリナリ）なアプローチで、水俣病問題の本質を捉えられたわけです。

先ほど患者さんを前にして何ができるか、とおっしゃっていましたが、今までの学問は、認定の基準に現れているように、患者さんの問題を表層の問題としてしか捉えてこなかった。結局、ハンター・ラッセル症候群という形で狭い意味での医学的な被害を切り取った形でしか捉えてこなかった。

宇井　その問題を掘り下げて論文としてまとめたのは、亡くなった飯島伸子さんですね。あの人は、病気になった患者の生活がどのように変わったのか、その周辺の地域社会がどのように変わっていくのかといったことまで含めて、水俣の「被害」の問題を全体として捉えた人です。飯島さんとは被害の構造をどのように捉えるかということについて、論文をまとめる前にずいぶん議論しました。それにしても飯島さんはその後、見事に環境社会学の体系を作ったと思います。

鬼頭　そうですね。水俣病の被害は病気だけではなくて、人格的な被害から、地域社会での人間関係とか、差別も含めて、地域社会全体にまで及んでいます。そのような公害の「被害」ということの構造的な分析を、飯島さんは見事に行いました。それは、現在の環境社会学の基礎にもなっています。飯島さんの原点はやはり水俣にあったのでしょうか。

宇井　水俣と三池ですね。僕らは工場の中で起こった労災と外で起こった公害とをセットで考えるようにしようと議論していました。

鬼頭　確かに、労災と公害を同じ問題として捉えようとした本質的で大きな枠組みと視点は、当時も斬新で、私も衝撃を受けました。こうしてみますと、飯島さんや宇井さん、原田（正純）さんは、同時に、それぞれ同じように個々の被害者の患者さんを、皮相的な「被害」の一面だけではなく、「被害」を、総体としての人間存在として、多方面から深く掘り下げるということにずいぶん努力されてきましたね。

宇井　それは一つには患者さんがいたことも事実なんです。つまり川本輝夫みたいにはっきりと自分を主張して、あんた方の学問というのはそんな捉え方しかできないのか、もっと患者の身になって考えてみろ、と常に叱咤激励してくれる患者がいたのが大きかった。受け身ではない患者がいたことが大きかったですね。

鬼頭　川本さんのような患者さんたちに刺激を受けながら、宇井さん、飯島さん、原田さんといった違う専門の方々が、患者さんと向き合いながら、狭い学問を超えつつ、「被害」の問題を総体として捉えようとしていたんですね。その後、既存の学問の牙城である東大で学問を根本的に問い直す「自主講座」を始められたわけですが、そこに宇井さんの意気込みみたいなものが感じられます。

水俣から地球環境問題へ、そして再び水俣へ

鬼頭　自主講座ではかなりいろいろな人が入ってきました。最後の頃にはいろいろなグループに分かれて、海外との問題も中心になっていきました。海外の問題は、ちょうど公害問題が終わったと言われた頃には、むしろかなり重要な問題だったと思います。

宇井　公害輸出は本当に象徴的でした。公害問題は、決して日本の中で終わったわけではなくて、ものによっては海外、特に途上国に吐き出しただけに過ぎないという認識はありました。また一方で八二年にアメリカのノースカロライナ州のウォレン郡で、黒人が多く住んでいる地域にPCBを運び込んでくるという紛争現場に居合わせたんです。あの辺りは本当に貧しい地域なんですが、ある意味で、日本の公害問題や水俣の問題と非常によく似ていたと思います。

鬼頭　確かに水俣でも、不知火海で漁民の人たちがずっと伝統的な漁で暮らしていたところにチッソがやってきて、むしろ漁民の人たちに被害が多く出ました。海外で起こっていたことと同じです。社会の中の、むしろマイノリティーの中に被害が出て、加害者は被害を受けない場合も多いのです。環境社会学では受益圏と受苦圏の分離というような言われ方がされていますが、そういう問題は水

俣でも当時から分かっていたわけです。ところが、同じようなことがアメリカでも起こっていたわけです。そして、それだけでなく、アメリカではその後の環境問題を捉える枠組みを大きく変える重要な事件になりました。

それにしても、今では「環境正義」運動の原点として有名でよく引用されるノースカロライナ州の事件に、宇井さんが居合わせておられたにもかかわらず、日本では公害問題の本質が忘れ去られていったということは、とても象徴的ですね。

宇井　事件としては、ノースカロライナの少し前にキーポンの事件がありました。キーポンは農薬の一種なのですが、これを作っていた工場前の労働者住宅に被害が出た。受益圏と受苦圏の分離が起こったケースとして比較的分かりやすい事例でした。

鬼頭　ノースカロライナの事件の前にも同種の事件があったのですね。いずれにしても、あの事件は、環境にかかわる人種差別主義という形で、アメリカの中ではより大きな枠組みの運動に展開されていきました。そして、最終的には、リスクであろうと、資源であろうと、環境にかかわる配分の不公正の問題として集約され、環境正義（environment justice）運動と言われるようになりました。

一九八〇年代までのアメリカの環境倫理の枠組みでは、自然と人間を単純に対立させた上で人間中心主義の反省の議論が行われていたので、人間社会の不公正の問題はなおざりにされていました。八〇年代の終わりに出現した「地球環境問題」の枠組みでは、最初は、社会的な不公正の問題を含めないアメリカの環境倫理の考え方をグローバルスタンダードとして展開しましたが、途上国から大きな批判が巻き起こったのです。九二年のリオの環境サミットの頃から、ゆるやかに、環境思想の大きな転換が起こりました。

九三年には国際先住民年が始まり、日本でもアイヌの問題が取り上げられましたが、当時、先住民の人たちは、自然と共生する民として、称揚されながら、差別され、権利を奪われていました。暮らしている場や基本的な生活を営んでいくための資源を奪われるということが現実に起こっていました。それは、先進国主導の開発であったり、場合によっては自然保護・野生生物保護という名目でした。日本でもアイヌは自然と共生する民と言われながら、二風谷《にぶたに》ダムがつくられて聖地を奪われました。

農薬やPCBというリスクの配分の不公正の問題だけでなく、先住民の人たちの自分たちの生きてきた土地や生きるための資源に関する権利が問題となり、その二つのことを、マイノリティーの人たちの環境にかかわる「不公正」を是正して権利を保障する考え方としてまとめて、「環境正義」という概念が確立しました。この考え方は環境倫理の中でも現在もっとも重要な考え方です。

日本では、「公害問題」の中に、同じような問題が、先駆的にあったわけですし、問題は指摘されていたのですが、忘れ去られてしまいました。そこを今、まさに、立ち返って考えてみることが重要だと思います。

宇井　国際的にも日本の問題というのはいろいろな原型として役に立つことがあると思います。今後おそらく日本においても、持続可能な発展の側面がもっと重視されるようになると思いますが、特に持続可能な発展ということを考えると、環境を公害面で捉える必要は絶対にありますね。

例えば、沖縄大学の学長である桜井（国俊）くんが一番苦労しているのはトイレの管理だというんです。水洗便所を動かして、そこから下水処理するのはとても沖縄の現実に沿うものではない。今のところ、たまたま僕が作った沖縄大学の水洗便所はなんとか動いているようですが、補助金が付いて中央政府から持ってきた技術を採用して村役場で作った下水道は、とても動くようなものではない。結局、出てくる泥の量が桁違いに違う。役場では出てきた泥を産業廃棄物として処理しなければならない。それを処理する金もなければ場所もない。大学では泥が出てこない。その差はどこにあるか。それは中で働いている微生物の質と量に違いがあるからなんです。そういう一見細かい技術のようだけれども、そういう技術の差が持続可能な開発をどのように考えるかという手がかりになりそうだと考えています。そういう持続可能な技術みたいなものの研究を、これから改めてする必要があるのではないかと桜井くんは言っている。

鬼頭　中央政府からもらった、ある意味では「普遍的な」技術だと沖縄では泥が多く出て別に処理しなければならない。他方、沖縄大学で泥の処理の必要のない沖縄の風土にあった技術を作られた。大変興味深いですね。その二つの技術はどこが違うのでしょうか。

宇井　根本的には余り違いはないのですが、周辺部にちょっと違いがあって、補助金が付いている方は能率を徹底して追求したものです。沖縄の技術は能率は追っかけないで持続性を重視して設計したものを運転している。そこの違いのようです。

鬼頭　能率性よりは持続性を主体としたような技術。それは技術的には可能なのに、今まではそのような形の技術の発展になっていなかったということですね。

宇井　沖縄では赤土の流出が深刻ですが、赤土の問題というのは、もちろん農業の基盤でもあるし、すべての植生の基盤でもある。その赤土が流れていくわけだから、いわば基盤が破壊されていくわけです。それに対して何かそれほど重大なこととしては取り上げられない。さしあたっての赤土問題を見通した上で、いわゆる土地改良事業にしても、他にもっとましな事業、金の使い方がいくらでもあるはずなのですが、依然として同じような金の使い方をしては土を流している。

鬼頭 本来は、技術の発展の選択の可能性はもっと多様にあるわけですね。風土に合った技術の可能性もある。しかし、いろいろな技術があるにもかかわらず、社会的に、赤土を大量に流すような技術しか選択できないという構造になっている。選択肢が社会的に構造化されてしまっているのです。赤土を流さないような基盤整備の技術の可能性はいくらでもあるはずです。本当に農家のためを考えればそういう技術を使えばいいんです。でも結局、農家の方には社会的にそのような選択肢ができないようになっています。結局農家の人たちも大量に赤土を出すような基盤整備事業に賛成し、それに参加しなければ生きていけないようなところに追い込まれているのです。これは、ある意味では完全に社会的なシステムの問題です。それは本気で変えようと思えば変えられるはずです。

中立性とはなにか——「公害に第三者はない」

鬼頭 宇井さんは、自主講座「公害原論」で、「公害に第三者はない」と言われました。そして、三年前に埼玉大学で行われた講演で、「公平性を捨てた」と言われました。私は、このような一見逆説的に見える言説がとても重要な本質を含んでいるように思っており、注目しています。これは、第三者とか、中立的な立場にいる人が一部しか見ていない、見えていないということですよね。

宇井　ぼくが「公平性を捨てた」という議論をしたのは、どちらかというとマスメディア向けだったんですね。マスコミが当事者、つまり加害者と被害者の両方の言い分を聞かなければと言うので、両方の言い分を聞いたって絶対に本当のことは分かりはしないですよ、ということをマスコミに言っていた。加害者からは全体像は出てこないのだから、被害者だけが全体像を話したって、マスコミはどうせ中間をとってこれが真実ですと報道するに決まっている。でも、そんなものは現実とは何の関係もない。それでは公平性はどうするのですか、と言うから、「公平性」なんていうものは初めからないのだから初めから頼りにするなと言ったんです。第三者がいないというのは、実際に両方の言い分を聞いてみればよく分かるはずです。それなのにまるで第三者がいるかのようにメディアで発表すること自体が間違っているんじゃないか、そういうことを言いました。初めマスコミの人たちはかなり衝撃的に受け止めたようです。

鬼頭　そうでしょうね。学者も同じなんですが、自分たちは中立的な立場にあるということで、特権的な立場にあるとメディアの人たちは思いたいのだと思います。ところが、そういうものがないと言われると、どこに拠って立っていいのか分からなくなってしまう。

宇井　だからそこは「被害」から出発するしかないじゃないか、ということを言っていたわけです。

鬼頭　それはとても「深い」ですね。加害者は、被害を引き起こして受けていない側ですから、被害を、外からというか、上からというか、表面的に理解できる範囲でしか考えません。しかし、被害者の患者さんは被害を総体として受けているから、否応なく総体としてかかわらざるを得ないものとして受け止めています。その中で、行政もメディアも、学者も、その両者の間で第三者として中立性を保とうとしたとき、そう思えば思うほど、外から、あるいは上から見ることで中立性を確保しようとします。でも、それは結局、加害者と変わらない見方しかできない。

宇井　そういう言い方を行政にしたわけです。行政にとってもかなり衝撃的であったみたいです。

鬼頭　行政は、「公平性」が何よりも重要だという認識がある。だから患者の救済といったときも必ず公平性を根拠にしていろんなことを言う。でも結局、「公平性」を重視するということは構造的に加害者の立場に立つということで、そのことに自覚的でなければならない。その辺の論理構造は非常に重要です。ところが、一般的には、患者さんを目の前にしても、患者さんの生活をきちんと見ることなく、机の上だけで加害者と被害者を並べてしまう。机の上では中間があるように思えるんですね。ところが現場に行くと、そんなものはないと分かる。だから、「現場」から出発すること、それが問題を本質で捉えることの原点になるわけですね。

宇井　まったくその通りです。それでも今の日本で、例えば行政に何かを期待すること自体が土台無理なんです。加害企業から金をもらって成立している中央政府で、良心的な官僚が少数で何かをやってみようとしても、そんなに大きな成果は期待できない。それでもやる人は結構やってきたというのが、今までの内容でしょう。

鬼頭　ただ、確かに行政には外からはめられた枠の限界はあるかもしれませんが、中でやれることは結構あると思います。問題は、行政の人が「現場」に行って、その視点できちんと見て対応するのか、ただ机の上だけで見て、現場にいかないのか、それだけでも全然違うでしょう。行政によってはそれなりのことができているところもあるんですが……。

宇井　差し当たり今の瞬間でいえば、環境省の水俣関係の行政官というのは、はしにも棒にもかからない。被害者をどうやったらいじめられるかというのが生きがいみたいな感じではある。ただ今度は懇話会の顔ぶれが変わって、行政官もそれを完全に無視することはできなくなってきている。

鬼頭　政治の上でも、あの大岡裁きの現代版みたいなことを誰かがやろうと思えばできるはずですよね。それなのに誰もしない。そういう意味では全般的には前より悪くなっていますね。現在の全体的な政治状況も反映されているのでしょうか、非常に硬直化していますね。

宇井　日本の政治状況については今のところ当分良くなりそうもない。

スウェーデンで六八年に魚の中に水銀が見つかった時、スウェーデンでは確か一度専門家委員会を作ったのですが、その委員会は完全に議論を公開しました。そこが政策を作ってその政策を官僚が実行するようにした。今の有馬〔朗人〕さんの懇話会もそれに近い形で、一応何人かの水俣病について責任をとれる人間が集まってきて政策の議論をしている。本来、ああいうものが最初からやられていれば、水俣病はこんなにひどくならずに済んだのではないかと思います。それを考えると、アスベストとか、いろいろな新しい種類の災厄やリスクに対して、そういった政策委員会みたいなものを作ってそこで公開の議論をして、できたものから実行していくというのが一つあり得ると思います。そうなると、これまでの官僚主義型の政策とは随分違ったものになってくるのではないでしょうか。

鬼頭　従来のやり方では審議会自体が、官僚が何かをやりたいために作っているのが一般的です。今おっしゃったような円卓会議に近いシステムができている部分もありますが、このところ、どんどん後退しているのが現状で、やっと出てきた芽を少しでも拡げていくことが重要だと思います。官僚としては相当の冒険ですから嫌がる傾向はあるのですが、将来的にはそういうことをきちんとやっていくことが、行政としても後でより大きなリスクを回避することになる。

宇井　五〇年もたってそのリスクを背負わなければならないのだから、ふざけた話です。

鬼頭　そういう意味では、予防原則というものも位置づけていくべきですね。予防原則を導入して、科学的に十分に明らかでなくとも、行政の方で積極的に対応し、責任を明らかにしていくことが必要だと思います。

「自主講座」再考

鬼頭　今度、宇井さんの持っておられた公害などに関する膨大な資料や、環境運動などの社会運動の資料を幅広く収集所蔵している埼玉大学の共生社会研究センターが中心になって『自主講座』全巻が復刻されることになり、すいれん舎から既に一部が刊行されました。一度は終わったとされた公害問題が、グローバルな環境問題の展開の中で、その本質がいま新たに捉え返されようとしている。そういう時期に、『自主講座』が復刻されるということは、ある意味、象徴的で意義深いと思います。

宇井　ありがたいことではあります。あんなものが役に立つのかと思っていたら、役に立ちますということで、復刻してくれた。しかし、あの中で提起された問題が、現時点で少なからず解決されたかというと、実はほとんど解決されていない。逆に資料として役に立つということは、解決されていないから、ということも事実なんです。
公害輸出の問題にしても、当時、川鉄などの大企業が外に出て行きフィリピンなどで深刻な環境問題を引き起こすようになっていた。それから、カナダでは先住民の間に水俣病が広がった。これは日本企業が進出したことによるものではなく、カナダのパルプ工場の出した水銀によって先住民が水銀汚染の被害を受けたんですが、七四、七五年のことです。ぼくらは現地に行って見てきて、これは水俣病と判断するのが正しいと考えていた。ところが日本政府は、その事件はないことにしているんです。

鬼頭 日本のパルプは北米からきていますから日本と無関係ではないですね。あそこは大昭和製紙の森林伐採でも先住民の権利の侵害が問題になりました。グローバルな経済システムの中で、マイノリティーの生活基盤の略奪が絶えず起こっていますね。少なくとも先進国で最終的に加害者にならざるを得ない国民は、事前にそのことに配慮しながらどういう形でそれが起こらないようにするのかというようなことを考えていかないといけないですね。

宇井 特に日本のような経済的に強大な国は輸入しているものが多いし、その他の局面でそういうことが起こっている。前もってよほどきちんと調べておかないと、周辺諸国をむちゃくちゃにしている可能性はあるんですね。そういう点で村井吉敬さんの『エビと日本人』(岩波新書、一九八八年)みたいな実証的な研究は大いに役に立つ面はありますね。

鬼頭 村井さんは鶴見良行さんのグループですよね。鶴見さんのグループでは、バナナから始まり、エビ、ナマコ、ヤシと進んで、今ではカツオとか鰹節をターゲットにして、「現場」に密着したかなりユニークな研究をしています。あの流れの研究はかなり重要ですし、ある意味では自主講座の活動と方向が似ていたところもあります。事実、鶴見さんのグループの中には、北大の宮内泰介さんのように、自主講座の後の方で活動されていた方もいます。自主講座の最後の方は関心が非常に多様になって、自主講座でやってきた問題をもっと違う形で展開していこうとする人たちが出てきていたのです。でもその研究の本質的な部分は、ある意味では「自主講座」が提起したというか、「水俣」が提起した問題でした。

宇井　自主講座を始めたのは、水俣がきっかけですが、水俣から始まって、「公害原論」で公害の共通点を一度おさらいしなければということで足尾に行って、足尾から戦前の公害を二つほど経験して戦後の実例として水俣の他にイタイイタイ病とかカネミ油症とかです。

最初の一学期は、私が主に講義をするという形で行いました。それから二学期は、招待講師による講義をやった。例えば、宮本憲一先生に経済学の話、戒能《かいのう》通孝先生に法律学の話をしてもらうとか、現場に出ていったときに知り合った先生がほとんどでした。

鬼頭　公害の問題ということで全国各地の「現場」を飛び回っていれば、専門分野は違うのに、似たようなところで苦労し、同じような問題意識を持っている人がつながっていくのですね。

宇井　特に典型的だと感じたのは、戒能先生でした。戒能先生は法律学者として出発したのですが、東京都の公害研究所長として歴史も研究されたし、実際の公害事例の研究もされ、足尾の鉱毒研究についても詳しかった。本当の学際的研究というのは、こっちの学問、あっちの学問というふうに学問をかじることではなくて、本人がそれぞれの分野を歩いていくことだとつくづく思いました。

鬼頭　ですから必然的に学際的というか、領域横断的になっていったのですね。領域横断的にならないと結局問題が捉えられないということです。問題自体が非常に深いわけだし、いろいろなところに関係しているので、それをあるところで切り取って理解しようとすれば、加害者が理解しているものと同じになってしまう。

宇井　これがこれまでどおりのなんとか学という形だとね。

鬼頭　だからこそ、これからは、原田さんがやっておられるような「水俣学」という形が大事になってくるのでしょうね。多分、「水俣学」は「水俣」という問題を、総体としてそれをどう捉えるかというところに集約することになるのだと思います。だから、「水俣」の社会学とか「水俣」の歴史学とか「水俣」の衛生工学とか、「水俣」に関する個別の学問では駄目なんだと思います。「水俣」という問題をいろんな角度で、さまざまな方法論で攻めていき、それを学問の方で切り取っていくのではなく、それを丸ごとの総体としていかに理解するのかというところに、その本質があるべきでしょう。

だから、「被害者」の患者さんを前にしたとき、やはり既存の学問の枠を超えざるを得ないと思いますし、その中で「被害」の総体が、初めて理解できるのでなければ意味がないのです。それは学問になるのかというと学問にならないかもしれない。今のアカデミズムの中ではやはり十分に評価されないけれども、でもそれをもっと別の形で評価するような形でやらないとだめだろうと思います。

宇井　私も「水俣学」に期待しているのはそういうところです。「水俣学」の延長上でできることがあれば、何らかの形でお手伝いしたいですね。

鬼頭　確かに、水俣を超えても、「沖縄」の問題などまだまだやることはいっぱいあります。いまさに、『自主講座』が復刻され、今までの経緯をもう一度見直す時期に来ています。そういう意味で、宇井さんご自身も過去を見直しながら、現在にどういうふうに寄与されていくかをぜひ考えていただければと思います。

もちろん、ぼくらにとっても、宇井さんが水俣の問題から始まって、沖縄の問題、それから国際的視野を持っていろいろやられてきたことをどう受け継いでいくかというところが、課題だと思います。

先ほど申し上げたように、公害問題から環境問題に移っていくという形で、公害問題がいったん忘れ去られようとしたわけですが、もう一度グローバルな点から、公害問題の原点を考えざるを得ない状況になっているわけです。グローバルな視点からも「水俣」や「自主講座」を見直すことはとても大事になってきています。そこで、宇井さんの方から、私たち後輩が、どういう点を受け継ぎ、留意していくべきか、アドバイスをいただければと思います。

宇井　鬼頭さんの書いていることに、自分が言いたいことは一通り書いてあります。環境倫理の方で展開されてきたことは本当にありがたかったです。また飯島さんの仕事もそうです。こういう方向に研究が進んでくれてよかったと思っています。環境社会学にしても環境倫理の問題にしても、大体期待したとおりに進んでいるのではなかろうかと考えています。

鬼頭さんのおかげでこっちがぼんやりと考えていたことがはっきり形をとるようになりました。

この前の『自主講座』復刻版の「解題」(「「環境正義」の時代における、日本の「公害問題」の再評価と『自主講座』」、『宇井純収集　公害問題資料　一　復刻『自主講座』第二回配本　別冊解題』すいれん舎、二〇〇六年)にしても、鬼頭さんにあそこまできちんと書いていただいたら、他に言うことはありません。

それから、先ほども触れましたが、原田さんがやっている「水俣学」にも期待しています。あそこでは大学院ぐらいの若い人たちが現場から出発して、随分いい勉強をしています。

鬼頭　そう言っていただくと身に余る光栄です。いずれにしても、『自主講座』も復刻しましたし、埼玉大学の共生社会研究センターには、他にも宇井さんの集められた重要な資料が所蔵されて誰でも利用できるようになったわけですから、あの時代をきちんと見直しながら、もう一度整理して、未来につないでいくことが、いま緊急に必要だと思います。一時期はあまりにも安易に否定的に排除され過ぎていたと思います。いまもう一度グローバルな視点から光をあてるべき時代になりましたので、あの時の問題の本質が何であったのかを私たち研究者も調べ直して提起していくことが必要だと思います。

二〇〇六年八月二一日

(『軍縮地球市民』六号、明治大学軍縮平和研究所、二〇〇六年一〇月)

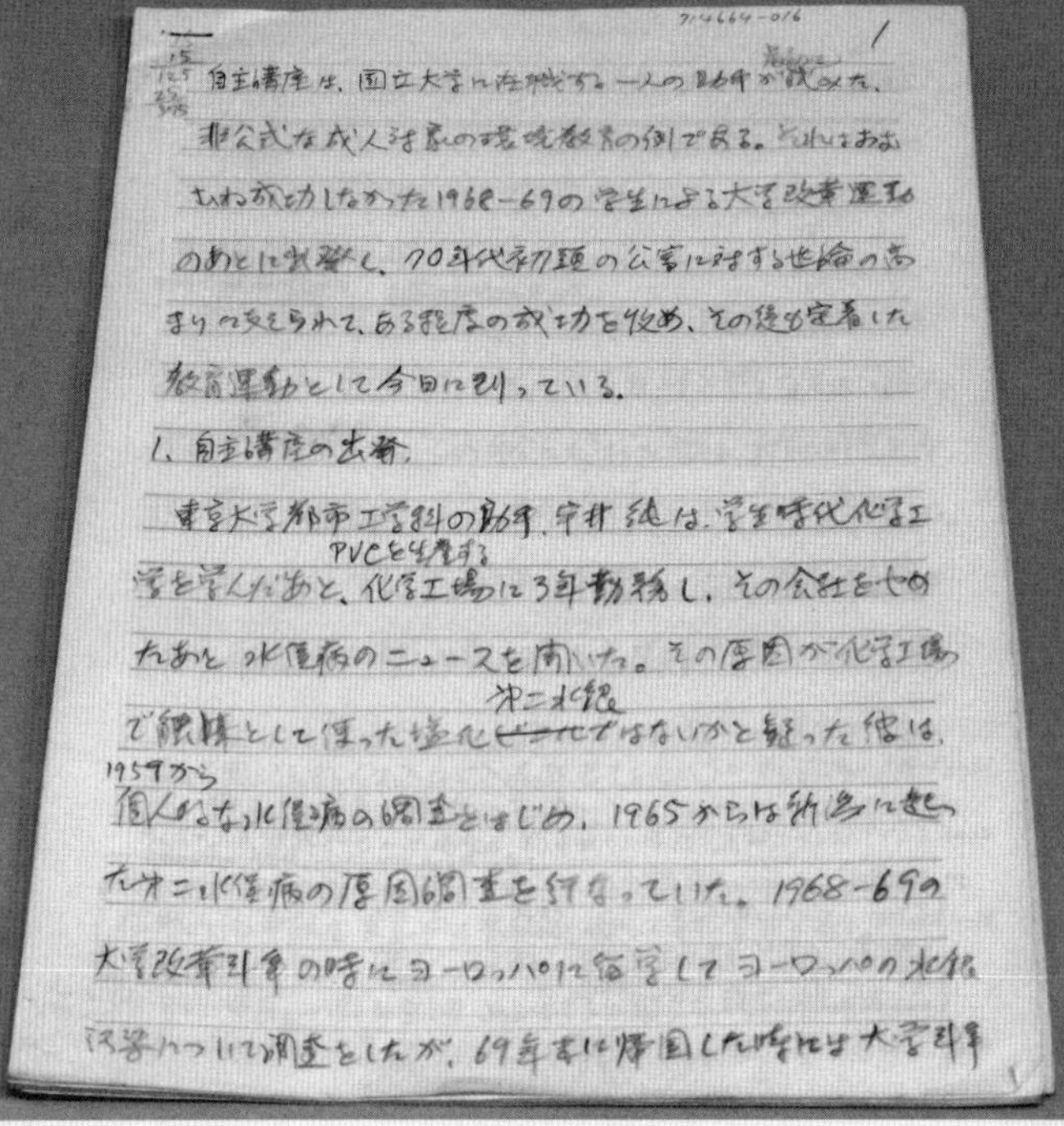
自主講座は、国立大学に在職する一人の助手が試みた、
非公式な成人対象の環境教育の例である。それはおおむね成功しなかった1968−69の学生による大学改革運動のあとに出発し、70年代初頭の公害に対する世論の高まりに支えられて、ある程度の成功を収め、その後も定着した教育運動として今日に到っている。
1、自主講座の出発
東京大学都市工学科の助手、宇井純は、学生時代化学工学を学んだあと、PVCを生産する化学工場に3年勤務し、その会社をやめたあと水俣病のニュースを聞いた。その原因が化学工場で触媒として使った塩化第二水銀ではないかと疑った彼は、1959から個人的な水俣病の調査をはじめ、1965からは新潟に起った第二水俣病の原因調査を行なっていた。1968−69の大学改革斗争の時にはヨーロッパに留学してヨーロッパの水質汚染について調査をしたが、69年末に帰国した時には大学斗争

宇井純自筆原稿
所蔵・撮影協力：立教大学共生社会研究センター
撮影：新泉社編集部

II
自主講座「公害原論」

❖1970❖

自主講座「公害原論」開講のことば

公害の被害者と語るときしばしば問われるものは、現在の科学技術に対する不信であり、憎悪である。衛生工学の研究者としてこの問いをうけるたびにわれわれが学んで来た科学技術が、企業の側からは生産と利潤のためのものであり、学生にとっては立身出世のためのものにすぎないことを痛感した。その結果として、自然を利益のために分断・利用する技術から必然的に公害が出て来た場合、われわれが用意できるものは同じように自然の分断・利用の一種でしかない対策技術しかなかった。しかもその適用は、公害という複雑な社会現象に対して、常に事後の対策としてしかなかった。それだけではない。個々の公害において、大学および大学卒業生はほとんど常に公害の激化を助ける側にまわった。その典型が東京大学である。かつて公害の原因と責任の究明に東京大学が何等かの寄与をなした例といえば足尾鉱毒事件をのぞいて皆無であった。

建物と費用を国家から与えられ、国家有用の人材を教育すべく設立された国立大学が、国家を支える民衆を抑圧・差別する道具となって来た典型が東京大学であるとすれば、その対極には、抵抗の拠点としてひそかにたえず建設されたワルシャワ大学がある。そこでは学ぶことは命がけの行為であり、何等特権をもたらすものではなかった。

立身出世のためには役立たない学問、そして生きるために必要な学問の一つとして、公害原論が存在する。この学問を潜在的被害者であるわれわれが共有する一つの方法として、たまたま空いている教室を利用し、公開自主講座を開くこととした。この講座は、教師と学生の間に本質的な区別はない。修了による特権もない。あるものは、自由な相互批判と、学問の原型への模索のみである。この目標のもとに、多数の参加をよびかける。

一九七〇年一〇月一二日

（週刊講義録『公害原論』第一回、一九七〇年一〇月、再録『公害原論 Ⅰ』亜紀書房、一九七一年三月）

❖1971❖

「自主講座通信」発刊にあたって

自主講座「公害原論」が出発してから、一年がすぎた。どうやってこの一年をつづけたのか、私にもよくわからぬほどの忙しい時間だった。だがともかく、講義の記録として、『公害原論』三巻（亜紀書房）が作られ、日本で最初の足で歩いた教科書として流布をはじめたのである。これはたしかに自主講座の実行委員会が自分で作った本といえる。第二学期のいろいろな分野の人々との対談の記録は、勁草書房から間もなく発行される予定になっている。

公害を少しでもへらすために、知識の独占をくずし、現実の行動に結びつけるという自主講座が、全くの無から出発し、市民の中から生れた実行委員会によって維持され、前進してきたことは、一つの壮観であった。しかもこの人々は、自ら語ろうとはしない。ここでは、意志の表現は行動であり、自らの足で現実をたしかめることである。忙しい職業をもつメンバーの全員が集ることは、月一回の実行委員会を除いてはめったにない。それでいて、どんどん新しい作業が競うようにはじめられ、一人一人が全体の進行をたえずにらみながら乏しい時間をやりくりして仕事を進めている。おどろくほど無定形の組織であり、存在と行動自身が総括である実行委員会は公害反対の市民運動にしばしば見られるような、これまで想像もつかなかった弾力的な成果をあげている。全国の公害反対運動とゆるいネットワークを作り、資料を交換し、現地を訪れるかたわら、水道橋駅にほど近い自主講座分室には、一日少なくとも一〇人が入れかわり立ちかわり訪れて、何がしかの仕事をしては帰ってゆく。種々の資料を集め、発行する仕事が、いつの間にか進行して、外出がちの私をおどろかせる。しかも実行委員会のメンバーの一人一人は、いずれも立派な調査員であり、その経験は月刊資料集「自主講座」を通じてひろがってゆく。ここに私はこれまでに全くなかった学問のやり方が芽を出したと感ずることがある。

東大で毎週開かれる講座そのものも、第三学期に入って、二つ目のテーマである「医学原論」が高橋晄正《こうせい》氏の手によって開講され、「公害原論」は月一回にペースを落して並行することとなった。「医学原論」は東大医学部を中心とする別の実行委によって準備されて順調な進行を見せている。東大の食いやぶり作業は、二つの穴から進めはじめた。しかも愉快なことは、こうしたすべての作業は決して赤字を出さないでつづけられている。

この段階で、私たちの経験を伝え、全国へ連帯をひろげるために月一回の「自主講座通信」を発行することとした。私たちの仕事の一つは、丁度一〇〇年前に、帝政ロシアの圧制のもとで革命を用意した若きヴェーラ・フィグネルが語ったように、切れた糸を結びあわせてゆくことにある。日本の津々浦々に起っている公害反対住民運動の中で毎日生れている全く新しい理念を互いに結び合わせるために、各地の資料を交換し、交流する仕事を、「自主講座通信」が担うことになろう。あわせて東大を現場とする自主講座運動の進行状況を迅速に伝えることも通信の目的である。

思えば私たちは長征に出発したのである。近代的生産様式から発生した公害に対し、私たちが教えこまれた近代的思考は破綻した。もはや頼るべきは自らの足であり、時間、空間をこえた経験の交流である。個々の運動は相互に安全と休息を指し示す灯台となり、あるいは危険の存在を知らせる霧笛となって、助けあってゆくのである。長征一〇年ののち、足どりをふりかえるよすがとしても、この通信が役立つことを祈って第一号を送り出す。

声をあげ、手を振り、音と光とあらゆる手段で、互いの存在をたしかめあおうではないか。

(『自主講座通信』一号、自主講座実行委員会、一九七一年一一月一日)

❖1972❖

公開自主講座「公害原論」の生い立ち

今まで、自主講座をやることの方がいそがしくて、自主講座についてまとめて語るひまがなかった。走るのに夢中だったといってもよい。たしかに私自身も、自主講座を運動として支えて来た聴講者の一人一人も、一年余を経過した今日、自分の足あとをふり返ってみるべき時期ではある。もちろん最終的には、この運動はつづくことが総括なのであって、問題提起と行動、そして総括という形にはめることを私たちは注意深く避けて来た。これまでのたくさんの運動が定型化して体制にとりこまれるか、エネルギーを失って消滅するといった経過をたくさん見て来た私たちは、多少の不便を忍んでも運動の定型化を避けようと考えていたからである。だからここでは最大の当事者の一人である私が先ず自分の経験を出してみる形をとる。自主講座運動そのものは、私の報告にあまり束縛されないであろうし、これからも自分の道をひらいてゆくことだろう。

「公害原論」の胚種

東大都市工学科が出来た当初には、硬直化した講座制に対する若干の反省が、創設の中心となった高山英華教授を中心に存在した。助手を教室会議に参加させたり、何人かの助手を講座制から外して、演習実験担当として学科主任の直属下においたり、大学院学生の講義に学外講師を積極的によぶほか、講座制のもとでは講義の権限がない助手にも、実験の講義を担当させるなど、形にとらわれない能力の開発という名目で、かなり思い切った方針がとられた。もっともこれには、教官定員を認められない大学院制度による過重労働の肩代わりとしての側面があったことも事実である。有名人の多い都市工学教官だけでは、こうでもしないと授業時間をもち切れなかった。

なりたての助手にすぎない私も、こうして都市問題の講義の中で、三回六時間ほどそれまで調べて来た公害の歴史と事例調査について講義する機会が昭和四一（一九六六）年の秋に与えられた。私はこの講義を「公害原論」と名づけた。この講義は第二回が昭和四三（一九六八）年の春にあったが、その年からはじまった私の外遊と、それにひきつづく東大闘争で肝心の大学院学生が四散してしまい、ついに時間割には定着せずに終わってしまった。

東大闘争の間じゅう私はヨーロッパを旅しつづけ、帰って来たのはいわゆる正常化が完了し、文学部学生の抵抗が押しつぶされた四四（一九六九）年の末だった。学生はどこかへ消えてなくなり、教室の中は以前にもまして高圧的な空気が支配し、研究は完全に停止し、闘争に加わらなかったいわゆるカメ派の学生が、地位を守るのにこれも最も熱心だった若手の教官（その大部分は私の後輩で、学問的には全く独創性も問題意識もない連中だった。だからこそ教官になれたのであろう）と細々と思いつきの研究をやっているのが残っているだけだった。こんな中へたった一人では、手も足も出ない状況にはちがいない。この状況は現在でもほとんど変わっていない。

正常化と授業拒否

しかし授業は正常化した。教授会としては何かをしなければならない。教養学部の学生を対象とした専門特別講義として、トピックスの都市問題と公害問題をとりあげることが教室会議で決定されたが、公害をやるからには当然私の参加が問題となった。講座制のもとでは、助手には講義をする権限はないが、代講を命ぜられたら従わなければならないことになっている。公害の講義は私が大部分を担当することになったが、そこでの内容は、社会的な価値判断を含まない、純粋に技術的な対策にだけ限定するよう注文がついた。以前からいいかげん腹にすえかねていた私は、とうとうヘソをまげて、この講義を断わった。一体現在の公害問題から、価値判断を除いたとすれば何が残るのだろうか。技術的な対策ならば、学部へ進学してからくり返し細かい枝葉、むしろハンドブックの解説のようなことまで教えているではないか。学科の中で孤立して、自分の担当する水質化学の分析実験演習の授業拒否までは踏み切れなかった私も、この代講だけは拒否した。あとの教官たちがどんな講義を作りあげたかは私は知らない。私が知っているのは、公害の現地へ行き、被害者と語り合って公害を認識しようとする者は一人もいなかったことだけである。

和光大学での足ならし

丁度よい具合に、さきに東大助手から和光大に転出した生越忠《おごせすなお》氏から、非常勤講師の話があった。公害について、誰にもわかるように、自由に話をしてよいという条件だったので、私はこの機会にかつて大学院で行なった講義をもう一度整理し、十数回の内容になるようその後調べた例を足してみた。これは学生にもかなりの手ごたえがあったようだし、その中から私の自主講座運動を中心になって進めようという岡部〔豊範〕君に出あうことにもなった。彼は自分の求める学問を追って大学を転々して、和光大が三つめの学校だったが、結局自分の大学をつくる羽目になってしまったのである。

その間にも、水俣病補償処理をめぐるいろいろな出来事や、各地の公害のニュースに私の身辺は多忙をきわめたが、自分の講座を開こうとする考えはだんだんまとまって行った。一つの手がかりになったのは、四一（一九六六）年に学会報告のため渡欧して、ワルシャワ大学を訪れたときの話である。外国軍の占領のもとで、禁止されていたポーランドの歴史や文学を学ぶために、夜ひそかに教師のもとに集まったのが現在の大学の基礎になったという話を聞いた私は、自分のはたらく東京大学がそれとは正反対の特権のための大学になっていることを改めて思い出した。東大闘争もなおこの特権大学の壁につき当たって破れなかったとしても、その性格をはっきりさせる仕事はつづけなければならぬ。幸か不幸か、東京大学が公害問題で加害者側に権威として加担した実例は豊富にあった。排水処理の技術者として私が自分の仕事に精を出し、学生実験をまともにやればやるほど、現在の企業国家の体制を補強するだけの役割しかないことも毎日の経験だった。どこかで一つ穴をあけないと、私のまわりはもがいても手も足も出ない形のまま、だんだんに正常化にとり込まれてゆく形勢にあったのである。

もう一つ、いろいろな機会に講演したり討論したりしても、公害のイロハも伝えないうちに時間がつきてしまうことも、いつも感ずる不満だった。同じことをちがう相手に何度もくり返していても、どこまで通ずるかわからないし、私にも前進はない。どうしても時間の制約が少ない場所がほしいという条件もあった。たまたま読んだ島小学校長、斎藤喜博《きはく》先生の書かれた文章にも触発されたことは大きい。教育の中央統制がいかにきびしくても、日本中のすべての教室のうしろに文部大臣が立つことはできないという言葉に私ははげまされた。こうして四五（一九七〇）年の夏には、自主講座「公害原論」の計画は大体かたまり、教室の借用を具体的に考えるところまで来た。計画に賛成する数人の人たちが、ぜひとも最後まで一緒にやってみようと仕事の分担についてもある程度の相談をしたのもこの頃である。

障害と応援

大学の講義の機会をことわり、自分で講座を開くことを宣言し、教室の借用を願い出た私に、教室会議の反応は複雑だった。正面切っていけないと言う者はいなかったが、教室が汚れるとか、外部の者を入れるのはけしからんとか、色々なからめ手からの苦情が出た。採決でもすれば、黙っている者は全部反対にまわるのは必至である。主催することになっていた工学部助手会は、学部長との交渉にこの問題を持ち出し、学部長は意外にあっさりと部屋ぐらいは貸してもよいという返事をした。丁度そのころ、顔見知りの毎日新聞の記者が、この話をおもしろがって書いてくれたのが、教官たちには大きな圧力になった。文句を言えば書かれてしまうというのは、大学教授たちには一番苦手の問題である。それ以後少なくとも私に直接聞こえる形での苦情は一切なくなった。こちらが張合いぬけしたことはもちろんである。

開講が近くなるにつれて、問合わせの電話が多くなった。これ自体がまた大学では物議をかもしたが、その内容は「私は何の資格もないが本当に誰でも参加できるのか」というものが一番多かった。この一言で、私はこれまで東京大学がどれほど特権をもった人間だけのために存在したかを思い知らされ、それがまた自主講座へのはげみになったことも事実であった。

開講と実行委の成立

三人集まったら必ず開講し、せいぜい一〇〇人も来れば成功という予定だった第一回の講座は、教室を埋めつくした三〇〇人の参加で、まず私自身が眼をまわした。第二回に至っては八〇〇人近くがつめかけ、定員二〇〇人の教室は身動きがとれなくなった。これにはたしかにマスコミの協力があったことは事実である。三回目から会場を工学部大講堂に移して、会場問題はようやく一応解決した。問題は準備の作業である。資料の印刷や会場の用意、どれをとってもはじめから協力を申出た数人では手がまわらないことは明らかである。そこで第一回の講義から聴衆によびかけ、この講座を準備する実行委員を募った。十数名の人々からたちどころにこれに応じて中出があり、この人たちが中心になって作ったものが現在の自主講座「公害原論」実行委員会である。現在ではほぼ三〇人位が何かの形で参加している。その構成は半分が社会人で半分が他大学の学生というところで、最初は東大生は一人もいなかった。ここにも特権大学としての東京大学の性格がよくあらわれていると感じたものである。東大からは最近になって数名の参加があった。

この実行委員会は、手わけをして講義の録音テープを文章に直し、講義録を作るという大仕事をはじめた。これはとんでもない大仕事である。二時間のテープを起こすのに、大体四〇時間はかかるという。私も時折口述筆記をやるが、四〇〇字原稿用紙一〇〇枚となると、校正に一日かかるのがふつうである。ところが実行委員会の作った原稿の校正は、長くて二時間とかからない。それほどに正確であり、語り口の冗長なところが整理され、読むに堪える文章になっている。私自身もこんなにきれいに話しているわけではない。聴講者の頭の中でそういう作業がすべて済んでしまっている。講義からテープ起こし、校正とタイプ印刷、本として出来上がるまでが二週間ですべて済んでしまうというのも、実行委員の中に加わっている印刷屋さんをはじめとする全員の協力ではじめて出来る芸当だが、所用で毎週出られない人や、地方の読者にとっては実に親切な企画だった。私はのちに沖縄を訪れたとき、この記録が北中城村で公害反対運動の先頭に立つ人の自宅にあったのを見ておどろいた。本土を訪れた学生が入手して、運動の中でまわし読みをしていると聞いて、そこまで役に立ててもらえば自主講座運動のやりがいがあったと感激したものである。やがてこの講義録は売り切れ、亜紀書房から『公害原論』三巻として出版された。生徒が自分の手で作った公害の教科書としては日本で最初のものである。

講義と反応

こうした実行委員会の支持は、私にとって最大のはげましだった。とはいっても講義内容を準備するのは私の責任であり、絶対に逃げ場がない。一回の講義が終わるとその夜から次の講義内容が気になり、他の仕事は何も手につかず、たえず追われているような毎日だった。たしかにこの自主講座で一番勉強をして、一番得をしたのは私だった。一〇年あまり私の中にたまっていたものを一気に吐き出し、しかもその整理をつけ、本にまでまとめる作業を半年の第一学期のうちにすませてしまう大仕事を毎週つづけてやってしまったのだから、今思い出してもよくやれたと思うばかりである。

最初から私の講義は聴講料一〇〇円をとり、これを資料費や調査旅費、作業のための経費にあてた。これにはもう一つの目的があった。私自身が少なくとも一〇〇円の金を払っても聞くに値する内容を作ることを目標にしていたからである。おもしろくなければ木戸銭を返すという約束で講義をするというのは、大学では普通にはないことであり、一〇〇円玉の山は私にたえず緊張感を抱かせた。

東大教授たちの悪業を、実例をあげて批判する点に最もおもしろさが集中したとある人はいう。そのかわり東大生の出席は多いところでも一割程度で、ある意味では最も聞かせたい相手の出席が少ないことは残念であった。かなりに寄席的な語り口の講義で、しかも単位にならないとあっては、東大生の左右両翼から敬遠されるのは当然であったろう。間接的に聞こえて来る教授たちの反応は、中にはすこぶる手ごたえのあるものも混っていた。ある教授は年賀状のあとに、とんでもないことをしてくれたと書いて学部長に送ったという。そういう声が聞こえて来ると私はますますやる気を出すのだ。新聞の反応が総じて友好的だったことも、講義を進める上ではいろいろな面に好都合に作用したことも附記しておこう。さしあたって私たちには、マスコミの力を借りる必要はあっても、ケンカをする必然性はないのだから、仲良くつき合うことが約束になった。唯一の問題は、聴講者の人にはここへ出席していることを知られたくない立場の人もいるので、写真をとる際に注意してもらうことで、これも取材者に毎回話して大むねは解決した。

一学期から二学期へ

一三回で一応私の講義という形の講座を終わり、その応用編ということで、聴衆から希望の多い講師を招き、対談の形で進める二学期が四六（一九七一）年四月からはじまった。こうなると相手があるので準備の仕事は一段と手間がかかるようになる。来てほしい講師が先方の都合や意見の相違で来なかったり、急に予定が変更されたりする度に、実行委員会と私はきりきり舞をして準備をヤリ直さなければならなかったが、講座の幅はかなり広くなったことも事実である。私と招待講師の真剣勝負を期待して集まった向きには、やや期待はずれの感があったこともあり、お勉強会にすぎないではないかと批判も寄せられた。これに対しては、相手を知りもせず批判ができるかというのが自主講座の方針であった。この問題が最も尖鋭にあらわれたのが、宮脇昭氏の植物生態学の解説に対する農学部全共闘の一部の反発であり、それが尾を引いて、六月末には司会者である私を批判する討論で一回つぶしてしまった。この間の議論は、やっている時には結構大切なもののように思えたのだが、あとでゆっくり考えてみると学生のわがままに一晩つき合って、何にもならなかったという感が強い。それ以来私は自己否定の押売りに対して相当に批判的になったし、特権のことばを捨てない限り公害は論ずることができないと考えるようになった。

痛快だったのは荒畑寒村《あらはたかんそん》氏の回で、定員四〇〇名の講堂に二倍以上がつめかける盛況になり、とうとう安田講堂前の広場で野外講座をやってのけた。話の内容もそれにふさわしい痛快なもので、老社会主義者のいつまでも若い心情を、青年にそのまま伝えるものとして歴史に残る講演となった。石牟礼道子氏の聞く人の心に訴える語りも、長く記憶に残ったものの一つである。

総じて第二学期の対談は、七分の成功といってよかろう。残る三分は主として司会に当たった私の力不足で、問題点を充分に講師から引出せなかったところにある。これだけの多方面の講師を充分に生かすためには、もっと私自身の準備がいることは明らかだった。このやり方は今後もつづける方針でいる。まだまだ私たちは公害の諸側面を学ばなければならぬことが残っている。特に政治の中の公害の扱われ方については、実証的に進める必要がある。そこで四学期、四七（一九七二）年四月からの半年もこのために対談形式をとる予定である。ここでは現在の主な政党やその他の組織の公害に対する考え方をきいてみることになるだろう。そのほかに二学期と同様に、公害反対運動の中心にある人々、公害について種々の立場から発言した人、公害の研究者などからのきき取りが四学期の課題となる。

講義の内容が徹底した経験主義をとっているために、体系的な講義としてはあまりととのっていない。私が自分の手で調査できなかった、明治から大正にかけての別子〔銅山煙害〕問題や、最大の社会事件の一つである四日市公害などについてはすっぽりぬけていることは事実である。また原子炉反対運動についてもふれていないという批判もある。その通りなのだが、何もないところから出発するためには、自分で若干なりとも調べたことのある事例から確実な結論を導き出すしかなかったし、欠けているところ、新しい問題に対しては参加者各自が自分で調べて、この講座の結論が妥当かどうかあてはめて考えるというやり方をとっている。

二学期から三学期へ　「医学原論」の成立

二学期の対談形式の「公害原論」の進行と並行して、医療問題や薬害の身近な問題を通して医学の現状批判に活躍をつづけている高橋晄正氏との相談がまとまって、「医学原論」の準備が進められた。以前から高橋氏も一回限りの講演による問題の掘り下げに限界を抱き、定着した連続的な問題提起の必要性を感じておられたので、医学部の学生を中心とする「医学原論」の実行委員会が結成されて、四六（一九七二）年の初夏から数回の準備討論ののち、一〇月から毎週一回、「公害原論」の第一学期とほぼ同じ形式で、「医学原論」が開講されることとなった。従って自主講座運動の第三学期は、「医学原論」が中心の形をとることになったが、両方の講義を通して参加した人の話によると、現在自分にはっきりした形でふりかかって来ているとは必ずしも認識できない公害にくらべて、月に一回程度は世話になる医師と医療の問題は、かなり日常生活の中で深刻な課題としてうけとりやすく、高橋氏の系統的、説得的な話の進め方も好評である由である。

一学期、二学期を通じて、原則として毎週一回、月曜日の夜に開かれる講座を準備する作業をつづけた私にとっては、すべての生活は自主講座を中心として回転するようなものであり、一年を経た時には身辺の他の用事を処理したり、公害が現に進行している場所を訪れるなどの時間的な余裕は全くなくなっていた。しかもこの時期は新潟水俣病の民事訴訟の結審、判決という過程にも相当していたのだから、私の仕事はどこもやりかけのまま気ばかりあせりながら放置のやむなきに至って、このまま第三学期を毎週一回のペースで維持することはどう見ても無理だった。この事情は、程度こそ異なっても参加者の側にも共通であり、「医学原論」の発足によって、「公害原論」の休止と体制のたて直しが可能になった三学期をどう進めるかが実行委で議論された。結局、「医学原論」と「公害原論」の実行委員会は、成立の過程と性格がかなりに異なるので、一応別々の形で思い思いに作業を進めることとなり、「公害原論」の実行委は三学期は資料の整理、四学期の準備、そして五学期に予定されている講座の行脚を用意することに重点をおき、その間をつなぐためにも、私が第一学期でふれる機会がなかった幾つかの問題を毎月一回の講座を開いて整理してゆくことになった。三学期にさしあたって私が準備する問題は、行政と公害、水処理における現在の技術の性格などが中心となり、それで手のあいた時間で、これまで放置して来た身辺の用事を整理して、四学期以降の多忙な状況に備えることとした。

五学期の行脚については若干の説明を要しよう。すでに一学期から、交通に必ずしも便利でない東大の構内だけで自主講座が開かれているというのは、全国の公害反対運動から見れば新しい知識の偏在と独占にならないかという反省が生まれていた。私自身も、自主講座の内容がもし本当に公害の阻止に有効なものであるか否かが問われるとすれば、その場所は公害の現場であると感じていた。東大での自主講座に努力が集中すればそれだけ地方の公害反対の住民運動との連絡に手がまわらなくなることも事実である。こうした問題を解決するために、公害の現地に少なくとも一週間程度は滞在し、自分の眼で現実を確かめた上で、現地で自主講座を開いてみるやり方を、いずれはやってみようと考えていたものである。私が大学で担当している学生実験は四月から九月のいわゆる夏学期に集中していることもあり、この期間は東大からほとんど外出することが不可能な時期であるが、一〇月から三月までの冬学期には義務としての担当時間がなくなるので、若干は外出が容易になる。そこで「公害原論」が地方行脚をするとすれば、この冬学期に相当する五学期がそれに適した時期である。行脚のための現地との連絡や問題の整理は早くから手をつけておいた方がよいので、このように来年秋までの予定を今から準備するといったプログラムになったのである。

もう一つ五学期の課題として、自動車の排気ガスの公害問題から端を発して、交通事故や交通行政までを含めた現在の交通問題についての自主講座が必要ではないかという意見があった。この課題の及ぶところは広く、都市計画や地域開発を経て、日本の進路にまで議論を進めなければならぬ。身近な事故と公害の問題から出発して、そこまで問題をひろげることは、優にもう一つの新しい講座を準備することになる。これはもちろん私一人の力では不可能であり、講座対象の拡大として今から準備をするだけの価値のある仕事であるから、五学期ないし六学期を目標としてその作業を進めることとなった。こうして、近い将来には少なくとも公害、医療、交通の三つの分野についての講座が用意されることになるだろう。

実行委員会の仕事の拡大

発足後一年余たつと、実行委員会が負担する仕事は思いがけない方向にひろがりはじめた。講義録の頒布から端を発して、全国の公害反対運動が出版した資料の交流、各地を旅行しては運動と連絡して情報を交換する仕事、その結果わかったことを整理して報告をまとめる作業、全国の公害反対運動に正確な資料を提供する月刊誌「自主講座」の編集、報告集や教材資料の出版と実に多岐な仕事を、誰かが考えつけばすぐにそこが中心となってグループが作られ、活動をはじめるという形で進めて来たのが実行委員会の特徴である。もちろんこの多岐な活動を眼に見えぬところで支えている当初からの実行委員、松岡〔信夫〕氏をはじめとする地味な努力で、その基盤が作られている。そこにはしばしば重複や矛盾が生ずるが、なるべくその調整を最小限にとどめようというのが、実行委の暗黙の了解のようなもので、見方によってはおそろしく無定形でまとまりのない組織かもしれない。この仕事のやり方は、期せずしてベ平連の運動形態と似たものになった。対象が公害であるという点では一致するが、あとは各人が何をやってもよいとなれば、当然いろいろな試行錯誤とそれに伴う無駄が生ずるわけだが、無駄を承知でやれる組織はそれだけ柔軟性があり、強いのであるという公害反対運動から学んだ組織論を当分は適用して、やっている当人が気づくまではまわりから口出しをしないやり方でゆくことになろう。この方法がどこかで行き詰まれば、その時は大がい自分で出口をさがし出すものだし、今のところは各人が忙しくてとても他人のことに口出しできないといった事情もある。自主講座そのものが無から出発したので、失敗したら無に帰るまでといった気楽さがあることも事実である。この気楽さが、全国の公害反対運動の中で自主講座が果たしている情報ネットワークとしての機能とぶつかる時期がいずれ来るのかもしれない。だが何事につけ運動というものは、やっている間が楽しいように進めるのは悪くないことだし、私たちには人民解放や革命といったむずかしい目標がないのだから、しかめ面を他人にも強制するようなやり方をとる必然性はなくてもすむのだろうと考えている。

この仕事を担っている実行委員の大部分は、どこにでもいる普通の学生であり、市民であって、議論が苦手であることは想像を絶する。本当に必要なこと以外はおよそ口をきかないし、文章に自己を表現することも得意ではない。といって自分の意志がないのではなく、どんな仕事をやっているかを見れば、何を必要と考えているかははっきりする。これは私がこれまでつき合って来た東大の学生などとは全くちがった型の人々であり、社会は多くこの型の人々に支えられていることをしみじみと考えさせられる。この人々の努力があって、はじめて一人の私が舞台の上で華やかに躍ることができるのである。

公害を前にしては、この人たちは一様にあるもどかしさを持っていたようである。自分も何かしたいが、その緒がみつからぬ。その間にも公害は益々激化する。もしこの自主講座を支えることがその一つになれば、という空気を、実行委で仕事をしていると感ずることがある。この期待はもちろん完全にはまだ満たされてはいない。すべて仕事には準備と段取りがあり、仕事が目に見えて動き出すためには、氷山の海面下にかくされた部分に相当する大きなエネルギーが費やされなければならぬ。しかしその仕事が手のとどく将来に見えるのでなければ、容易にエネルギーは集中し、持続はしない。この集中と構築のプログラムを、どうやって作ってゆくかが、私も含めた実行委員会の課題になるであろう。

すでにその実例は若干ある。テーマをきめて勉強するグループが作ったゆるいゼミが、自主講座の参加者によって毎月開かれているが、この中の有機塩素グループが調べあげたPCBの日本における用途の報告は、米国科学アカデミーが海洋汚染の現状を推定するための唯一の資料となった。日本におけるPCBの汚染を独自に調査しているいくつかの研究グループの間をゆるくつないで、官僚制度の中に埋もれがちな貴重なデータを交流し、総体的な評価をしているのは、実は自主講座ゼミナールのグループをおいて、日本には他にないのである。この場合にはたまたま外国からの情報が最初に自主講座によって公開された上に、この問題に関心を持った人々が何名か集まっていたためにできたことだが、時間をかけさえすればこのような作業は他のグループでも可能であるという実例として、我々をはげましてくれる。

教室から実験室へ

プログラムの一つとして、自分の手で公害の実態を測ってみようとするのは当然誰でもが考えつくことである。しかしこれはたしかに容易なことではない。まず相当の設備と費用、そして充分に熟練した人手を必要とする。さて大学には実験室がある。よく言われるようにそれほど充分な設備ではないが、それでもかなりの測定機器類はそろっている。これまで実験研究は、いわば教授たちの権威性の基盤として、主として大学院学生と学部卒論の中で行なわれ、その成果は講座制に帰属したのだが、大学闘争はこの制度に深刻な打撃を与えた。教官たちの自信喪失と大学院学生の離反によって、実験室の内容は空洞化した。研究テーマは学生の自主性を尊重することになり、全く思いつきの研究を学生があてもなくつづけるのに対して、適切な指導を与えられる教官は全くなく、古い理論は役立たないことがはっきりした。学位は誰でもわかる作業量に対して与えられたものとなり、現実とは遊離した、口先だけのおしゃべりが幅をきかせ、数式をならべた見てくれのよい研究ばかりが評価されるが、評価する方も自信はないというのが現状である。有力な労働力であった大学院階層が消滅したので、若手教官は大きな打撃をうけ、自分の業績を作るためには職員を酷使して、何とか論文の数を作ろうとするが、元来が研究の何たるかを知らない者ばかりであるから、方向はますます拡散し、何のための研究かわからぬものが横行する。こうして研究室の内容は何もなくなり、荒れ切った状況にある。最初から最後まで頼みの綱である外国の動向は、公害に関する限り混迷状況は日本以上であって、文献を読めば読むほどわからなくなる。

こうして空洞化した実験室をあけておくのはもったいないではないか。自主講座に参加している人々に明け渡してくれれば、もっとまともに使ってみせるという意見は前からあった。しかしそれを使いこなすには、またそれなりの準備が要る。一方私は自分の与えられた教育職務である学生実験の水質分析が、手を食う一方なのに、知育一本で育てられた東大の学生のやる気のなさと手の動かないことには、つくづくいや気がさしている。私が手を放せば、私よりもやる気のない若手教官が学生を自分たちの方にひきつけるための手段として学生実験を使うことは眼に見えているから、これも手が放せない。

そこで、四学期の仕事の一つとして、水質実験を自主講座の一部で、やる気のある参加者にも開放することを考えている。もちろん人員と費用の制約はあるが、東大の学生選別が能力差であるのに対して、自主講座では、やる気の強い方から先にやることで人数をきめてゆくことはできよう。一〇人程度の市民グループが学生グループと混在して同じ作業をやることで、あるいは東大生の中にも自分の特権的地位に気づくものが出るかもしれない。業余の作業だから使える時間にも制限はあるが、その分だけ気長なプログラムを組めば、自分で公害の調査を企画できるメンバーを五年以内には養成できるかもしれない。いつかは深刻な公害の被害者になる運命の都市生活者としては、調査能力というのは生き残るための能力になりかねないのである。

この企ては、教室側の強硬な反対にぶつかることは目に見えている。東大教授たちが今なお専門家としての権威を維持していられるのは、ひとえに市民の立入ることのできない研究室という聖域を所有しているからなのである。その聖域が空洞化し、その中で何もやっていないことがはっきりしたら、権威の最後のよりどころが崩れてしまう。特に、これまでに目立った業績を論文の形で発表するひまのなかった（すなわち学生の研究を収奪する機会の短かかった）若手教官、助教授や助手たちにとっては、深刻な事態になるだろう。陰惨な、長期戦を私たちは覚悟しなければなるまい。もし私たちがそれに堪えることができれば、その果てに東大の実態をあばき出して、知識独占の壁を破るといった前人未踏の作業を成就させることになる。それだけの仕事ができたら、あるいはその道をつけることができたら、自主講座はあとかたもなく消え去っても本望である。

すべての運動に金の問題はつきものであるが、幸いにして「公害原論」はあまり金で苦労することはなかった。これは講師の責任をはっきりさせるための手段だった聴講料が意外に大きな収入となって、二学期から一回二〇〇円としたおかげで、ほぼ年間の講師招待費と実行委の準備経費、ゼミ研究費をまかなうことができたためである。こんなことになったのは、もちろん実行委の手弁当の努力が最大の原因であるが、さしあたって誰にも費用負担をかけないで一年あまりはやって来ることができた。第一学期の講義録『公害原論　I・II・III』（亜紀書房）の印税収入も原則として実行委に帰属する。少なくともこの本の半分以上は講座自身がその力で作ったものである。講座に追いかけられて私が作りあげた内容のことを思えば、全部といってもよい。この収入の一部を割いて、来年は米国から地球化学、海洋汚染〔調査〕に活躍しているカリフォルニア大のゴールドバーグを招くことが決まっている。更に六月に開かれる国連の環境総会に、日本政府は極めておざなりな報告と寄与しかしないことが明らかになっているので、日本から公害被害者を送る費用もここから出せるであろう。自主講座が日本の公害被害者の運動に直接の寄与がどのようにできるかというのは、いつも私たちの念頭をはなれない課題だが、少なくともこのような間接的な支持を積み重ねてゆく努力をつづけているうちに道がみつかるだろうと考えている。

現在の課題

自主講座運動が、提案者である私の準備がまず第一に必要な要素であるという現状から見ると、まずさしあたっての限界は私の健康と力量で来るだろう。公害の現実を見てしまった私には、自分の健康を大切にすることがいい事なのかどうか、未だにわからない。死者に代わって語ることが、普通の人間に可能かどうか決してわからないのと同様に、これは私に答えられない問いである。力量の方は、運動を通じてしか高まらぬというのが、自主講座のそもそもの原理である。たまには机の前で考えて整理することも大切だが、整理する中味は運動の間に蓄積されるものであることは、東大で生活している毎日の経験からも確かめられることで、疑う余地はない。

自主講座運動の生い立ちからしても、参加も脱退も全く自由という性格からも、私を中心とする今のやり方に対する有力な批判が、運動の中からは育ちにくいという問題が、その次の限界になろう。一つの新興宗教、あるいはセクトの誕生とならないかという危惧もこの点に根拠はある。これに対しては、解散が必要になったらいつでもやれるという身軽さがある。内部に批判者がない欠点は、外部にありあまる批判者と巨大な反面教師である東京大学に直面していることで、相当に補われている。当分はこの条件を利用しないのはもったいない。

もし自主講座で論じられることが現実に直面していれば、講座はつづいてゆくだろうし、現実からはなれれば、講座そのものが消え去るだろう。その点、制度としての保証がないのはいいものである。

生物の生き残る可能性は、多様性にあるという。運動にもそれがあてはまるのではないかと私は考えるようになった。多様性によって生き残ることは、とりもなおさずたくさんの方向に投げられた試みのうち、少数のものを残して他が死滅することだが、それでも全部が死に絶えるよりはよい。自主講座運動もあるいはそうした死すべき可能性の一つかもしれないが、この世に不死のものがどこにあろうか。そう考えれば、あとはやってみるだけである。何よりこの講座の強みは、一介の助手でもこれ位できるということがはっきりすれば、自分でもやってみようとする人間があとから出るかもしれない点にある。

（『思想の科学』第六次二号別冊六、一九七二年四月）

❖1979❖

東大自主講座　一〇年の軌跡（上）

民衆に支えられた「公害原論」

自主講座「公害原論」が発足して、満九年経った。一年もつづくだろうかと思いながら始めた仕事も、起伏はありながら、どうやら一つの実績を教育の歴史の中に刻みつけたように思う。小さな実践ではあるが、最初から今日までその責任の中心にあった私の、中間報告のようなものをここにまとめてみたい。

大学の在り方への疑問から

時期的には、この講座が東大闘争のあとにはじまったために、その精神の継承かと受けとられた面もあるが、東大闘争の期間は私がちょうどヨーロッパ留学中だったため、直接のつながりはない。もちろん学生がこのとき提起した問題については私も以前からその存在に気づいていたものもあり、間接的には東大闘争の影響を受けたことは事実である。しかし、私がこのような形の自主講座の可能性を考えさせられたのは、一九六六年にワルシャワ大学を訪れて、その歴史を聞いた時のことであった。大学の教室が、民家と全く変わらぬ外見をもっているのは、元来が民家から教室が出来上がったためであった。占領軍のために何度も大学が解体させられても、民族の文化を継承する学問を志す人々は、暮夜ひそかに先輩の家に集って教育をうけつぎ、そのために生命の危険をもいとわなかったという。それは遠い昔のことだけでなく第二次大戦中にもつづけられ、抵抗運動の中で殺された教師は一〇〇をこえ、学生も千人以上が生命を散らしたと聞いた時、日本の高等教育があまりにも立身出世に偏っていたことに気づいた。

学問が生命を賭して伝えられ、うけつがれるものならば、その内容もまたそれにふさわしいものだけが残るであろう。私にはとてもそこまでの勇気はないが、自分がこれまで集めてきた日本の公害の事実を伝えるとすれば、それはどう見ても立身出世に役立つものになるとは思えない。東大では助手という職は、一種の無権利状態におかれていて、自分で講義を責任をもって開講することはできないが、教授、助教授から命令されれば、それに従って講義を代講しなければならない。

一九七〇年春、すっかり「正常化」した東大工学部で、学生の興味をひくために公害の講座を「教室」(都市工学科)が準備しようとして、技術的問題に限って公害論を代講せよと命令された時に、私は腹を立てて即座に断り、それくらいなら市民を相手に公開で自分の学問を世に問うと言い切った。もちろんそんな企てに教室などは使わせないと「教室」側ともめたところへ、折よく来合わせたのは顔なじみの毎日新聞の清水記者だった。これはおもしろい騒ぎだと紙面で大きく取り上げてくれたのがきっかけで、加藤〔一郎〕総長からの命令で教室が使えるようになり、一九七〇年一〇月一二日から毎週一回、自主講座「公害原論」が開講されることになった。加藤総長がなぜ自主講座を許可したかの真意はわからないが、おそらく東大のある程度の改革は必要だと総長も気づいていたのではなかろうか。

ところが一九六九年に学生の運動がつぶされてしまうと、東大の中の旧勢力は以前にもまして自信をもってしまった。あれだけの騒ぎになっても機動隊で学生をたたき出してしまえば大丈夫だという安心感は、東大闘争の前よりも強くなり、学部、学科の運営などにもそれは現れていた。従ってのどもと過ぎれば熱さを忘れるで、改革案の作成も下火になり、結局何も変わらないことになってしまった。加藤総長としては、そのような東大の中に、多少の緊張関係を生じさせるものとして、一助手の自主講座ぐらいはむしろ容認した方が、改革のエネルギーを持続させるために役立つと判断したのだろうと私は推察している。だが自主講座の主な目標は、東大の改革よりはむしろ現実の公害の問題に向かったために、これまでのところは加藤総長の期待に沿う結果にはなれなかったようだ。

若衆宿のような実行委員会

マスコミ関係者の応援にも大いに助けられて、第一回の講座は盛況に開講された。開講に当たって私が参加者に求めた約束は二つあった。一つは聴講料一〇〇円（現在三〇〇円）を申し受けるが、もし私の報告する内容がそれに値しないと思ったり理解できなかったときには返却するということである。もう一つは当時の学内情勢を反映して、会場内のやりとりは言論に限り、ゲバ棒は持ちこまないことだった。後者はもちろん守られ、取り返された例もほとんどなかったが、聴講料を担保のように考えるこのやり方は、講師である私には大変な緊張の原因だった。単位や資格と全く関係のない、いわば学生の現世利益のない講義が面白くなければ、次の回から誰もこなくなっても文句はいえない。その上に聴講料も毎回の内容によっては返さなければならないとなると、内容を準備する責任はすべて私にかかる。そのために必死で毎回の内容を準備することが、私にとっては最大の勉強になった。おそらく自主講座によって最も真剣に学んだのは私自身であろう。

こうして第一回の講座が盛況だったことが報道されると、第二回には聴衆が殺到して、教室の外で聞く人の方が多いほどの混雑ぶりとなり、第三回からは工学部で最大の講堂を使うこととなった。これだけ規模が大きくなってくると、会場の準備や後片づけをはじめとするいろいろな作業は、とても私の友人数人の手におえるものではない。私の呼びかけに応じて、数十人の有志が聴衆の中から名乗り出て、実行委員会が作られた。聴衆の中には、仕事の関係で毎週こられない人も居るために、その便宜をはかって毎回の講義の記録を作ることになり、タイプ印刷の講義録がとりあえず千部作られた。実行委員会の中には印刷屋さんも入っていて、他の仕事を後回しにしても、講座から二週間後には本が出来上がるという、離れ業に近いペースで講義録の発行は続けられた。この講義録はずいぶん流布したようで、翌年私が沖縄の北中城村を訪ねたとき、地元の運動家の机上に、本土へ出かけた学生から入手したという一冊が置いてあってびっくりしたことがある。

聴衆の構成は、ほぼ半分が都内のいろいろな大学の学生、四分の一程度が勤労者、一割程度が主婦、残りはほとんどあらゆる職業を含んでいた。実行委員の最年長は七〇歳近い人で、長野県の塩尻から、昭和電工の工場公害を解決するために聞きに来ている人だった。〔午後〕九時前後に講座が終わるとその足で車を運転して、〔午前〕二時には自宅へ着くとの話だった。

実行委員長は東京電力の職員で、もちろん会社には隠れて活動していた。この実行委員会という集団は、東大の中で私がこれまで全く体験したことのない、ふしぎな性格を持っていた。集まって相談すると、いつの間にか仕事の段取りが決まり、困難な仕事が自然に遂行されてゆくが、議論はおよそ苦手である。計画の進め方などで本来議論をしなければならない場面でも、あまり議論が出て来ない。しかし全く意見がないのではなく、何となく仕事の上に合意が成立するらしい。私は長いこと大学の中で、すべて議論を通して仕事をする習慣がついていたから、この実行委員会とのつき合い方に初めまごついた。だが考えて見れば、日常生活とは議論を通さなくても自然に習慣的にいろいろのことがなされてゆくものである。実行委員会は自主講座の運営を日常的生活の感覚でやっているのだ、と気がついた。そのかわり、集まるとやたらと酒を飲んでとりとめのないおしゃべりをしている空気は、若衆宿に酒好きの老人が数人まぎれこんだようなものだった。

予言的中のＰＣＢ汚染

講義録はまたたく間に売り切れ、これも実行委員のメンバーだった亜紀書房の棗田《なつめだ》金治氏が本にまとめて出版したところ、これもかなり売れて、実際の運動の中で読まれた。第一学期一三回の記憶については、正直のところ、ともかく夢中だったということしか覚えていない。それでいて途中に水俣病関係の事件はいろいろあったし、海洋汚染防止の国際会議のために一カ月近く途中をあけている。私はそこでヨーロッパで問題になっていたPCB汚染のニュースを聞きこんで来て、日本でもおそらく知らぬうちに進行しているのではないかと講座で話した。この予言はおそろしいほど的中した。一月半ばに講座で報告されたこの問題が、ノーカーボン紙へのPCB使用の中止という形で反応が返って来たのが二月、魚のPCB汚染が次々に日本周辺で発見されたのが二月から四月にかけてであり、それから二年間、PCB汚染は日本中で問題となった。新潟水俣病の裁判も、この一九七〇年が最も困難だった被告側証人尋問の時期で、会社側が繰り出す大勢の証人を、反対尋問で一人ずつくずしていかなければならぬ手間のかかる作業が、自主講座と並行してつづいた。

一学期の講座は、毎日がそのような爆発的な事件の渦の中にまきこまれた忙しさの中で進められたものであって、系統的な講座の準備などとても出来るような空気ではなかった。

それにもかかわらず、実行委員会が作りあげた講義録は実によくまとまっていて、講演速記にはほとんど私が手を入れる必要がないほど、整理がゆきとどいていた。これは、聴講者が手分けしてテープを起こし、原稿を作る際に、講義の印象を思い起こしながら脳の中で一度内容を整理してゆくからであって、出来上がったものは決して講演の速記ではなく、精神的な濾過作用を通って来たものになっていたからであろう。

第一学期の講座はこうして嵐の中のようなあわただしさで終わり、聴衆の希望をまとめた実行委員会の計画で、各地の公害の被害者や、研究者などの報告を聞く第二学期をつづけて開講することが決まった。実は、公害を出す側の言い分、あるいは企業側に立って発言した学者の話も聞いてみたいという希望はかなり広くあったのだが、出講を依頼しても断られるばかりで、ついに実現しなかった。これはいろいろ努力したにもかかわらず、今日まで実現していない。自主講座が内容的に反公害という立場をはっきりさせたために、ある程度こういう人たちから敬遠されるのはやむを得ないことであり、まず被害の認識からはじめなければならなかったが、実際に公害を起こす側の問題の認識、対処の考え方を聞いてみることも、やはり出来るならばやりたかったことの一つである。現象としての公害が、発生源と被害者の力関係によってきまる以上、その一方の勢力の内容がどんなものであるかは、自主講座が被害者の立場に立つものであっても、学ばねばならぬ対象であることにはちがいない。まして水俣病や新潟水俣病のように、一見因果関係の解明さえ困難に見えたとき、私はしばしば企業側の反論から因果関係の手がかりをつかんだことがあるので、公害に関する反論や企業側の言い分から学ぶところは大きいと考えている。自主講座としてこれができなかったのは、力量の足らぬところと反省しなければなるまい。

聴衆多くて野外講義も

第二学期も、第一学期に劣らぬ盛況だった。特に青年に人気のある荒畑寒村氏の時などは定員四〇〇人の講堂に千人以上がつめかけて収拾がつかなくなり、安田講堂前の野外講演会に変更しなければならなかった。しかし、第一学期とちがって、外来講師という相手のあるプログラムの場合に、講師の病気や急な都合で、日時を変更したり入れかえたりする仕事は、実行委員会にとっても大変な苦労になった。もう一つ、荒畑さんの時の討論のさばき方に私の不手際があり、聴衆の一部に不満があったことで、その次の回の若月俊一氏の講座を流してしまったことがあった。この責任はあらかた司会者の私にあったのだが、自主講座の成功を快く思わず、もっと急進的な方向に引き廻そうとしたグループが存在したのも事実だった。だが実行委員会の中では、作業の実行を伴わない発言は、威勢がよくても相手にされぬ空気だったので、結局このグループは相手にされず、ごたごたも一回限りで終わってしまった。

後から考えると、この機会にもう少し路線の議論を深めておく方がよかったのかも知れないが、現実の公害を追うに精一杯で、それどころではなかったというのが実情だった。また、路線についてむずかしい議論をしたところで、塩尻の老人が評したように、公害を「実務経済」の問題としてとらえ、講座も「実務経済」的に進めてゆくという方向は、あまり変えるわけにはゆかなかったであろう。ともあれ、第二学期の課題は、第一学期で私の立場から発表した公害の現状に対する理論を、ちがったいくつかの立場から検証し、大筋においてはまちがっていなくて、使えるようだという結論をもたらした。

第二学期が、こうして実例による検証の形をとると、実行委員会の仕事にも、講座そのものの準備だけではなく、各地の被害者、住民運動との連絡という新しい要素が加わってきた。住民運動で必要とする資料の発行という目的で、月刊誌「自主講座」が発行されたのもこの時期で、毎週の講座の講義録もほぼ毎週のペースで発行されていたから、週刊誌と月刊誌を同時に出すという、大出版社なみの仕事をやっていたことになる。東大の私の部屋だけではとても仕事はさばき切れず、水道橋のアパートの一室に自主講座の分室が作られた。この分室は、東大とならんで、全国の公害反対運動の情報センターの役割、もっと正確には電話交換台の役を果たすことになった。

全国のどこかで、たとえば火力発電所や、セメント工場の公害に反対して運動を起こそうという人の相談を受けると、私たちは全国で最もその問題について詳しいと思われる知人を探して、そこへ話をつなぐのだった。もっと自主講座が積極的な指導をしないのかという不満はよく聞いたが、私たちに東京から地方の運動を指導するなんて力はないことを納得してもらった。このころ、政党などが、全国の公害反対運動をまとめるセンターを作ろうとする動きがいくつかあったが、それが現実に合わないことを私たちは直感で感じていた。原水爆反対運動における政党のひきまわしの記憶は、全国どこの運動でも、繰り返したくない記憶として残っていた。地域ごと、課題ごとにちがう各地の運動にあてはまる指導的理論を私たちが持ち合わせているという自信はなかったし、政党のような大組織と張り合うつもりもなかった。

世界に知らせた〈公害日本〉

二学期の終わり近くに、二つの問題が新しく提起された。一つは、東大の中で講座を開くばかりでなく、現に問題の起こっている地域で現地の運動に直接役立つような講座ができないかという問題である。この希望は、水俣をはじめ、私が関係した住民運動が関西から九州にかけて多いので、そうたびたび現地へ行くわけにもゆかず、もっともな希望だった。四月から九月までは、私が学生実験担当助手として、最低週二日は東大に勤務しなければならないから、東京から遠くへ出るとすれば九月から三月の半年間が都合がよかった。もし地方の巡回講座を行うとすると、東大での開講を月一回位にペースを落とすことが考えられた。半年間全く休みにしてしまうことも考えたが、そうもいかなかったのは第二の問題である。

一九七二年に開かれる国連人間環境会議を前にして、日本政府が作っている報告書なるものを、友人の外国人記者から見せてもらって驚いた。そこには水俣病もイタイイタイ病も全く書いてない。それでいて政府はこんなに立派な政策を用意しているという自画自讃ばかりが書かれている。その印象は私たちから見ればまことにそらぞらしい限りのものだし、問題がないならなぜたくさんの公害対策の法律などが作られるのか、知らない人が見てもおかしなものではないか。こんなものが日本の現実だと思われてはたまらない。実行委員会で相談して、日本の現実を書いた報告書と、公害被害者の代表を送ろうという提案がまとまった。この準備の作業を並行して東京で行うためにも、東大で毎月一回の開講は必要だった。

地方講座について相談した現地の住民運動の中の友人たちの反応はぜひやりたいというものが多く、一年間準備をして、七二年の秋から行うこととなった。七一年の秋から冬にかけては、水俣病患者のチッソ本社への座り込みがあり、自主講座の実行委員もかなりその支援に参加したりして、地方へ出かけるだけの準備はできなかったのが正直なところだった。

国連総会のための報告書は、なかなかはかどらなかった。約二〇項目の日本の主要な問題を、実行委員が分担して用意することになったが、身体を動かすことは何でも得意な実行委員の一人々々が、せいぜい二千字ぐらいに特定の問題について報告をまとめることは全く苦手であり、時間はどんどん過ぎていった。必死の催促で日本語の原稿が出来ても、これを英語に直すことは、また全員が苦手な作業であったところへ、有力な援軍がとびこんで来た。米国人宣教師のカーター氏である。

日本語も堪能なカーター氏が、片端から草稿を英語にタイプし、徹夜の作業を何週もつづけて、どうやら日本で最初の包括的な公害の報告書、「Polluted Japan」が出来上がったのは、会議のはじまる三週間前であった。

公害被害者の代表を送るための資金カンパの集まり方も、眼をみはるものがあった。実行委員会の一人の女性は、自分が所属する組織、女子平和連盟によびかけて、五〇万円の街頭カンパを集めた。実行委員会を通して全国から集まった資金は一五〇万円をこえた。こうしてストックホルムに送られた日本の公害被害者たちは、国連会議全体の空気をひきしめるほどの強い衝撃を与えた。それほどに日本の現実は世界に知られていなかったのである。「ミナマタ」「ユショウ〔油症〕」が「ヒロシマ」とならんで国際語となり、公害の恐ろしさを世界に訴える結果となった。この国連会議への出席は、自主講座の視界を世界にひろげるきっかけとなった。外国の状況を日本に紹介することはあっても、日本の現実を外国に知らせようとする努力は、それまでほとんどなかった。しかし第三の水俣を繰り返させないためには、それはどうしてもやらなければならない仕事だった。私の帰国後、季刊を目標として、日本の現実を伝える英文のニュースレターが発行されることになった。

さすが、自民党の読みの深さ

大学での私の仕事に合わせて、いわゆる夏学期が毎週招待講師、冬が私の担当する月一回の講座というプログラムは、次の年もつづいた。聴講者にはあまり評判がよくなかったが、私にとって勉強になったのは、各政党の代表を招いて、それぞれの政党の政策を説明してもらったことである。どの政党の政策も、公害には反対であり、発生源に対する規制はきびしくすることを主張し、対策技術の開発に努める、被害者の運動は支援し、その意見を尊重する、とよいことずくめで全く差がなく、当時の五つの政党の公表された政策について、どの政党を選択しようにも、まるで手がかりがなかった。少しでも政党の立場の差が出るように私たちが用意した質問にも、ほとんど同じ模範回答が返ってくるのだった。わずかに二つの質問に対してだけ、政党の差が現れた。

その一つは、そのころ話題になっていた住民運動の直接行動である高知パルプ生コン事件[*1]を例にあげて、このような住民のやむにやまれぬ最後の手段としての直接行動を支持するか否かという問いである。社・公・民〔社会党・公明党・民社党〕の三党は、もちろん支持するという答えであった。自・共の二党は、直接行動を否定はしないが、そこへ行く前に政党に相談してくれれば何とかする、つまり政治のことはプロの政治家にまかせよという意味の答えをした。ここに五つの政党のプロ意識の差が現れているのは、ある程度予想したとはいえ、面白い答えの分かれ方である。もう一問は、公害対策は、科学技術を進歩させてゆけば、最終的に解決できると思うかという、考えようによってはかなり意地の悪い質問だった。これに対して、否と答えたのは自民党だけだった。とても科学技術で解決するような生やさしい問題ではないが、そう言い切ってしまっては身もふたもなくなるので、とりあえずは科学技術に期待することにしているという自民党の現実的な読みの深さに、さすが政権政党という余裕を感じさせられた。場所の雰囲気に呑まれてか、どの政党もずいぶん正直に答えてくれたものである。

今日までの自主講座の歴史の中で、二回だけ英語の講座が開かれたのも、一九七二年の秋、国連人間環境会議のあとだった。これは海洋汚染の世界的権威である、米国カリフォルニア大ゴールドバーグ教授を招いて、全世界的な海洋汚染の最近のニュースを講演してもらった。英語の講演はもちろん通訳をつけるので、時間が倍かかることになるが、研究の第一線にある学者から直接聞くことはやはり刺激にはなった。公害研究の学術的な側面を最も代表した例の講演であろう。あとは大体各地の運動の報告が主なものであったが、その中から徐々に浮かび上がったものが、公害行政の役割の大きさ、別のことばで言えば障害の大きさであった。この面については、幸いにして飛鳥田一雄氏が自治体行政を、橋本道雄氏と田尻宗昭氏が国の行政のそれぞれ一面を、大牟田市の武藤泰勝氏が公害都市の現場の行政を語ってくれた。

公害現地住民のエネルギー

一九七二年の秋、国連環境会議から帰るとすぐに、地方講座の準備がはじまった。カネミ油症の問題をかかえる北九州からはじまって、農薬による環境汚染が人体の健康に悪影響を与えるまでになった久留米市荒木の三西《さんせい》化学〔農薬製剤工場〕事件、周防灘《すおうなだ》開発の第一歩としての豊前《ぶぜん》火力建設問題の起こった豊前市、中津市、新産都市計画第二期工事を前にした大分、佐賀関、大阪セメントの進出をようやく押し返した臼杵《うすき》、小野田セメントの降灰と石灰採掘で山が消えてゆく津久見、興人のパルプ排水をかかえる佐伯と、まるで九州の地方都市はのきなみに公害問題をかかえているのだった。

私たちはライトバンに「公害原論」の講義録をはじめとする出版物を積みこみ、友人宅へ分宿して、公民館や個人宅など地元で用意された会場を次々に回って講座を開いていった。中でも印象に残るのは、埋め立て計画をめぐって漁協の民主化運動が起こり、組合長リコールのヤマ場にさしかかった佐賀関で、運動の先頭に立った漁師、西尾勇氏と共に漁村部落をひとつひとつしらみつぶしに歩く辻説法だった。マイクをつけたトラックの上に乗り、私が前座で世界と日本にひろがる公害を報告し、西尾氏が漁場を奪う埋め立てを阻止するよう漁民の立ち上がりをよびかける体験は、生まれて初めてだった。夜のとばりがおりて、真っ暗な闇の中に息をこらして聞き入っている漁民部落で、「俺の生きがいは、金じゃない。息子に漁を教えながら、胸を張ってこの海を守ったのはおれだと言えることだ」と訴える西尾氏の言葉は、私に深い感動を与えた。

思えば我らの祖先の時代、名僧と言われた人々は、こうして辻説法し、それが人々を動かして当時の学校でもあり病院でもあった寺院を、全国に次々と建てていったのだった。今の大学は、寺院よりもはるかに立派な建物や設備を持ちながら、その教師のうちで辻説法に道行く人の足を止められる者が幾人あろうか。本当の学問というものは、ここから生まれなければならないのだとつくづく考えさせられた体験だった。

一九七三年の冬から七四年の冬にかけて、こうして中国、四国、九州の各地を歩いた。これは私にとっても、実行委員にとっても、いろいろな意味で勉強になった。私には、地方の住民運動が置かれているきびしい環境と、そこで求められている一種の政治理論、進歩―保守という軸ではなく、中央―地方とか、管理―自治とでもいうべき対立をのりこえるための道しるべとなる理論の必要である。実行委員には、私に聞いていたことを上回る現実の重さと、その中で運動する人々の大変な苦労にもかかわらず明るい表情とが、大きなはげましになった。事実今からふりかえってみても、この時期の実行委員会の活動が、全体を通じて最も活発であったといえる。

一九七三年の夏に実行委員会が企画した面白い試みは、日本に留学している外国人学生とジャーナリストを対象とした、公害現地のバス旅行見学である。足尾、鹿島、富士といった代表的な公害現場を解説つきで案内したことがきっかけとなって、のちに「夢の島」という日本の公害を紹介した話題作を書いたアメリカ人女性ノリ・ハドルや、インド人で日本の住民運動を鋭い問題意識で掘り下げたサビトリ博士、何人かのタイ人留学生などが公害と住民運動の研究をはじめた。ノリは主な日本の公害現地を自転車で回り、歩きはじめたし、サビトリ博士の足は沖縄まで及んだ。

編註

＊1 高知パルプ生コン事件については、本セレクション第2巻の第Ⅲ部に収録の「浦戸湾を守る人びと」「高知パルプ生コン事件」に詳述。

（『教育の森』四巻一〇号、一九七九年一〇月）

❖1979❖

東大自主講座　一〇年の軌跡（下）

自主講座連合としての大学づくりを

行政とならんで、日本の公害問題の解決にしばしば障害となったのは学問である。特に最高学府のモデルとしての東大は、過去の公害問題では足尾鉱毒事件の初期を唯一の例外として、常に加害者側についていた。大学の問題はもちろん、それだけではない。現在の教育制度のゆがみのほとんどの問題は、大学に原因がある。大学闘争後、その問題の解決や制度の改善の方向に動いた大学はわずかであり、特に東大は全く変化がないどころか、むしろ反動化したと言ってよい。

「大学論」への取り組み

大学の問題については、公害とは別にいずれはふれなければならないと私は感じていたが、私の大学問題のつかみ方は断片的であり、学部講座制のタコツボ体制の中で、自分の知り得たことは限られていた。そこで、旧知の先輩で東大の裏表を知っている生越忠氏と語らって、「公害原論」の講座と並行して一九七四年に「大学論」の講座をはじめることにした。ここでは主体は二十余年助手として東大に勤め、東大職員組合委員長として全学の問題について詳しい生越氏がむしろ中心になって、一応の成功をおさめたが、私としてはやや勢力を分散させすぎたかもしれない。

「大学論」の聴衆の主力は学生であり、「公害原論」の実行委員会の主導権が社会人にあったのとは、出発点から大分異なっていた。それだけ議論も「実務経済」的なものよりは、理論的な方向に傾斜する。公害も大学も、どちらも関連する問題は実に広い範囲にひろがっているから、個別の問題を掘り下げながら全体の方向をにらんでゆくという仕事を、二つとも進めるというのは、私には荷が重すぎる。結果として一九七五年ころから、両方ともやや中途半端な形になったことは否定できない。

「大学論」のいろいろな問題の中で、着想としてはおもしろいものをもちながら、現実の状況とうまくつながらなかったものは、自由聴講者同盟、通称ニセ学生同盟であった。これは単位を問題とせず、本来の学生の勉学精神を最も正当に発展させれば、大学の枠をこえてそこに到達すべき目標のようなものであり、それなりに参加者もあったのだが、大きくひろがって長つづきするというわけにはいかなかった。

「公害原論」実行委員会が電話の交換台の役目をして、全国の情報を集めて散らした以上に、どこの大学でどのような講座があり、その質はどうかという情報の集散が、ニセ学生同盟では重要な実務活動となり、扱うべき情報の量も多い。「公害原論」の場合には、住民運動の直接の手ごたえがあるから、活動を支える立場の実行委員にも心の張り合いというものがある。ニセ学生同盟の場合には、一人一人の学生からの問いあわせ、情報の要求は量的には多いが、現代の青年がおかれている状況のもとでは、無料の商業的サービス情報が大量にあるために、それを利用することはしても、利用に見合った体験の交流が伴ってこない。そこで、交換台に当たる実行委員としては、ただサービスだけを要求されることになる。

ニセ学生ガイドブック

公害反対運動では、一本の電話、手紙のうしろに、せっぱつまって動かずにはいられない住民の集団があることが、体験でわかっているから、サービスには必ず義理人情が伴うことが自明の理であり、相互の諒解になっている。学生の場合には、実は何を学ぶかは自分の将来を決める切実な問題ではあるが、それが本人にその時わかっているとは限らない。その上、一日中で学校に行って口をきいたのが、食堂で料理を注文した一言だけだったという実例があるくらいに、大学の中でばらばらにされている。そのような状況のもとではサービスを与える側の実行委員が、自分の努力に対しての手ごたえがなくて、仕事をつづける気がしなくなるというのはむしろ当然のことだった。それでも実行委員はよくがんばり、この仕事を停止するまでに一冊のニセ学生ガイドブックを作りあげたのは、むしろよくやったといってよい。

「大学論」は、大学につながる個々の問題の掘り下げをある程度まで行ったが、実行委員会の力がつきた形で、一九七八年には講座の開催がかなり間遠になった。しかし実行委員のメンバーはむしろ、生活者として再編され、講座の再開定期化を用意している。

高等教育というものが個人の上昇志向と密接に結びついていることは、集団としての改革運動の起こりにくい一つの原因である。長い目で見れば、高度経済成長が終わり、学歴社会がくずれはじめた今日では、高等教育の内容を考え直さなければならぬ機運は満ちているといえよう。学生は自分の直観で未来を漠然たる不安としてとらえているが、父母はこの大きな変化に気づかない部分がまだ多い。大学そのものもまた変化をしようとしない。この状況のもとで、もう一度「大学論」をやり直すには、大学の中の実践で新しい道があることがはっきり誰の眼にも見えるような実例の準備が必要だろう。永続的な「大学論」を講座として定着させてゆくには、私の「大学論」はやや準備不足だったというべきであった。

だからといって、「大学論」は無意味だったわけではない。そこで明らかになり、今後の論議に欠かすことのできない問題はいくつかある。たとえば学閥の大きさの問題とか、私大の行き詰まり打開のための新しい方向とか、である。だが「大学論」を今の段階から先に進めるには、何らかの制度的基盤をもった、かなり長い時間をかけた研究組織が必要になると思われる。

反公害輸出通報センターの活躍

「公害原論」の方も、一九七五年ころから、個々の問題の掘り下げが、永続的な運動を必要とする分野が多いことが、だんだんはっきりしてきた。実行委員の立場からすれば、各地の運動の交換台としての仕事には限界があり、もっと直接に自分で運動をはじめなければ進まない種類の問題がある。公害輸出の問題はその一つだった。日本では規制がきびしくなり、公害を出せなくなった企業が、東南アジアなどの発展途上国へ進出する動きが、七〇年代に入って目立ってきた。一九七三年の、富山化学がマーキュロクロームの製造設備を韓国に移そうとした動きは、「公害原論」も加わった抗議活動で、企業側が断念せざるを得なかった。

しかしもっと規模の大きい日本化学工業の六価クロム工場は、東京の江東デルタ地帯のあちこちに回復困難な土壌汚染を残しながら、抗議をはねつけて強引に韓国に進出した。川崎製鉄千葉製鉄所では、最大の大気汚染源である原料鉄鉱石の焼結炉をフィリピンのミンダナオ島に移転する計画を発表した。このような目立つ例ばかりでなく、断片的な公害輸出のニュースはたえず東南アジアから、中南米から伝えられる。この公害輸出を食いとめるための国内での抗議行動、現地への情報の伝達、現地での監視強化などの作業を行うために、反公害輸出通報センターが自主講座分室内に生まれた。それ以来、上記の企業などへの抗議行動のねばり強い継続と共に、パラオ島へのＣＴＳ〔石油備蓄基地〕建設計画や、マレーシアの日本資本によるマムート銅山開発に伴う公害などの調査をはじめとする多くの活動をこのセンターは行っている。

石油危機以来の不況に対する政府の政策は、公共投資の増大とその事業の強行であり、各地で住民の抵抗運動との衝突を起こした。成田空港をはじめとして、東京ではあまり報道されぬ住民運動への刑事弾圧事件は全国に無数にある。さらにその背後には、明治以来上意下達の統治機構として成立し、住民の自発的な行動を体質的に敵視する地方行政がある。この体質は自治体の首長が革新でも、なかなか変わるものではないし、その改善の努力も十分なされているとはいえない。一九七六年末の福田〔赳夫〕内閣の成立と、その直後に起こった大分八号地埋立反対運動への刑事弾圧は、我々に政府のタカ派的体質への危機感をもたらした。環境庁長官に石原慎太郎が就任したことも、この危機感をうらづけた。そこで自主講座分室が中心になって、住民運動の反弾圧連絡センターが作られた。その直後に起こった石原長官のテニス事件〔水俣病陳情団と面会せずにテニスをしていた〕などは、この仕事の重要性を身にしみさせたものである。

工業立地、産業構造の問題は、すべての産業公害の原因として共通であるが、逆に産業側から見ればすべての産業に共通な基盤としてのエネルギー問題がある。事実、火力、原子力開発、石油備蓄等、住民運動の直面する多くの問題が、エネルギー政策に関連している。今後のエネルギー源から、その利用、分配の原理、産業構造のあるべき姿まで、エネルギー問題のひろがり全体に対して、我々自身の考え方を研究し、確立しなければならない。「公害原論」の最初からの実行委員、松岡信夫氏を中心にして、この目的のために市民エネルギー研究所が作られた。この研究所での作業の蓄積の一端が、今年〔一九七九年〕三月の米国スリーマイル島の原子力発電所事故の評価について間に合ったのは記憶に新しいところである。

諸グループの広がりと活動

私自身の研究として、地域住民の手によって建設可能な程度の小規模で簡単な下水道の仕事があり、ここ一〇年少しずつは実験も進めてきた。この小さい技術の考え方が、国際的な南北問題の激化に伴って、適正技術、中間技術の問題と関連して重要になってきたため、小さな専任の実験グループを作り、当面は日本の農村における水汚染の防止を目標として実験の作業をつづけることとした。最近のこのグループの成果は、高知県土佐市にある心身障害児の養護施設「ひかりの村」で、児童たちが自分で作った汚水処理施設である。このような自力更生の技術は、地方自治とも密接な関係があり、技術運動としての性格を持っている。実験が必要な分野であるだけにその進みは遅いが、私の技術者としての蓄積を生かして、数年かかればかなり眼に見える成果をあげることも出来そうだ。

このほかにも、実行委員の出身地の関心から生まれた志布志《しぶし》グループ〔鹿児島県志布志湾公害反対闘争〕、水俣病の現在の局面で国家の責任を問う性格をもつ川本裁判〔チッソ本社前で座り込みを続けていた水俣病患者の川本輝夫氏が傷害罪で起訴〕控訴棄却実行委員会、原子力発電政策を問う原子力グループ、合成洗剤と石けんの問題を掘り下げてわかりやすく解説したあわゼミ等、個々の問題についての小グループが実行委員によって作られている。「公害原論」の発足のはじめから、こういった個々の研究活動の必要は感じられたし、事実いろいろな小グループが作られてはきたが、なかなか長つづきするものではなかった。しかし一九七五年以降は、むしろこのような自主講座グループの定常的な活動の方が大きな比重を占めて、本郷の東大で行う講座そのものは諸グループの活動、研究の発表の合間に、時折私自身の報告がはさまるように、いわば多極化してきた。自主講座そのものが、諸グループの連合体のような性格に変化してきたともいえる。

このような多極化は、公害問題のひろがりを考えるとある程度必然的なものである。実行委員の個々が独自の活動をつづけるだけの力を持ってきたことは、むしろ進歩と考えることができる。だが多極化に伴う遠心力に見合った求心力がないと、諸グループ連合体がうまく動いてゆくことはむずかしい。大学で行われている講義のように、同じものを年々繰り返す講座があれば、こういう諸グループの中心としての存在になりやすいが、同じテーマをくり返すというのもどうも気が進まない。現在のところは私の存在自体が求心力の役割をある程度果たしているが、その役割は微妙な関係のバランスの上に立っているようなもので、そう安定したものではない。私自身が何をするかは、かなり慎重に判断しなければならない段階にきている。

同じ講座の繰り返しはおもしろくないが、場所によってはそれも必要であろう。自主講座には発足以来奇妙な伝統があって、東大生の参加がごく少ない。皆無ではなく、実行委員会に参加した学生はそれぞれよい仕事をするのだが、何としても絶対少数である。これには無理もない面がある。東大に入って来る学生は元来が個人中心主義の中で育っている上に、東大教養学部の二年間で、さらに志望学科へのはげしい競争にさらされて、他人のことなどにはかまっていられない習性が身についてしまう。自主講座は本来自分の立身出世のためには全く役に立たないばかりか、大体はマイナスになる活動である。この点でも東大生向きではない。

反動エリート主義の巣窟で

東大教養学部の教官の中で近年とみに発言の機会が多くなってきたのが、反動エリート主義の「グループ一九八四」の中心人物であった、佐藤誠三郎、木村尚三郎、公文俊平といった連中であり、エリート主義を刺激して学生を一層ばらばらにし、それから学閥や企業という上下関係で成立する集団に組み込むことが、現在の支配体制側の教育の目標でもある。いわばそのエリート主義の本拠でもあり、学生支配の出発点でもある駒場の東大教養学部という場に、自主講座「公害原論」を開講することは、二年で教養学部を通過してしまう学生のためにも有意義であろう。個人中心的な東大色にあまり染め上げられないうちに、自主講座を聞かせることは、本郷よりは多少効果が期待できる。何年か講座をつづけ、全国の体験を聞いたおかげで、一九七〇年の発足当時にくらべて、大分材料も増えてきた。こう考えて、七七年から駒場講座を開始した。

内容は第一学期の「公害原論」を骨子とし、それにその後の体験をつけ加えたものである。ここでは、一年かかってじっくりと日本の公害のあらゆる側面について勉強する。本郷の講座の二学期以後に相当する各論が、次の年の内容となる。このように二年間を一サイクルとして、駒場の講座をつづけることとした。今年一九七九年は、私の病気などによりこのサイクルがくずれたが、一九八〇年にもう一度最初からやり直すことになるだろう。この駒場の講座が自主講座諸グループの求心力の一つの足がかりとなるものと、私は期待している。

私のかかえているもう一つの問題は、実力不相応に外国で名が売れたために、海外出張がやたらと多いことである。その機会に海外での公害の新しい実例や、公害輸出などの所見がふえて、勉強になってきたが、そのための出費もふえる。その分をどこかで埋め合わせるのも容易でないし、日本にいない期間が長ければ、その間の他人の負担と共に、自分の仕事で空白を埋めなければならぬ。大概は国際会議で、時に講義などがあるが、いずれも先方の都合で決まる日程なので、予定が立てにくい。自分の金だけで調査に出られると一番よいのだが、そこまでの力はない。しかも東南アジアなど発展途上国の公害は、ある面では工業先進国よりも深刻な面がある。この方面での仕事は、反公害輸出通報センターが徐々に力をつけてきたが、まだ当分私の分担が減る見通しはつかない。

今年はこの問題を多少は国際的、組織的に解決する方法として、アジアの環境団体のセミナーを、東京で開催することを考えている。はじめインドの環境科学者から提案されたこのセミナーは、四月末に予定されていたが、私の病気で一〇月末に変更することとした。ここでアジア各国の状況がわかり、日本の実情がアジアに直接伝われば、これまでの個人的な努力がかなり組織的に広がることになり、通報センターとしても私を介さずに、直接現地に手がかりがふえることになる。若い実行委員たちが、国際会議に慣れて、外国へ出てゆくことをおっくうがらぬようになれば、私も助かるというものである。

現実に切り込まぬ学問・研究

自主講座は元来が講座制に対抗して出来たものであり、それ自体の存在が運動である性格をもっているから、制度化することを望むべくもない。ただ、もし制度化して、ある程度の定常的な財政基盤があったら、もっと研究が進み、公害を止めるのに役立っただろうと思うことはある。出来なかったことのくやしさはいくらでもあるが、どういう制度が公害を出さないかという社会科学的な総合研究は、私たちの手に余ったものである。

全国の住民運動が、今共通に一番苦労しているのは、企業よりもむしろ行政が相手ということである。革新自治体といわれているところでも、その点は大して変わらない。どのような公害政策が最も有効か、規制方法としてはどのようなものがあり、経済的なコストまで含めて最適な方法は何か。被害者、住民の参加に対し、抵抗以外に全くない今の制度は、おそらく国民経済的に考えても全く不合理なもので、効果も期待できないが、それにかわる行政の制度は、やはり相当の時間、多数の事例の比較なくしてはできないものである。これは、ほんとうの革新政策とは何か、参加をさらに自治にまで高めるためのプロセスを、モデルとして作るという大仕事になる。

日本の被害者住民運動は、世界に類のないほど、必要に迫られて科学的なデータを持っている。それを集め、整理して体系的な方法論にすることは、日本だけではなく世界にとって大切なことである。日本の公害の歴史については、飯島氏の超人的な努力により、詳細な年表が作られたが〔飯島伸子編『公害・労災・職業病年表』公害対策技術同友会、一九七七年〕、これも公害先進国において作られた世界的な財産というべきで、その外国語への訳も今すぐにやらねばならぬ仕事である。公害の因果関係についても、たとえば財界、自民党の反撃でわかりにくくなったように見えるカドミウムとイタイイタイ病の関係など、一人の研究者が二、三年かかって過去の研究を洗い出せば、疑問の余地なく明らかになることである。

さらに、今から一〇年前、私はある国際会議で、奇妙な話を聞かされたことがある。討論の時に出たことなので、どこかに原報があるはずで、まだ確かめていないのは私の怠慢であるが、ラドムスキーとダイクマンの二人が、ニューヨークの病院で多数の死体の臓器を分析したところ、ガンや白血病など、いわゆる難病の死者の方が、交通事故などの死因にくらべて常にDDTやBHCなど〔有機塩素系殺虫剤・農薬〕の含有量が大きかったという結果である。これをどう解釈するかはかなりむずかしいが、あれから一〇年たって、どのような結果がその後加わっているかなども、少し時間をかければすぐわかることであり、何かおそろしいことの氷山の一角ではないかと気になるものである。

こういう調査、研究は、制度的基盤のあるところならすぐ出来る種類のものであるにもかかわらず、どこでもやっていない。日本は国立公害研究所をもち、一八の国立大学に環境科学科ないしそれに類する学科を作りながら、そこでは細かい技術的な研究ばかりがなされていて、大切なことには手がつけられていない。税金の使い方としてもおかしなことだし、そこで教育される学生がどんな偏った学問を身につけて出てゆくか、ということを考えてみても、やはり放置しておけるものではあるまい。制度の中にある学問が、いかに歪んだものであるかは、公害の実例が最もはっきりと教えてくれる。

講座制につきつけた助手の実績

昔、ドイツの大学には、「私講師」という制度があって、若い学者は大学の内外で何年か学生を集めて講義をしてから、その出来によって教授になったと聞いたことがある。この考え方からゆけば、九年つづいた「公害原論」は、制度化を十分要求できる資格をもっているといえよう。私自身は、まだこの点についての腹を決めてはいないが、一つの資格を持っていることは自分の支えになっている。ファラデーの『ロウソクの科学』や、ウェルズの『世界文化史』など、文化史上に残るいくつかの名著が、公開講座の所産であるという話も覚えている。『公害原論』『大学解体論』（亜紀書房）はそれとは比較にならないにしても、日本の教育史の中で、一〇年つづいた自主講座というものが出来れば、それは一つの事実として残るだろう。

自主講座の制度化は望むべくもないこととしても、もし現在の講座制の大学の中で、一人の助手でさえこれくらいは出来るのだから、教授や助教授がその気になれば、私と同程度ないしそれ以上の成功を収める可能性ははっきりしたことになる。あるいは、NHK教育番組程度の予算とスタッフを与えられれば、ガルブレイスの『不確実性の時代』ぐらいのおもしろさを持つものは、作ってみせる自信はある。そのうち日本の国際収支が赤字になったら、多少は外貨も稼ぐだろう。

大学側からの反応は、自主講座に対してはほとんど完全な無視である。この点では、加藤元総長のひそかな期待にはこたえているとは言えない。部屋や施設の使用に関しては、学内団体としての所定の手続きをして、普通に活動している以上、事実上の公認となっている。都市工学科の部屋を占拠していることについては、学科側から多少の苦情はある。私が今やっている活動よりも社会的に意味のある用途に、大学側が今の自主講座の部屋を使うというならば、いつでも明けわたすと私は約束をしているが、そのような計画は一度も出て来たことがない。従って当分の間は自主講座の空間は使えそうである。いろいろな手作業の場として、また全国の運動と連絡を取る電話網として、東大の設備はずいぶん使いでがあるが、はじめにあげたポーランドの大学のような考え方からすると、これが本来の大学施設の使い方なのではあるまいか。実験室の利用については、一度試みたが、まだ実行委員会の力不足でうまくできなかった。これには少なくとも二、三人の職員の協力が必要であり、これは将来の課題であろう。

さて、これからどうするか。一時は、助手の定年まで東大にねばってみることも考えた。助手の定年は、あるという説とないという説があるが、一応教授なみに六〇歳とすると、あと一三年あることになる。一方で私は学生時代から通算すると、二五年東大に居たことになり、かなりの程度まで東大の悪いところも身体にしみついてしまったという気もする。まず人事関係にできるだけ気を使わないようにはしているが、自分が教えた学生が助教授や教授になり、「教室」内のことで下らぬ指図などされるのは、どうも気持のよいものではない。学生の教育も、かなり一生懸命やったつもりではあるが、近年は自主講座の関係に力をとられて、あとまわしになったことも認めなければならぬ。だがそれより、東大闘争以後は、都市工学の大学院生が活躍したのにこりて、「教室」側の大学院生、助手の採用ははるかに慎重になり、おとなしくてよく言うことを聞くものだけが採用されるようになったから、私のような助手の大学内での孤立は、ますます深まる一方である。

学生の方は、何もわからなければ肩書で人間を判断する。受験勉強の結果、学生は実験が年々苦手になる。私が助手をつづけていて一つだけ残念に思ったことは、実験のために徹夜をしながら、学生の卒業研究にそれが全く刺激にならなかったことだった。これがもし私が教授の肩書を持っていたら、それだけでずいぶん学生に与えた刺激は大きかったろうと考えると、現状における教育的効果の差には、やはり口惜しい気がした。

死ぬまでやめられぬ仕事

学生実験担当助手は、四〇歳を定年とすべきである。三〇代には実験を指導していて口よりも手が先に出たが、四〇すぎると口の方が先になる。私自身、五〇を過ぎて実験指導だけを担当する助手の席を占めているのはやめようと考えている。これはもっと若い人にゆずるべき席である。といって東大の中には他に席はない。この問題にあと三年のうちに解答を出しながら、自主講座の今後を考えるのは容易なことではない。

ここ二、三年は、自主講座諸グループの遠心力と求心力のバランスをとりながら、私の自主講座はいずれ終わって、他の人が別の講座を作れる条件を用意してゆくことになるだろう。形だけを残して無理に後継者を作ってきたことが、講座制の矛盾だったのだから、自主講座を今の形でつづけることにこだわる必要はあるまい。ただ、東大闘争でいや気がさして辞めてしまった日高六郎、藤堂明保といった先生方には、本当はむしろ大学の中へ残って、自主講座の形で所信を問うていただきたかったと残念な気もする。その点では、教養学部の折原浩助教授の自主講座「マックス・ウェーバー論」が、理論的にも新しい内容を持ってつづけられているのは心強い。

一方、私の下水処理についての実験研究は、一応のまとまりをもつためには、あと五、六年はかかる。その間は東大の施設を利用するほかはなさそうである。その間の時間で、一〇年前の「公害原論」を、その後の材料と運動の進展で得たもので補い、できれば新書判の本一冊ぐらいに要約し、さらにそれを英訳するところまでは果たしたいと考えている。これは第三世界にひろがる公害のことを考えると、日本に生まれあわせた私の責務である。

一九八〇年一〇月、「公害原論」発足一〇周年のころまでには、こうしたいろいろの条件を考えに入れ、これからどうしめくくってゆくかの議論を煮詰めて、一応の結論を出すことになろう。公害そのものはとても当分なくなりそうもなく、被害者も増える一方だから、私の仕事は死ぬまでやめるわけにはゆかないが、形は別のものになることが考えられる。

それにしても、九年間をふりかえってみて、私の活動を動かしてきたのは、日本の公害の現実であり、被害者の願いであり、聴衆と実行委員の熱意であって、私はむしろ受動的に、波の上を運ばれてきたような感じをもっている。もし自主講座運動が歴史の中に根をおろすならば、それはこの集団の力の成果である。全く無償の労働を積み重ねながら、全国の運動と手をつなぎ、その輪を国境をこえてひろげるところまで来てしまった人たち、そういう集団が、ともかく存在をつづけ、現実の問題とたたかい、その解決を用意するという事実を作る作業に、一人の技術者として参加できたことは、研究室にこもっていたのでは得られない貴重なよろこびである。未来の大学は、こういう自主講座の連合として作られるべきものだろう。

(『教育の森』四巻一一号、一九七九年一一月)

❖1999❖

自主講座「公害原論」の体験

一九五九年から水俣病の因果関係について調べていた私は、一九六五年の新潟水俣病の発見に強い衝撃を受けて、それまでの調査結果をすべて発表することに決めた。足尾鉱毒事件をはじめとする日本の公害の歴史を調べてみると、そこにはかなりに共通な性格、特徴があることがわかった。一九六八〜六九年にはWHOの奨学金により、東西ヨーロッパの公害を一年余調査する機会を得て、日本で気付いた公害の諸原則はおおむね外国にもあてはまるものであることが認められた。

このような体験を身につけて帰国した私が直面したのは、六八〜六九年の大学闘争で荒廃した東大の都市工学科であり、特に研究の中心となる大学院生は闘争の敗北とともに四散してしまって、教室の空気は以前にもまして保守的になっていた。そのころ学生の関心をひくような内容の講義として、公害の技術的側面の講義を用意するよう命令された私は、技術的対策は公害のごく一部にしか有効でないことを説明して、社会科学も含めた総合的な講座の開講を提案したが、助手には講座を開く権利がないと拒否された。そこで私は夜間空いている教室を使って一般市民向けの自主講座を開講する計画を、公害反対運動で知り合った友人や身辺の人々と相談して用意し、一九七〇年一〇月一二日から隔週月曜日に公開自主講座「公害原論」を東大工学部都市工学科八二号教室で開講した。

幸いにこの年は公害の報道が爆発的に増え、世論の注目を浴びて自主講座には会場に入りきれないほど多くの市民が参加して、私の用意した講義を聞いてくれた。そこではまず私がそれまで調べたことを報告し、その内容に対する質問、討論という形で進行した。講座の準備や資料作りに人手がいることを話すと、即座に三〇人程の有志がその仕事を遂行することになった。この実行委員会は実に強力であり、私の講義内容をテープ録音し、それを講義録にして次回までの二週間で冊子を完成させるという離れ業を実現したのであった。

この講座に集った人々のおよそ半分は学生だったが、東大生はまれであり、都内の中央、法政、日大、和光といったポピュラーな大学が多かった。四分の一くらいは職業人であり、中には公害企業で働く人もいた。残りの四分の一は主婦や年金生活者などいろいろな職業の人々で、実行委員会もほぼ同じような構成であった。平均的な学生の生活の中では、それほど議論の占める比重は大きくなくて、むしろ多くが行動を志向していた。

私が用意した報告は一三回、半年で終って、第二学期は私が提示した原則が果して現実にあてはまるかを、当事者や研究者、活動家にたずねて検証してみようという運びになった。私の立論は公害を被害者の側から見るという内容だが、それが被害者に役立つか、また別の立場から研究している者はどのような結論を導き出すか、広い立場の人々に来講してもらうよう企画したが、公害発生源につながる学者たちには、度々要請したが来てもらえなかった。これは立場をはっきりさせている以上やむを得なかった結果であろう。

招待講師のうち、最も好評だったのは、足尾鉱毒事件と田中正造の記憶を語ってくれた荒畑寒村翁であった。あたかも田中正造が乗りうつってそこにいるかのように当時のことを活き活きと描き出す翁の話に、工学部大講堂にも入りきれずに安田講堂前の広場に席を移した一千人余の聴衆は息を呑んで聞き入った。一五年つづいた自主講座でも最大の規模になった集会であったし、後年翁も、「長年講演をやったがあんなに気持良いことは他になかった」と語ったほどの成功であった。

私の研究が水俣病からはじまったこともあって、水俣病については石牟礼道子さんや川本輝夫氏が何回か来講してくれて、進行中の運動の様子を詳しく知ることができた。この時期は、川本氏ら水俣病患者のチッソ本社前への座りこみが七一年一二月から一年半近くつづいていたことと重なり、自主講座に聴講に来た人々が、終ってから座りこみに参加して一夜を明かしてゆくこともしばしばあったそうである。このように実際の運動に参加することが、公害を止めるための有効な手段であるという考え方は、私が主張したことでもあり、また多くの聴衆が共有したものであった。沖縄をはじめとする全国各地の公害反対運動に応援に行く青年も現れた。この時にも、「中央で身につけた理論で運動を指導するなど絶対考えるな、現地の人々から学ぶために行くのだ」という原則が実行委員会で確認された。概して公害の現地では、自主講座からの応援者は身体がよく動くと好評であった。

実行委員会は、こうして講座を準備するだけでなく、全国の公害反対運動の情報センターのような役割をも果すことになったが、その仕事が目に見えるまとまった形になったのは、一九七二年のストックホルムで開かれた国連人間環境会議への水俣病、カネミ油症患者の出席である。これは日本の公害被害者が国際的な場にはじめて姿を現して、世界に大きな衝撃を与えたものだが、その資金集めから旅行の手配まで、自主講座の実行委員会が準備した。またこの時『Polluted Japan』と題する日本の公害の現状を紹介する英文の冊子も用意された。これも日本の状況を国外に発信する最初の試みとして高く評価された。この評価から、このあと日本の公害の最新の情報を集めた英文の「Kogai Newsletter」を二四号まで発行した。

実行委員会は原則として毎回の講座の記録を発行するかたわらで、月刊の資料誌「自主講座」を発行していて、そこから全国に発信される情報の量は相当なものであった。この莫大な作業量をこなしたのはすべてボランティアとして集った学生を主とする青年たちであったが、その中で年長者として経験にもとづいて仕事を配分し、その進め方、酒の飲み方、人生相談までを指導する松岡信夫、安川栄氏らの中年組の力は大きかった。表面には私だけの動きが目立った自主講座の活動は、実はこうした多くの人々の力によって支えられていたのであった。

中心にいた私の個人的性向もあって、自主講座「公害原論」の内容は概して経験重視であり、理論の形成にはあまり力を注がなかった。また七〇年代から八〇年代に主張されたどのイデオロギーにも支配されなかった。特に目立った政治党派との協力ということもなかった。総じて組織的に定着することにはほとんど力を使わず、運動体として活動することに重点をおいた。また自主講座を大学の制度の中に定着させることは一切要求しなかった。これはのちに講座を閉じるに当って、公害の被害者から批判されたところであった。つまり被害者にとっては全くとりつく島もない日本の大学の中で、自主講座が果していた役割はきわめて大きいものであり、それは大学の一角に制度化させる努力をすべきであったというのである。おそらくアメリカの大学ならば自主講座は環境学部になっていたろうと、ある留学生は評していた。

今ふりかえってみると、自主講座「公害原論」は、環境教育の一つの典型であったと思う。それは行動を軸として、科学に総合性をもたせるものであり、パウロ・フレイレの言う知識をためこむ銀行型学習では達成できず、問題解決型学習によってはじめて前進するものである。参加者にとっては、ここが生き方を決める出発点になった人も多かった。

東大における自主講座は、私の転出によって一九八六年に閉じなければならなかったが〔一九八五年閉講、一九八六年転出〕、このような試みはドイツの大学の私講師のように昔からある制度である。そして最も学んだのは用意をした私であった。このような体験から、今後も若い研究者には開講をすすめる。

（『環境と公害』二九巻二号、一九九九年一〇月）

自主講座「公害原論」終講の挨拶（1985 年 4 月 20 日）
写真提供：宇井紀子

Ⅲ

生きるための学問

❖1971❖

現場の目　ここも地獄

かれこれ一五年以上も私は東京大学の中で暮したことになる。学生時代の五年、会社勤めのあと大学院の五年、そして助手として六年。応用化学、土木工学、都市工学と三つの学科を渡ったが、結局東大工学部の枠から出ることはなかった。

「長く居ると人間として駄目になりますよ」

先輩の万年助手の自嘲を聞きながら、本当にダメになるかどうか、自分を試してみようと気負ったこともあったが、たしかによほど覚悟がなければ勤まらぬところだ。私は学生実験担当助手という、講座制から少しはみ出した場所に居るために、それでも楽だということは自他共に認めなければならぬ。講座づき助手だったら、教授―助教授―助手―技官―技術員―技能員という序列の中で自分が生きてゆくには、上に向っては従順に、下に向っては酷薄に、自分の地位の保全を計りながらある程度の業績を上げてゆかなければならない。しかも工学部では、自分のやっている仕事が飯よりも好きだという奴に出逢うことはまれであり、たまに居れば手のつけられぬ専門馬鹿である。多くは、卒論の時に教授からテーマを与えられ、大学院で多少の選択の機会があったというだけで、いつの間にか専門家のレッテルをはられて大学にそのまま居ついてしまい、助手から助教授、教授のはしご段にとりついたものが大学教授である。

だから、いつも狭い専門家サークルの中である程度の業績が認められなければ体面にかかわるというぼんやりしたあせりと、それでいて何もしなくても首になった前例はないとの安心感の奇妙な混合物の中につかっているのが大部分の教員の姿といってよい。そこで大切にされるのは、他人に対する寛容とよき人間関係である。しかし万人は万人に対して狼であるという鉄則はここでも例外でないから、実際には御殿女中や茶坊主のような陰謀の才能が最も幅をきかす。学生は在学中は労働力であり、卒業すれば出城を守る手兵である。幸いに受験地獄の結果として、この体制に反抗するような学生は東大に入れなくなっている。この体制は当分の間はまちがいなく再生産される。

だから学会などで他の研究者の業績を批判するなどは、相手が先輩ならあるまじき事だし、後輩なら人情知らず、どちらにせよ仲間外れに値する掟破りということになる。こうして肝心の学問も批判を受ける機会がないために、すぐに行詰り、腐臭を発する。学生たちが、専門も馬鹿と評したのはこういった体制の必然的な結果だった。

大学闘争でたしかに学生はそこを突いた。しかし有効な批判をつきつける前に、機動隊にけちらされ、かえって挫折のぬるま湯にはまりこむことになった。東大生にとっては、ザセツ、ザセツと口にしていれば、何もしなくても卒業し、よい職にありつくことができる。学生運動の経験を買われて、怒れる若者たちの労務管理に特技を役立てることさえ可能である。

あの嵐でさえ乗り切ることができた教官たちは、自信をとりもどした。東大闘争と重なった長い外国旅行から帰った私が見出したものは、以前にもまして重苦しい職場の空気の中で、かえって高圧的になった、そして余裕のある教官たちだった。学生は一様に傷つき、その大半はどこかへ散ってしまっていた。

こんなことは私が書くまでもなく公知のことだろう。それでも私はこの時期に証言をのこしておこう。当分この空気は変らず、大学の退廃は表面を正常化でぬりつぶした中で、ますます進んでゆくだろうことを。

そんな大学の中から見ると、訴訟をおこした水俣病患者や、公害反対の住民運動の人々は、まばゆいほどに明るく見える。水俣病は地獄を通って来たのである。一度自分の生きる所を地獄と見抜けば、人間は明るくなることができるものだ。私は村尾行一氏の言葉ではないが、「ここも地獄」と割り切り、亡者の一人として思い切り婆娑羅・ハレンチと行くことにきめた。まず皮切りは自主講座でやってやろう。大体これまでの自主講座がつぶれたのは、講師の方の種切れが原因だったのだから、自分が全部引受けることを覚悟すればすむ。

案の定、教室の借用願からすでに難航した。外部の人間が入るのは困るとか、電話の問合せで迷惑するとか、大学は国有財産で教授会が管理権をまかされるとか、決して本音はいわず、何とか建前の枠の中でできるだけ反対しようとする教官たちの姿はやり切れなかった。学生たちが絶望したのもたしかにわかる。

しかし私は学生よりは多少余計に飯を食い、地獄も見て来た。建前の屁理屈をふりまわす技術も身につけている。手続き問題なら大したことはない。問題は講座の内容である。私の講座では、これまで公害をいかに東大教授が食いものにし、まきちらして来たか、学識経験者の名でどれほどいいかげんな対策を出したかを実例で示すことにした。私をがっかりさせたのは、この公然たる批判に対して、決して反論は返って来なかったことである。きっと批判された人々は、物かげに身を寄せて、困ったものだと語りあい、いつか仕返しをしてやろうと決心しているのだろう。私は更に歩を進めて、社会科学の理論そのものを問題とし、論壇で華々しく活動しているにわか仕込みの公害学者を槍玉にあげた。ところがこれは専門がちがいすぎて全くこたえないらしい。同じ人間が、同じことを何度でも書き、その度に公害について発言するという良心の安心感を免罪符として原稿料と一緒に受取ることができる。結局、社会科学の教授、助教授たちというのは、工学部よりももっと楽な商売であるらしいことに気づいた。彼等にとってはあいにくなことに、去年〔一九七〇年〕三月の公害国際シンポジウムに私は出席し、そのあとの見学旅行にもつき合ったので、彼等の使っている理論の出所は全部知っている。どれとどれをハサミとノリでつなぎ合せたか全部わかる。しかも会議に出席した外国人が、田子ノ浦〔田子の浦港（静岡県富士市）へドロ公害〕や四日市の現実に直面して、自分たちの理論がとてもあてはまらぬほど事態が進行してしまっていることを認めた事実も知っている。つまり原著者さえ日本にはあてはまらないと自認した理論を、日本の学者はノリとハサミでつなぎ合せて総合雑誌に繰返し書いていれば食えるのだ。彼等のうちただ一人も、足尾も、田子ノ浦も、水俣も訪れたことはなく、被害者と口をきいたことがない。彼等は新聞で公害を知っているにすぎない。これが日本の社会科学というものであり、社会を動かしている理論というものである。地獄を見てしまった水俣病患者の眼から見れば、すべてが虚像、幻影とみえるのは当り前ではないか。

四月から自主講座は第二学期に入る。今度は私が語るばかりでなく、日本全国から、公害の被害者本人がやって来て語りかける形をとる。おそらくこの試みは、東京大学の腐敗と退廃を更にはっきりとえぐり出すであろう。東京大学を頂点とし、モデルとした日本の全アカデミズムと、そこから生まれたインテリジェンスなるものの全体がどれほど腐蝕しているかを白日のもとにさらすだろう。それでもなお体制というものは崩れないと学生はいう。それならば崩れる日まで、週一回の東大闘争を私一人でやるというしかない。

（『展望』一四八号、一九七一年四月）

❖1974❖

公害の学際的研究

現場に踏込んで学べ

公害の研究は学際的でなければならない、としばしばいわれる。しかしそういう人のどれだけが、本当に被害者と共に泥の中をはいずりまわって研究しているだろうか。

今、研究費の申請に公害とか環境とか題をつければいくらでも通るという。私のまわりでも、これまで権力の手先になってそのための理論を供給して来た教授たちが看板をかけかえて公害の研究に乗り出した姿をたくさん見ることができる。その連中がみな、学際的と称して各分野の権威たちを集めて研究グループを作るが、そこから何か現実に公害をへらすものが生れたためしがない。実に彼等にとっては、公害や環境も新しいトピックスの一つであり、それを食い物にして金をかせぐ仕事の対象でしかない。

本当の学際的な研究というものは、そんな気楽な、何人かの権威を集めて論文を分担することではない。現実の中にとびこみ、被害者の要求を実現するために泥にまみれて苦しむことである。一つまちがえば自分の職を失なう危険をおかしても、権威に真向から挑戦することにもなる。まず第一に、他人の専門に踏みこんでその学問を身につけ、相手の土俵の中でもたたかうことを意味する。その点で、私は新潟水俣病の裁判のような現場こそが、学際的な勉強の場であったと思う。そこでは私は法律や社会学や医学を学び直さなければならなかったし、そうしなければ裁判には勝算はなかった。相手の繰り出すどんな理論をも、即時に粉砕するのでなければ毎回の法廷を維持してゆくこともできなかった。

このきびしい場に、東京大学の教授たちの誰が踏みこんだことがあろうか。出来上った裁判書類を検討して、あれこれと論文を作った人は多い。中には双方から中立を宣言して、大所高所からの論評を下す人もあった。しかし被害者と共に歩んだ人は誰もいなかった。僅かに少数の助手があっただけである。さすがに公然と加害者を支持する勇気はなかったにしても、こっそりと昭電側を支援した教授さえもいたのであった。この状態を学生諸君はどう見るのだろうか。この大学はもう多少の手直しではどうにもならぬほど腐ってしまっているのだ。その中に私たちの多くは安住してしまって、自分の腐ってゆく過程すら気づいていない。公害の現場はいくらでもあり、そこに苦しい仕事を通して、自分をきたえてゆく機会はいくらでもあるのに、東大生は全く見むきもせず、中には公害や環境を種にした論文を作って、教授たちの下請にせっせと精を出すものさえある。こんな状態を放置しておいてよいだろうか。被害者の存在を抜きにして公害が論じられるのだろうか。

学際研究とは、あちこちの本をかじったり、何人かの権威を集めることではない。自分がいくつかの学問分野をわたり歩いて、自分の中で総合化を行なうことである。それは現場での流汗なくして成立しない。東大の学生には特にそれがあてはまるであろう。

（『東京大学新聞』一〇〇二号、一九七四年五月二〇日）

❖1973❖

科学は信仰であってよいか

だれのための学問か

横行するエセ科学

私がはじめて水俣病に出合ってから、もう一四年もたった。水俣病の研究からはじまって、日本のいろいろな公害問題に対しても、ささやかな個人的な抵抗をつづけてきた。そして今日にいたって、時折り、どうしようもない無力感と絶望に沈むことがある。調べれば調べるほど、公害の根ざすところは、広く深いものであることがはっきりする。そして私の格闘が、どこまでつづくものであるかを考えるとき、相手の巨大さと根強さに驚くものである。公害との闘いに一生をなげうった田中正造のような偉大な存在にくらべれば、私の努力などは、まだまだほんの小さなものであり、無力感や絶望などというのは、もちろんとんでもない思い上がりにすぎない、ということも同時に強く感ずることではあるが。

そのような無力感をいちばん強く感じさせられるのは、公害のppm論議に代表されるエセ科学の横行である。何でも数字で表現し、それが国や県の基準のなかにはいっていれば無害であり、公害は起こらない、というたぐいの議論を、日本中で何十回と聞かされたことだろうか。いかにももっともらしく数式や横文字をならべたてれば、それで公害が全部、定量的に把握できるとする考え方が、企業や行政によって住民に押しつけられている。住民はとまどいながらも、結局はお上のいうことに従っておけば、だいたい、まちがいはないのだと納得して、そういった数式でささえられた開発計画や公害防止計画を受け入れてしまう。そして何年かののち、こんなはずではなかったと後悔するのは、きまって住民の側である。ひとことにしていえば、ppm信仰といってよい。

こうした公害の現場で強く感ずることは、今や科学技術に対する信頼は、現実とのつながりをもたない宗教的なものになっており、それも精神的な内容がなくて、ひたすら現世利益だけをめざす低次の宗教になってしまっている、ということである。大学へ進学して学問を勉強するという目的のなかから、立身出世をとり除いたら、何が残るだろうか。給料が少々よくなるから、あるいは大きな会社にはいるために、上の学校へ行くのではないか。そして卒業後、企業や組織の利益を守るために、他人をだます道具として科学や技術を用いる。他人より数年よけいに専門を勉強したというだけで、それをふりまわしてもったいをつけ、人をだますならば、それはスリの技術と大して違わないではないか。しかし、まさにそういう種類のごまかしが、日本の各地で科学の名のもとに横行している。現在のppm論議の九割までは、こうした性格のものである。

数式や術語で武装

私自身が、小さい時から科学技術を信頼して、その研究を自分の進路として選んだほどであるから、現実にぶつかるまでは、これほどひどいとは思わなかった。

実際に使われている科学技術は、決して人間を幸福にするものではなく、むしろ、本来は平等であるはずの人間を差別し、序列をつけるものであることは、企業における学歴差別をみるだけでも明らかである。しかも、その学問の内容が大したものではなく、数年それにかかり切りになっていれば、だれにでも出来るものだからこそ、わかりにくい数式や術語で武装し、こけおどしの体裁をととのえるものらしい。わざと他人にわかりにくくすることで、もったいをつける種類の学問が実に多い。大学で教えられている学問の大部分は、実はそうしたものであることを発見したとき、実になさけない思いをさせられたものである。

それだけではない。大学へはいると、多くの青年は、みずからせまい専門の分野に自分をわざわざ限定し、むしろ、それ以外の常識を忘れてゆくことを、まるで進歩でもあるかのように思いこんでいる。試みに大学生をつかまえて、公害反対運動のなかで具体的にぶつかる、ちょっとした計算をたずねてみよう。文科の学生ならば、それは自分の専門ではないといって、高校時代にはできた計算まで回避するだろう。理科の学生ならば、そんなことはまだ学校で教わっていないと、これも逃げるだろう。また、ごくかんたんな法律の常識問題を出せば、返答は逆になるが、結果は同じであろう。

高校のときには、文科も理科も、ある程度までの基礎は将来の進路にかかわりなく、身につけなければならなかったものが、大学へはいって、どちらも出来なくなるのである。それほどまでに、大学の内部における教育は腐っている。内部が腐っているだけなら、まだよい。入試制度を通して、高校、中学、今では小学校まで、教育の内容を競争でゆがめていることを考えると、大学の責任は実に大きい。

だれのための学問か

数年前、野火のようにひろがった学生運動の波は、舌足らずな言葉ではあったが、こうした教育の退廃そのものを、正面からとり上げたものであった。だれのための学問か、自分ひとりの立身出世のために勉強するのは誤りではないか、学問そのものが現在の世の中を支配している勢力のためにつくり上げられているのではないか、という問いは、たしかに問題の根本をついていた。それだからこそ、機動隊を差し向けられて、あえなくつぶされたのであった。

もちろん、その意図がいかに正しくても、それにふさわしい表現の手段を持ち合わせなければ、真にその訴えを聞くべきところへ、声はとどかない。現代の学問の退廃をとり上げる言葉が、その退廃した学問によって教えこまれた言葉そのものであり、自分のたしかな体験でうらづけられた、だれにもわかる民衆の言葉でなかったことは、学生にとって悲劇であった。絶叫型のあの演説は、たしかに民衆にはとどかない。

だが、学生の動きは圧しつぶされたとはいえ、問題が少しも解決していない以上、必ずいつか、もっと大きな運動が盛り上がることだろう。魯迅が記したように、血債はいつか血で償われ、遅いほど利子は大きくなるのである。安物の信仰から学問をとりもどす仕事をやりとげないうちは、現代の青年に未来はない。

（『時事教養』四七三号、一九七三年一二月）

❖1973❖

あてにできぬ科学技術

連載　公害を生んだ思想④　研究の質は二の次に

生産面だけの技術

国民のかなり多くの部分には、長年教えこまれて来た科学技術への信頼が、まだ残っている。そこをねらっての楽観論が、二流政治屋の側からたえず流されている。科学技術の進歩によって公害は克服できると信じているのは、田中〔角栄〕首相だけではなく野党の中にもたくさんいる。かえって科学技術にも限界があると、私が四五（一九七〇）年一〇月から市民一般のために東大で開いている公害に関する「自主講座」ではっきり言いきったのは、自民党の政策担当者だった。

しかし、この問題に関する限り、科学技術がどこまで信頼できるかを最もはっきり証言できる位置にいる人間の一人に、私自身を数えてもよかろう。科学実験を三〇年やり、中学、高校時代、開拓農民として農業を経験し、大学の工学部で応用化学と土木工学の二つの学科に学び、その間に工場に働くことによって生産から営業活動までの第一線の経験をもった。しかも現在、公害対策技術の分野で働いているという幸運な経歴はたしかに珍しい。その私が、自分のまわりを見わたす時、身近な科学技術に関する限りは全く悲観的になるほかはない。

これまで自然を変革し、物を作りあげる能力を誇っていた技術は、実は生産面以外の自然を全く知らず、その特性を把握していなかったことがわかった。私の専門とする土木工学などはそのよい例で、事が環境の問題になると全くお手上げである。世界最大の水産国で高度に発達した水産学が、汚染に関しては完全に無力であるだけでなく、学者は汚染源と結託して公害の因果関係すらあいまいにする努力をした。水俣病の論文を書いたという理由で、私が海洋汚染のさまざまな国際会議に日本を代表して招かれる度に、日本の水産学がいかに海をなおざりにして来たか、身にしみたものであった。

人間の心臓をすげかえるまでに発達したはずの医学が、自分が作り出した薬害には全く無力であるばかりか、水俣病やイタイイタイ病に見られるように、公然と加害者側に手をかしていたことさえ明らかになった。一方、自然の診断法として華々しく登場して来た生態学も、対策が生み出せるようなものではなく、診断すら現在の水準では不充分なものだった。

大学紛争で白日の下に

大学紛争は、こういった現状を一挙に白日のもとにさらけ出した。これまで専門以外のことは知らなくてもよいと言い張っていた学者たちが、実は自分の専門とするところでさえ現実と遊離していることから、「専門も馬鹿」というあざけりの言葉が生まれた。実はこの時が、混乱と退廃の中から学問が再生する貴重な機会であったのだろう。学生たちもそのために立ち上がったつもりではあったが、あまりにもその訴えは舌足らずすぎたし、それまで教えこまれて来た訓詁《くんこ》の学の術語から抜け出すことはできなかった。

学生の側もまた大学の病に侵されていたのである。この時に学問の行きづまりが国民のすべてに正確に伝えられるような努力が足りなかったこともあった。しかし物事を興味本位にしか見ようとしない人々は、いずれはその結果を身に引きうけることになるだろう。科学技術の本山である大学や研究所と、そこで司祭の役割を果たしている科学者をこのままにしておいて、われわれが助かる見込みはない。

大学が力によって正常化された今日、指摘された問題は少しでも解決へ前進したか。答えは完全に否定的である。私のいる東大工学部では、ずっと以前からその硬直化が内外の批判をあびていた人事制度に関して、現行のやり方で完全にうまく行っているから何等変更の必要なしと総長に正式に回答した。つまり、何も改善する必要なしと開き直ったのである。薄皮まんじゅう――案ばかりと評された東大改革案は、ついに案さえもいらなくなったとされてしまった。学生の願いは、こうしてみごとに否定された。

四散した大学院生

それでは事態は完全に昔にもどったかといえば、そうではない。むしろ悪くなったということができる。これまで研究の主力となって、無償の労働を教授たちのために差し出していた大学院学生の大半は四散した。世のため人のためと思っていた学問が、実は身のため金のためでしかないことがはっきりしたのだから、頭がよくてまじめに考える学生は、過激な直接行動の中へとびこんでゆき、帰って来なかった。これまで実質的に学生の指導に当たっていた助手の中にも、教授会に離反するものも出て来た。

一方、大学院学生の中で少数居残った者の大部分は、今の学問の方向などどうでもよい、ともかく学位をくれるならば、教授たちのどんな無理でもきいてがまんしようという考えであり、当然のことながら研究の質は二の次だった。こうして、大学における教育と研究の質は、数年前にくらべて格段に落ちているのが現状である。

この事態を、強引に力で何とかしようとするのは、むしろ助教授クラスの比較的若い教官に多い傾向である。功成り名とげた老教授たちは、それほど無茶なことをしないし、ある程度まで現在の事態に自分が責任があることもわかっているから無理はできない。しかし業績をこれから作って、学界の地位をきずかなければならぬ若い研究者たちは、これまで最有力な働き手であった大学院学生と助手を失ってしまい、といって自分の力だけで研究をやりとげる力はないから、職務命令を発動すれば逃げ場のない職員と、何も知らない学部学生を駆使して、何とか強引に研究を作りあげようとする。

危機も感じぬ沈滞ぶり

その結果として、学会などに発表される研究の量は大学紛争後もさして減ってはいない。しかしその発表の質となると、目をおおいたくなるほどに低下している。これでは研究の金主である企業側でもがっかりするだろうと思うほどである。この質の低下は、表向きはもっともらしい数式や術語でかざり立てられているから、ほとんど気づかれないが、一歩研究室へ入ってみると経験のある研究者ならば、感覚的にすぐわかるものである。

現在の大学や研究所には、現在が危機であることすら感じないような沈滞した空気が充満している。それでいて金はあまるほどまわってくる。このような状態から何か我々の未来に足しになるものが生まれて来る見込みは全くない。科学や技術をあてにするのが死への道であるゆえんはここにある。

（『読売新聞』一九七三年八月九日夕刊）

❖1973❖

〝硬直大学〟解体せよ

連載　公害を生んだ思想⑤　弱者に奉仕する学問へ

単細胞養成やめて

高等教育の重要性は年々大きくなるというのに、その中心をなす大学がこれまでよりもさらに沈滞し、自主性がなく、公害や環境破壊をひきおこす学問ばかりやっていてよいというわけはない。また大学を頂点とする入試競争で、青年のエネルギーを空費させるばかりでなく、目先の与えられた課題に対してプラスかマイナスかに反応して答えを出すだけの、単細胞的な思考を植えつけることをこれ以上つづけていれば、事態はますます悪くなることは明白である。

大学当局が口ぐせのようにふりまわす教育と研究なるものの、研究の面についてはすでに考察したが、教育の側面になると事態はもっと深刻である。まじめな教師ならば、これまで自分が疑わずに教えて来た教科の権威が、すでにゆらぎはじめ、価値が多様化し、見失われかかっていることを実感として気づいているから、どうしても口ごもりがちな口調になる。これまでのやり方を変えず明快に定説を教えている教授などというものは、自分の立っている基盤の変動に気づかない愚か者が大部分を占める。復古調の波に乗って、戦犯的な役割を果たして来た反動的な老人たちの勇ましいかけ声まで聞こえて来る世の中になった。

機動隊導入の教訓

何よりの大学における実物教育は、機動隊導入という力による解決であろう。理論や事実で相手を説得できないと気づいたときには、力をたのんで相手をたたき出してしまえばよい。大学紛争の中で学生が文字通り身体にきざまれた教訓は、こうして大学から与えられた。ここから意見の少しちがう仲間との内ゲバへの移行は、学生にとってはごく自然な成り行きであった。たたき出すことの出来ない少数者は、生きている限り脅威となり、しかも身近なだけに内情も知っているから、有無をいわさず消してしまえということになる。連合赤軍の悲劇は、実は現在の大学教育の路線をぎりぎりまで追いつめた必然であるところにおそろしさがあった。

しかも、学生セクトの教育方法である自分だけが正しい理論を持っていて、それを疑わずに行動せよという論理は、そっくりそのまま上部構造の理論を資本主義企業の理念に置きかえれば、モーレツ社員の行動指針として役立つ。行政の硬直化でも、与えられた理論を忠実にこなす官僚の忠誠さと、学生運動で見られる理論への忠誠との間には一脈通ずるものがある。

東京大学でも、この邪魔者は消せという論理が、大学の現状に抵抗する臨時職員や学生に、遠慮なくあてはめられた。文句をいう臨時職員の再雇用停止や、全共闘の指導者として名を知られた山本義隆、岡本靖一の二人の元学生に対する理由を提示しない学内立ち入り禁止という形で、大学はたしかに実物教育を施しているのである。

このような毎日が一日でも余計つづくだけ、日本の公害の激化もその思想的基盤が固められていくことになる。私がこう書けば、だからこそ大学改革のために筑波新大学という一つのモデルが必要なのだという言葉が返って来るだろう。しかし、筑波新大学の中心になっている学長と副学長への権限の集中による管理の合理化や、外部勢力と結びついた副学長を通しての社会参加などは、制度化はされていないがすでに東京大学をはじめとする現在の大学運営の中で、充分に実質的になされており、そこにこそ問題が存在し、公害の激化を理論的にも推進するもとになっている。これ以上この道を強行されてたまるものか。

社会とは切り離して

大学、研究所の改革だけを、社会と切りはなして進めることは不可能に近い。しかし生きのびるためにはそれをやらなければならない。困難を承知で、あえてここに問題を提起しておこう。科学技術は、これまでの強者のための学問、権力のための学問の性格を、完全に捨てなければなるまい。そのために不要になる分野や、全面的に改組を必要とする分野が多いことだろう。これまで権力に寄生しておこぼれで食っていた人たちについては、会社や役所で拾ってもらえばいい。行き場のなくなった人は、真剣にみんなで集まって考えれば、学問の世界の中で行く道も定まるだろう。問題は学問の方向である。

これまで学問の名によって切りすてられて来た人たち、社会の弱者として処理されて来た公害の被害者たちの願いを、学問の目標とする道は必ずあるはずである。この社会に存在する、いわれのない差別を少しでも小さくし、弱者のために奉仕する方向の学問をめざしてゆくことが、日本の生存のただ一つの道ではないかと感じたのは、水俣病の歴史からだった。

一歩まちがえばただちに敗北につながる綱渡りのような座りこみの一年半に、最も正確な、未来を見通した判断をしたのは被害者自身であり、それを支えて実現させたのが被害者をとりまくさまざまな活動をした青年たちであったことは示唆的である。同じような構造の社会は、私の短い経験である三年間の自主講座でもしばしば感じられた。学問はそれを通じて社会に奉仕するためのものであり、しばしば社会的地位の上昇とは対立することもある。ここに集まる無名の市民には、それを自明のこととしたさわやかさがある。

門閥と競争を解消

しかし日本最大の特権をもつ東京大学に身をおいてみると、このような方向の変更は、もはや不可能と思われるほど硬直化してしまっている。ここでは唯一の解決として出て来るのは、大学そのものをなくしてしまう解体作業しかないことをつくづく味わうほかはない。これまでの責任をはっきりさせるためにも、社会に抜きがたく存在して数々の害毒を流して来た門閥を解消するためにも、気ちがいじみた進学競争を一時にせよ鎮静させ、その間にも次の時代のための学問の方向を模索するためにも、東大の解体は最も有効な第一の主題であり、予想される混乱をできるだけ少なくしていかにこれを実現するかを、自分の生存の一つの条件として私は考えてゆきたい。

日本の各地で科学技術への過信をもとにした未来への幻想を見せつけられる度に、私は自分の背負った業のようなものを感じ、そこからは逃れられないものと、あらためて身にしみるものである。

（『読売新聞』一九七三年八月一〇日夕刊）

❖1974❖

「大学論」の講座をはじめて

格差消滅への戦い

紛争から五年経て

全国の大学を吹き抜けた大学闘争の嵐から五年が過ぎて表面上は静かになった大学は今、手のつけようのない沈滞の中にある。運動に参加した学生はもう学園を去り、あれだけの大きなさわぎでも、機動隊を導入すれば解決できると、むしろ教授会側は自信をつけたために、ますます高姿勢になり、反動的になった。研究や教育の内容も、実際に研究を支えていた大学院生の層が離反したために、五年前よりもずっと低下している。

もう一方で、そういう大学へはいるための競争は年々激化していき、高校どころか中学、小学校まで人間を仕分けする機関となってしまった。高校は大学の予備校となり、そこでの教育を支配するものは、仲間を競争者として取り扱う序列の論理である。おそらく人の一生のうちで最も輝きに満ちた時期であるはずの青年期は、灰スクールと自嘲をこめて呼ばれる高校と、虚脱と沈滞の大学で使いつぶされていく。出来上がるのは、おとなしくて何事にも長つづきしない、無気力なサラリーマンの大群である。社会へ出てからのコースは出身大学に従ってきっちりと区分され、年功序列のエスカレーターに乗る者とそこからふるい落とされる者は、大学へはいったときからすでに仕分けられている。何年にどこの大学を出たかで仕事がきまるほど、今の日本は人間が余っていて使いつぶしができる状態にあるのだろうか。それほど大学で受けた教育に差があるとは、大学の中に居る者の体験からして、とても信じられない。

こんな状態をそのままにしておけるほど我々にゆとりがあるとは思えない。一方に大学を有利なパスポートの発行機関とする過熱した競争教育があり、もう一方に学歴差にもとづいた大きな社会的不公正があるとき、その中心にある大学がみずから反省するものがなかったら、学問の府はその存在理由を失っているといえないか。小学生がすでに「東大へはいって出世する」と人生の目標を語るとき、社会が病み、ひずんでいることを感じない者があるだろうか。寄らば大樹のかげという事大思想がしみついてしまった社会が、これからの激動する世界の中で生きのびていく可能性は果してあるだろうか。残念ながら現在の大学の中で大きな力をにぎっている教授会の中には、現状を反省しようとする動きはなく、今の居心地のよい権力の座に安住して、何も変えようとしない。これでは学問の前進もあり得ないはずである。事実私のまわりでもこの五年間、全く研究は停滞し、教育もまた激変する社会に対しては不動の我れ関せずの態度を取りつづけている。従って教育は完全に時代おくれのものになった。無理もない、何しろこの五年間、多少の顔ぶれは変わっても、学生をたたき出した教授たちの考え方は全く変わっていないのだから。そして公然と自民党の永久政権と財界に密着して、そこからのおこぼれで甘い汁を吸おうとする態度は、ますます強くなった。

変えていく力を

もし大学がみずから変わろうとしないならば、我々はそれを変えなければならない。大学の中に生きている人間として、このままでは自分がとめどもなく沈んで行くのを感ずるし、それを放置して自分の保身だけを考えていられるほど、まわりの情勢は甘くはない。これまで、いろいろな活動を通じて、大学のこのような現実を変えようとする努力をつづけて来てみた。一〇〇年近い公害の歴史の中で、東大教授が被害者の立場に立って発言したのは足尾鉱毒事件のときに一回あったきりだったことも知った。東大で開いた自主講座「公害原論」は、それなりに大学の現在の退廃ぶりを明らかにする作用もしたが、東大は少しもゆるがなかった。この四年間に目立った変化は残念ながら何もなかったことを認めなければならない。せいぜい地方の公害反対運動において、東大教授の信用が落ちたことが成果としてあげられようか。

このようなあせりを一人で抱いていたところへ、強力な応援が現われたのが、和光大学の生越《おごせ》〔忠《すなお》〕氏である。すでに東大助手を二三年の長きにわたって体験し、その間に組合の仕事もあり、自分の体験にもとづいて独特の大学改革論を作られた氏が、更に和光大学に移って東大と私大の格差からはじまる種々の問題に取り組んで、何年か大学問題研究会を組織して研究を深めておられるので、東大を頂点とする全大学の問題点を論ずるのには最も適任の人といってよいだろう。生越氏もまた一人の大学人として、大学をこのまま放置しておくことは出来ないと立ち上がった人である。私たちは、これまで色々な機会に相談して、小さな力を持ち寄って何ができるかを考えた。その結論として、私たちのもう一つの自主講座を生越氏のこれまでの研究を発表することを中心に、東大で開いてみようと決心した。すでに私たちには、四年間の自主講座の経験もある程度たまっているし、東大の中で講座を開くこと自体が、動かない大学に対する一つの刺戟を与えることにもなる。大学問題を考える人々がふえ、それが集って考えることを繰り返していく中から、今はまだ見えていない大学改革への道程が見えて来るであろう。「公害原論」を始めたときも、やはりそのようなものであった。幸い〔「大学論」〕第一回の講座は広く知られたためか、八〇〇人という大勢の参加を得てひとまず成功といえよう。

まず自分の足元から

しかし、これだけははっきりいえるのは、国家有用の人材を作ることを目的としてつくられた東京大学が、日本を軍国主義の道にみちびき、そして戦後の高度成長に密着して、民衆に有害な人材しか送り出さなくなった以上、もうその歴史的な役割りは終わったと考えるべきである。東大をめざす受験競争が、これほど激しくなり、青年の生活をゆがめているとき、東大がなくなったら、どれほど高校生活が明るくなることだろうか。その社会的な責任をはっきりさせ、世の中にはびこる東大閥を消滅させるためにも、東大は今すぐ廃校とし、助手以上の教員は、それぞれ他の大学なり研究所に職をさがすことにすべきである。一〇〇年の歴史をもつ東大の設備は、これまで長年にわたって、差別的待遇をおしつけてきた全国の私大の共同利用機関として、実験や演習、あるいは公開講座などに利用することによって、大学間の格差をへらす方向に役立てることが可能になる。

もちろん東大をなくしただけでは問題は解決しない。この日本の中で幅をきかしているさまざまな不公正、格差をなくしていく仕事を並行してつづけていかなければなるまい。しかし、まず自分の居るところにある問題をどう解くかの努力なくして、天下は変わるものではない。私たちの努力がどこまで大学の現状を変えられるか、権力をもたない私たちの成功は、いかに多くの人に耳を傾けさせるかの論理の力にのみかかっている。

(『公明新聞』一九七四年一一月九日)

❖1974❖

自主講座「大学論」開講にあたって

大学、この偉大なる虚構、壮大なる浪費！　外には栄光と期待の幻想、内には腐敗と沈滞の現実。権力の飾り物としてはあまりに腐臭に満ち、大国の虚栄としては金のかかりすぎる代物となった大学。しかもその成果は日本の文化状況を覆いつくすばかりでなく、学閥社会として民衆の日常的生活にまで根を張り、この国の強い事大主義の一つの基盤となっている。

この全体系の上に君臨する東京大学。特権の上に大あぐらをかき、日本の針路を誤った数かずの指導者を送り出し、その戦争責任をほとんど負うことなく生き残ったばかりか、学生の異議申し立てを機動隊で蹴り出していささかの反省も見せない巨大大学は、むしろ一九六九年以後沈滞を深める一方である。大学はけっして正常化したのではなく、退廃が日常化したというべきであろう。

私たちはこの現実にたえずメスを入れ、それを白日のもとにさらす仕事を、長い作業の第一歩として始める。三〇年も続ければあるいはこの仕事はなにがしかの実を結ぶかもしれぬ。

幻想を捨て、現実に足をつけた作業をともに進めてゆくために、あらゆる階層の、まともに考える人びとに参加をよびかける。

（一九七四年一〇月二八日、自主講座「大学論」第一学期第一回講義、宇井純・生越忠『大学解体論　一』亜紀書房、一九七五年五月）

❖1974❖

東大解体こと始め

公開自主講座「大学論」第一学期の開講にあたって

お晩でございます。きょうここで、第一回の「大学論」の講座を開きます。私が司会をいたします都市工学の助手をしております宇井です。私のそばにおいでの方が、和光大学の生越〔忠〕さんです。私の司会のもとに、生越さんから具体的な材料をずっと出していただく形で、この講座の第一学期をすすめてまいります。開講の挨拶というすこぶるものものしい題目の話をちょっといたしますけれど気楽に聞いてくださって結構です。

このままでは自分がダメになる

今年は昭和四九（一九七四）年、あの東大闘争が始まってから六年たちます。東京大学が正常化したといわれたのは昭和四四（一九六九）年の一〇月三〇日ですから、正常化後五年たちます。その間、大学はかえって保守的になって、沈滞が正常化しただけで、東京大学に関する限り変わったところはほとんどありません。むしろ、反動的になったといってもいいかも知れません。

私も、この六年間、助手としてここで働いてきましたけれど、このままいたら大学と一緒に自分もダメになってしまう。この沈滞化した空気のなかで、知らず知らずのうちに腐敗してしまう。ということを痛感いたしました。幸いなことに、公害反対運動と実際に接触する機会が多いので、なんとか、かろうじて生き延びておりますけれど、いまのところ剣の刃渡りのような状況であります。

この「大学論」を開きました理由も、そこにございます。私はべつに、日本人の立場なり、日本国の立場なりからいって腹が立つということでもございません。そういう高尚な、公の動機によるものでもございません。しかしまた、お断わりしておきますけれども、東京大学の現状に対する完全に私だけのプライベートな怨みでもございません。しばしば「あいつは教授になれないから、助手でくすぶっているから、こういうことをやるんだ」という人がおります。それは、ご自分がそういうケチな根性だから他人をもそういうふうに判断するということではなかろうかと感じます。

やはり、この講座を開きました最大の理由は、このままでいったら自分がダメになるということであります。自分がダメになるだけでなく、ここで勉強している学生も、あるいは、東大をめざして受験勉強を一生懸命やっている青年たちも、日々ダメになっていく。このダメになっていくのをほっておくわけにはいかんのではないか。また、東大闘争のなかで職を失った人もあれば、怪我をした人もあり、二度と大学へもどらなかった学生もたくさんおります。そういう人たちの傷ついたその作業を、おくればせながら、もう一度最初からやろうというのが動機であります。

この東京大学を頂点とする日本の大学を徹底的に掘りさげて批判し、そして解体していこうという作業、いままでも、いろいろな人たちによって試みられたこの作業を私たちだけでなく、いろいろな場で時間をかけてやっていこうというわけであります。一〇〇年かかって形成された日本の大学制度が、一晩で、あるいは一年ぐらいの闘争でなくなるということは、おそらく無理でありましょう。私たちがいま考えておりますのは、うまくいったら二〇～三〇年たったあとで、「ああ、やっぱり大学の解体作業は、具体的にあのころから始まっていたんだな」と思い出すことができるような、そういう解体作業を始めたいということです。

この教室〔工学部大講堂〕は、私たちが長いこと「公害原論」で使っており、いろいろのなじみもありますけど、あんまり便利でもございません。まず、この教室を使うにあたって、いくつかの約束がございます。一つは、このなかでは、禁煙になっております。中休みのときに、この教室の外での喫煙はもちろん自由です。それから、こういうふうに若い人が多勢集まると内ゲバがおこるということを心配したことがあります。幸い「公害原論」では、そういうことはほとんどございませんでしたが、このなかでゲンコツを振り回してのなぐり合いは、お互いやらないことにしよう。それから、終ったあとで紙類を散らさずに外へ持ち出して掃除をするということを最低の私たちの約束として、この教室を二週間に一回ずつ使っていこうと思います。

改革は行われなかった

本題にはいりまして、いまの大学はこのままでいいのか。どう考えても、このままでよいとは思えません。まず、社会のなかに、「どこの大学を出たか」という学閥による不公平が山ほどあり、これは、いまに始まったことではありませんが、ますます強くなっております。しかも、東京大学の名のもとに、ウソの権威が横行しており、日本中の大学がその名のもとに、大学教授がいえば、ウソのことも本当に聞こえるということが現実に起っております。

そして、東大を頂点とする日本の特権大学へはいってくる学生の最大の進学の動機は、大学のなかで勉強することではなくて、出てからどういう地位につくかということで、ですから、そのための進学競争が激化しておるのです。高校、中学、いまではどこの小学校へはいるかということまで競争のなかに組み込まれ、その結果、大学にはいるころは、精根尽きはててしまい、結果として、大学のほうも動きがとれなくなっております。競争だけが唯一の生きる目標になってしまった学生にとって、大学のなかでの勉強はうまくいかず、つまり、ひと回りして大学にマイナスの結果が出ているということであります。

もう一方、東大闘争以後、とくに目立つのは、学問そのものが停滞し、その不正な利用がいたるところにあります。これは、これまで「公害原論」のなかでいくつかの実例をずっと話してきたのですが、公害の面だけでなく、あらゆる面で中味のない学問の不正な利用が行われております。長いこと学問が力あるものへの奉仕、権力へ仕えるということを続けてきたものですから、学問自体の活力もなくなってきた。

こういう状態は、六八年から六九年にかけて学生によって相当問題にされましたが、残念ながら、内部からだけの力では変りませんでした。どこの大学でも、それ以後、目に見える改革が行われた例はわずかで、東大については、むしろ、反動的になったとすら感じます。したがって、やはり市民と手を携えて大学を変えていくことを、本来五年前にわれわれはやるべきだったんです。それゆえ、もう一ぺん、最初からやり直すべきではなかろうかと考えるようになりました。

ところで私が、大学や学問のあり方についてしみじみ考えさせられたのは、「公害原論」の最初にも申しましたが、ワルシャワ大学を訪ねたときでした。銀座通りのような街のなかに、大学の建て物がポツポツと散在していて、いかにも不便な大学の姿を見たとき、「なんでこんな不便なことをやるのか」と聞きましたところ、ポーランドでは、外国から占領されたときにしばしば大学がとりつぶされ、教授も場合によっては命を失い、学生は全部退校。そういうなかでも、やはり本当に勉強をしたい者が、ポーランドの歴史や文学とかを、自分より少しでも知っている先輩を訪ねあてては夜ひそかにその家へ勉強しにいった。たまたま、その先輩や教師の住み家が銀座通りのような街のなかにあったため、そこが教室となっていまも残っているということです。

事実、第二次世界大戦のナチスの占領下では、ワルシャワ大学の本部は馬小屋にされたそうです。そして、大学が完全にとりつぶされても、ゲットゥ（ユダヤ人居住地区）での医療活動を中心とした学習に九千人もの学生が参加したということです。

また、大学教授で、その時期に抵抗活動をして命を失った者が一〇〇人以上もあったということです。

ほんとうの学問が行われていない

もちろん、ナチス占領下のポーランドといまの日本とをそのまま比べることはできませんが、しかし、私たちは、大学を出ることによって月給が下ったり、首がとんだりすることはない世の中に生きており、それだけに、もっとほんとうの学問ができるのではないかと思うのですが、実は逆である。

学問のなかには、体制にとって危険な学問というのがあって、それをいま、私たちは日本の大学ではほとんど勉強していない。

日本の歴史のなかでも、大学において社会主義の理論が、体制にとって危険な学問が、ある程度とりあげられたこともあった。それは常に非合法のものではあったが。

東京大学では、一〇〇年近い公害の歴史のなかで被害者の側に立ったのが一ぺんある。それは、足尾鉱毒事件のときで、農民が持ってきた田ん圃の土を分析して、「このなかには銅とヒ素が含まれているから明らかに鉱毒である」ということをいいきった教授が二人おりました。

しかし、それ以外、今日まで公害問題にしても、被害者の側に、国民の側に立って因果関係を明らかにするとか、責任を明らかにする行動をした先生は、助教授以上にはついに出なかった。

こういう東京大学をモデルにして、日本中の大学はつくられてきました。これから明らかにしますが、東大の真似的あるいは補完物的な大学が東大を基盤にしてあったということであります。そこへさらに、国の教育方針の締めつけと、大学人自体の弱腰とが重なって、こういうぬきさしならぬ状態になってしまった。

なぜ、大学教授はそんなにも弱腰であったか。これは、私の生活をふりかえってみてしみじみ感じるのですが、外国の学問を輸入することによって学者となってきた人間は、自分の手で学問をつくったことはありません。ですから、だれがなにをいっても、これが正しいといいきる自信はないのです。したがって、外から強い力がくわわれば、どうしてもそちらへついてゆくようになる。このことは、東大闘争のなかで、ずいぶんと出てきた問題で、私自身どうして学者になったのか——まだ学者などという気もあまりありませんが——、あるいは技術者になったかの歴史をふりかえって、そう思うのです。

結局、輸入の学問を他人より早く身につけ、そして、なるべく他人にわからないように、自分が独占することによって、学者になれるのだということを痛感いたします。

ですから、質的にはまったく低いところで落ちついてしまう。自分でつくったことさえないのだから、なにが本物かもわからない。そういう今日の学者の質の低下が、私をも含めてあるということをハッキリと確認しておきたいと思います。大学闘争以後、そのへんの質の低下がつくづく感じられます。こうして質が低下してくると、自分のまわりのこともわからなくなり、自分の専門のことすらわからなくなる。こういうことは、公害問題でたくさん見てきたわけで、このことを、これから具体的な実例をもってお話しようと思っております。

ニセの権威の内実

しかし、いまでもやはり、権威というものが存在しております。たとえば、一〇年、二〇年と一つのことをやってきた学者というのは、それなりに尊敬され、あるいは、やったことをもって自らの価値とするような空気がございますけれども、東大闘争のとき、ある教室で、教授と助手とがそのことで議論したことがありました。

教授が、「自分は、この道一筋に二〇年間やってきた学者だ」といったとき、同じ仕事をやっている助手が、「だれだって二〇年もやれば、あなたよりもう少し先へいきますよ」といったそうです。私がいま工学部にいてつくづく思いますのは、そこで一〇年、二〇年とやったわりにはこのへんで止っている、あるいは役に立たないのは不思議だということです。

その一つのあらわれとして、この東京大学での研究が、世界的に認められたということは、きわめて希で、ほとんどない。また、日本の学者数は、世界的にみても相当多いのですが、そのなかで、世界的に認められている業績も――世界的に認められるとはどういうことか多少疑問もありますが――、きわめて少ない。また、学生も、大学を一種のレジャー機関、あるいは就職前の四年間の執行猶予というようにうけとっている。

こうした大学は、たしかに、このままではよくない。そう申すと、「お前の話は無展望だ」とよく怒られることがありますが、決して私は、展望をもたずにいっているのではなく、いま考えられる展望についても、ここである程度、申し上げておきたいと思います。

東京大学についていうと、これはやはりやめてしまったほうがいいだろう。未来の大学は、遠山啓《ひらく》先生〔数学者、東工大名誉教授〕によれば、劇場型学校と教習所型学校の二つにわかれていくだろうということです。

劇場型学校というのは、ちょうどこの講座のように料金を支払って、たしかにおもしろかったとか、自分がなにかをやる気が起ったというようなタイプの学校であります。

蛇足ですが、一つ申しあげるのを忘れておりました。聴講料をいただきましたが、もしこの話がおもしろくなかったり、わからないという方がございましたら、聴講料はおかえしするということで進めていこうと思います。

教習所型学校というのは、そこでかなり特殊な技術を身につける。ここには、及第と落第とのどちらしかなく、及第した人間は、その技術の内容によって、たとえば、大勢の人の命をあずかる飛行機のパイロットのような職種だったら、それなりにある程度の高い給料がとれるというような、技術学校、あるいは職工学校的なものが、教習所型学校です。この型の学校では、おそらく入る前に、ある程度の労働経験が必要で、それはなにもその仕事と同じ仕事でなくともよいのだが、なんらかの労働経験がないと、技術というものを身につける気にならないということがございます。それは、ちょうどいまの中国のように、労働経験が一種の必修条件になるのではないか。

東大は共同利用施設に衣替えせよ

東京大学についていえば、この大学は、国家有用の人材を養成するためにつくられた大学です。ところが今日、そういう国家有用の人材、権力の道具になるような人間というのは、民衆の側からみると、有害な存在になったという実例が無数にあります。そこで、国家有用な人材をつくった東京大学の歴史的任務はもう終ったとみなし、これはやめよう。東京大学をなくそうという具体的な提案であります。

しかし、長いあいだ、他の国立大学や私立大学に対して、その上に君臨して悪いことをしてきましたから、今後、罪滅ぼしに、逆にそういうところに奉仕する共同利用施設ぐらいには使えるので、事実、一〇〇年近くずっと投資をつづけてきましたから、みなさんのすわっておられる机、椅子をごらんになっても、いまどきとても手に入らないような立派な材料が使われており、まだまだ使えます。捨ててしまったり、燃してしまったりするには惜しいものがあります。実験室なども、まだまだ使えます。ただ、これまで、あまりまともな教育をしてこなかった教官、つまり助手以上には、原則としてやめてもらうことにして、実験室などは万年助手がいないと、その設備をどこから動かしていいかわからないものも若干ありますから、そういうところにいた助手には残ってもらうことにして、まず、助手の大部分と助教授以上はやめてもらってさしつかえない。力のある人なら、それなりに職をさがせば、どこかで食べられる(笑)。食べられないときには、それは本人の責任ですから、べつにそこまで面倒をみてやることもなかろう。

劇場型学校にしても、教習所型学校にしても、本当に学問が入用と感じたときに入れるような制度はつくれると思います。また、そういうところの教師になる人も、生活との結びつきを一つの条件とし、現実にぶつかることを一つの条件とする。たとえば、法律の先生はやはり、弁護士の経験や、あるいは、行政の経験もあったほうがいいとか。生え抜きの学者というものは、べつにつくらなくても、そうさしつかえはないだろう。

これは、私の体験からいってもそうなんですが、よく、高校を出てすぐ大学へ入らないと、頭の一番柔軟な時期に働いたりすると、頭の働きが中断してうまくいかない、という人もいますが、この頃では、そうは思えません。むしろ、学校から学校へ、温室から温室へと上がっていくことのほうが、もっとマイナスが大きい。一度、やはり働いて、とくに自分の手で金をかせぐことが、どれくらいつらいかということを実感としてもってから勉強することが、やはり、いまよりはよくするのではないか。

大学の解体とともに社会の変革を

それからまた、もうひとつの考え方として、教育というものは金をかけなくてもいいじゃないかというような意見もあります。しかし、これは明らかにまちがっています。かって、中国は、これを徹底してやりまして、教育は全部自分もちということにして、試験だけを国がやる、いわゆる科挙の制度、これはたしかに、国からみると、非常に安あがりな手で、なんにも金をかけなくて人材だけを選りぬけるということだったんですが、一千年以上も続いた科挙の制度が、どれほど中国の社会をゆがめたか。それをふりかえってみると、やはり、教育というものは、本来ある範囲の金がかかるのは認めなければならない。というように、それなら、それだけ金をかけるなら、いまのままの大学であっていいはずはないと思います。

東大解体というのは、実は学閥の解体、あるいは進学競争の分散化ということからいうと非常に具体的な提案であって、決して闘争のなかでの苦しまぎれに叫ばれたものではない。「なんでもつぶしてしまえ」という考え方から出てきたものだという受けとり方が、一部にありましたが、実は、いろいろ考えを詰めていったら、この大学をなくすのがいちばん具体的な行動だというように出てきたのです。それが国民にじゅうぶんわかるように伝えられなかった弱さが六八年から六九年にかけてありました。で、今度はすこし時間をかけて、ゆっくり伝えてゆこうというのが、この講座の目的であります。

東大が解体され、あるいは学閥が解体されていく。そのあいだに社会における学歴の平均化が進み、また、現在の私立大学や国立大学で苦しい立場におかれているところを、しだいに強化していくという作業を進めていく時間の余裕も出てくるでありましょう。そして、大学の社会的地位を変えていくことが可能になり、もちろん、それは大学が変わることだけではできないのでして、社会全体の改革も、当然平行して進められなければならない。ですから、私たちはまず、自分のいる場所、自分がいちばん害を感じている場所を変えていく、そして、同時に日本の社会を変えていく作業も続けることが必要と考えます。

「ニセ学生」のすすめ

いずれにしても、どちらも時間がかかり、ある日突然、全てが解決するようにはならない。ただ、いますぐにでもできることがあります。明日からでも、学生諸君でしたら堂々とできること。それは、「ニセ学生」になることであります。これは、みなさんに、ぜひおすすめしたいことでありま す。かって私は「ニセ学生のすすめ」という文章を書きました。いま、手もとにはもうほとんど部数がなくなってしまったものですから、ここでちょっと読んでみます。またいずれ皆さんには、お目にかける機会があると思いますが、こんなことを書きました。

「ニセ学生」のすすめ

大学に期待を抱いて入学してきた新入生たちに、やがて五月病の季節がくる。それも年々症状は激しくなる。大学闘争前にはかろうじて権威を保っていた学問は、すでにメッキがはげ、卒業後の立身出世という目標も、年ごとに行き詰まりのきざしをみせている日本の政治と経済の現実の前には、その輝きを失いはじめた。だいいち、とめどなく進行する公害のなかで、どんどん狭くなっていく未来を生き抜くほどの自信を、どれだけの青年が持てるというのだろうか。五月病の脱力感がひどくなるだけの条件は充分そろっている。そこをねらって、さまざまなまやかしの思想や運動が青年を誘惑し、商業的利害が襲いかかる。与えられた目標であった入試から、次の与えられた目標に飛びつくまでの短い不安の時期が五月病といわれるものである。

しかし、ここでもう一度考えることを呼びかけたい。与えられたものに飛びつく前に、もう少し比較し、見きわめる機会をつくりたい。幸いなことに、東京のような大都会には、たくさんの大学がある。どの大学も似たり寄ったりのものとはいえるにしても、まだあまり知られていない学問もあるかも知れない。マンモス大学の混雑に一人や二人、一〇人や一〇〇人の学生が出入りしたとて、たいして目立つものではない。私はこうして、ニセ学生のすすめを唱えることにしたい。

そもそも大学は学生が金を出し合って教師を雇うことから始まった。単位と試験で学生をしばりあげ、卒業後の出世の道というエサを用意するところから、大学の腐敗はひどくなった。

あこがれた大学のなかで、どんな空虚な教育が行われているか。それは大学の格にもあまり関係がないことがはっきりすれば、学問に対する過大期待も消え、ほんものの学問だけが尊重されるようになろう。実は学生をしばりつけることで損をしたのは、教師のほうだった。一方的な上からの教育をすることで、教師の進歩の芽は止まり、それだけ、なおさら肩書きの権威に頼らざるを得なくなったのであった。そしてその権威を維持するために講義はますます難解となり、ついには教師自身にもよくわからぬ学問を、術語や概念にたよって教えるようになってしまった。現在の大学が再生するとすれば、学生の側にしかその出発点はないところまできた。その証拠に、あの激しかった大学闘争以後、自力で改革の道を歩み始めた大学は皆無に近いではないか。

考えてもみよ。もし砂のごときニセ学生が都内を右往左往し、教授たちの虚名や実力を評定し、ニセ学生通信をもって得た情報を広めるようになったら、大学も教師たちも、いまよりもずっと真剣になるであろう。学生自身にも、学問は、「与えられるものでなく、行動を通してつかみ取るもの」という、本来の姿がはっきりするであろう。特権大学の東大が、内実いかにつまらぬものか、そのなかのわずかなよい授業を聞くだけのために、あのきびしい競争が必要ないということになれば、高校生の生活も、もう少し明るいものになるのではないか。私の自主講座も、事実上はニセ学生のたまり場のようなもので、情報交換にも若干の役割を果たしているが、本気になって学生が自分たちの学校と比較してくれれば、それだけはげみも出るというものである。やがては学生が自主講座をつくり、それが集まって大学となるのが、大学本来の姿ではなかろうか。

いままでにもサトウハチローさんのようにニセ学生を実行してたいへん勉強された方もあります。それから、東京経済大学の色川大吉先生の講座にきている学生の三分の二くらいは東京経済大学の学生ではないという話をうかがったこともあります。そういうわけで、すでに部分的には実現していることでありますけれども、皆さんのなかの学生諸君には、明日からでもできることとしておすすめしておきます。そうやって点をつけられる、あるいは比較されることによって教師のほうもはり合いが出てくる。そして、勉強するということで、これは持ちつ持たれつだということを申し上げておきます。

これからおそらく経済的な不況の進行とともに、大学進学は経済的にむずかしくなってくるだろう。それに応じて、現在の大学の姿もかなり変わってくるだろう。そうなったときに、なおさら授業そのものの価値が問われるようになる。どうでもよい講義、引き延しているような講義は、やはりなくなっていく。不況のなかで本物とニセ物との区別がはっきりするようになるだろう。そういうような期待をかけております。（以下省略）

（一九七四年一〇月二八日、自主講座「大学論」第一学期第一回講義録、
『大学論　第一学期――大学の存立理由を問い直そう』公開自主講座「大学論」実行委員会、一九七五年）

❖1980❖

大学はどこへいく

生きた社会を教室に

大学に未来はあるか

現在の大学を中心とした高等教育制度は、二一世紀まで生き残れるだろうか。

日本の大学の序列ピラミッドの頂点にあり、日本を代表する大学として、他の国立、私立大学のモデル、手本と考えられて来た東大にあって、私はこの問に対しては否定的な答えを出している。たしかに大学制度というものは保守的であり、なかなか変らないものではある。しかしあと二〇年、二一世紀まで今の大学制度をそのままつづけることは、おそらく日本の社会にとって持ち切れない負担になるのではなかろうか。この一〇〇年、外国の技術や文化を導入し、そこで学んだ青年たちの立身出世に役立ったことはあっても、社会全体、特にその底辺のためにはあまり役立たなかった大学が、今後もこのままつづくとはどうも思えない。つづいたら大変なことになるだろう。

たとえば東大は、日本最大の国費を消費し、そのくせこれといった発明、発見のない大学として、世界に知られているというのが、世界の大学に詳しい永井道雄氏の評価である。公害問題との関連で地方国立大学と接触する機会の多い私は、どこへ行っても強い文部省のしめつけと、大部分の教師に共通な中央指向、外国指向を感ずる。東京や京都では何が今一番受けているか、海の向うのケンブリッジやオクスフォードのトピックスは何かと問われて、それが自分の生きている地域の問題であるということを納得してもらうのは非常に困難である。

私自身の体験でも、未来の学問は決して現在の延長上にあるものではない。二〇年前、私が水俣病にはじめて出逢って、その悲惨におどろき、自分一人ではどうにもならぬ問題の大きさを感じて、逢うかぎりの友人に協力研究を求めたことがあった。大方の反応は、そんな田舎の変な病気を研究するよりも、もっと学界の主流になっている問題をやる方が先だというものだった。それから一〇年、一九七〇年代に入ると、環境の研究は花形になり、研究費の出る仕事として、多くの人が参加するようになった。しかしそのころには、水俣病の問題を掘り下げてゆくと、それは九州の小都市水俣の地域的な問題に決してとどまらず、現代の文明が根底からゆすぶられる大きな問題がそこにあり、私の研究の中味も、水俣からアメリカ、ヨーロッパ、アジアにひろがり、そして水俣にもどって来るのだった。

強者のための学問

この間東京大学の偉い先生たちは何をしていたか。表立っては水俣病や公害については動きを見せず、実は人の眼に見えないところで、公害企業から金をもらって、公害もみ消しのための研究をひそかに行なっていた。もちろんそれは人目をはばかる仕事だったから、よくよく調べないとその実態はわからなかったが、だんだん事実がわかってみると、その力の大きさにおそろしい思いを感じた。一時はこのもみ消し努力が成功して、第二水俣病が新潟でみつかるまでは、水俣病は原因不明の病気で、工場排水とは関係ないと医師仲間でも信じられるようなありさまだった。この問題を調べた私は、ここに日本の学問の病根を見たのだった。この研究の中心になった東大教授は、のちに公害の研究は加害者のためにやるものだと言いきった。

これは極端な一例であるとしても、日本の学問が、これまで強いもの、国家や大企業のための研究を優先して来たことは事実である。弱者のための学問は、今日でも決して主流ではない。第一、長いこと強者のための学問だけをやって来た今の大学では、何が弱者のための学問であるかさえ、よくわからない。教える方も、教わる学生も、弱者の体験を持っていないのである。その傾向は、最近の受験競争の激化でますます強くなっている。東大へ入るには、小学生時代から個室があって、塾や補習にお金がかけられる家庭でなければならぬ。そして他人のことなど考えていたら競争に負けてしまうのだから、弱者のことを全く知らない学生がほとんどであるのが現状である。こういう構成階層の問題も手伝って、今の大学では、ますます弱者のための学問は育ちにくくなっている。

学問の当事者性

公害問題では一番公害のことを身にしみて知っているのは被害者である。被害者でなければわからないことがたくさんある。これはたとえば身体障害者の場合も同じである。だから、こういう種類の問題の研究には、当事者が当るのが一番よいのだが、今の社会の構造ではそうはなりにくい。水俣病の患者は脳神経をやられていて、重症では口がきけないのだから、水俣病の研究はとても無理である。このようなむずかしさは、多かれ少なかれほとんどの公害や福祉の問題にあてはまる。最も深刻に問題を身にうけている人が、その問題を自分の力で解決するために努力するのが望ましいやり方であるのに、その道がとざされている。

まだ私たちはこの問題を完全に解決する見通しを持っていないが、多少のまわり道の見当はつけている。その一つは、交通遺児育英会の存在と、その活動の方向である。現代の日本でも、一家の支柱が交通事故に逢った時に、その遺児育英会の奨学金によって、高校、大学へ進学することのできる人々がある。もちろんこの人たちの家族の生活安定が、生活設計の基本になることは当然だが、そこに生じた余力を、極貧層の体験を生かして、交通問題をはじめとして弱者の立場からの学問を作りあげることは可能である。たとえば私の所属する都市工学科で、都市計画を交通遺児が研究することを考えてみれば、まずそこでは交通事故の起りにくい計画が自然に追求されることになろう。そこから弱者にとって住みやすい都市が具体化されるならば、それは万人にとって住みやすい都市になるだろう。この考え方は、公害の被害者や障害者にとっても共通なものになり得る。まだまだ小さな芽でしかなく、実例は少ないが、この育英会の存在は、社会の平均化、特に最下層の自力更生による問題解決の一つの方向を示すものとして期待できる。この点はむしろ海外で、キリスト教会の連合体である世界教会評議会（ＷＣＣ）によって評価されている。

私自身も、壁に小さな穴をあける作業を自分でやらなければなるまい、そう考えて一〇年前にはじまったのが自主講座「公害原論」であった。これは私が公害の被害者から学んだものを、自分で整理してまわりの社会に伝える工夫をしてみようとするものだったが、予期しない二つの効果が生じた。一つは、自主講座に集まった人たちが、自分たちの力を持ち寄って実行委員会を作り、自主講座をつづける作業をはじめると共に、公害をへらし、なくするために何が有効かを、行動で模索しはじめたことである。住民運動のエネルギーの大きさについては、公害反対運動の中で身にしみていた。しかし実際にそれが自分のまわりでわき上り、自分もその中へまきこまれてみると、今さらにおそろしい思いがするほどのものであった。たとえば一九七二年にストックホルムの国連人間環境会議に水俣病とカネミ油症の被害者を送り出す活動は、政府や大企業はもちろんしぶい顔をして見守り、その力を借りるようなことは一切なかったが、日本の民衆が自分の力でやったことであり、世界をおどろかせたのである。『公害原論』(亜紀書房)という、この種の本ではベストセラーになった本が出来上ったのも、完全に人々の力であった。私が話したことを記録し、それを整理し、印刷し、製本する、その作業が本職もおどろくほどの速さで実現し、出版された本もまたよく売れた。そしてそれはたしかに全国の公害反対運動の一つのガイドブックとしては役立った。出来上った本を見て私自身がおどろいたのだが、私はあんなに筋道立てて話した記憶はない。もっと話はあちこちに飛び、つかえつかえのものだったが、聴いた人の頭の中で内容が整理され、本人もびっくりするようなものが出来上ったのである。ここでも民衆の力というものはおそろしいものだった。

大学問題にゆき当る

もう一つ、講座を用意した私の個人的な体験ではあったが、この講座を通じて、私は現在の大学のかなり根本的な問題をつかむことができた。大学の講義がなぜつまらないか、そのかなりの部分は、教師に責任がある。自主講座では、もし私がつまらない講義しか用意できないならば、講座自身が消滅する。この緊張関係が今の大学にはないのだった。私自身が、講座を用意するために必死になって勉強し、その結果、講座のおかげで一番勉強したのはたぶん私だろう。大学がつまらなくなったのは、大学が制度化しているからだ。そしてその制度として確立した大学が、立身出世のための道具となってしまい、強者のための学問を教えているから、生きた問題とのつながりがなくなり、活性を失なうのだということがよくわかった。これもまた日本だけの現象ではなく、ブラジルの物理学者、アミルカル・エレラが、南米の科学技術の現状について指摘したことが、そっくりそのまま日本にもあてはまる。大学が活性を失なったのは世界的な現象である。

それでもアメリカのように、大学にも競争原理がきびしくはたらくところでは、いろいろな試みがされているし、学生参加も常識になっている。イギリスのオープン大学も、新しい試みとして大学を民衆に解放する点ではかなりの成功をおさめ、これまでの大学にも刺激を与えた。逆に社会が固定的なところ、たとえばソ連のモスクワ大学は、成績が出世に直結するために、カンニングが大問題になっていることは外国でも知られている。どこの国でも大学はたくさんの問題をかかえ、苦悶し、模索している。その中で日本だけが既存の権威と学閥の上にあぐらをかいて、のうのうとしているように思われる。高度成長の間はそれでもよかったかもしれないが、経済がおそかれ早かれ収縮期に向かう将来は、日本の大学をとりまく環境が、とても今日の安易な態度を許すものではなくなるだろう。

地域社会の方向の重要性

自主講座「公害原論」は、現実の公害問題から出発するために、地域の問題をとりあげることが多い。そしてそこから出て来た最も重要な結論は、地域の自治が強いところでは公害は出なくなるという、きわめて簡単なものであった。公害を本当に根本のところで止めるものは、ｐｐｍに象徴される技術的対策や法律の力ではなく、住民自治という政治的な条件であり、それがしっかりしていれば制度としての公害対策はむしろ二次的なものでしかない。これは、福祉の問題を考えるときにもあてはまる条件のように思われる。たしかに制度は大切であるが、その手前に、住民のまともな意志がまともに政治に反映することが保障されなければ、制度ばかりがやたらと肥大して、間接的費用が増加し、実際の効果は減殺されてしまう。それだけではない。もし地域社会の基本的な考え方が、たとえば人間を労働能力だけで評価するようなものになれば、そこからはみ出すものにいくら金をかけても本当の福祉は成り立たないだろうし、第一必要なものにさえ金を出さない世の中になるだろう。昨今の軍備強化の大合唱の風潮をそのままにしておけば、福祉も公害も軍備拡張と管理強化のあらしの中に吹きとんでしまいかねない。ここでも、弱者の問題は高度に政治的な意志の問題であり、決して限られた予算の取りあいという経済的、財政的なものにとどまらないのである。

自主講座がとりあげた公害の問題は、この地域社会の考え方がどのようなものに各地域で定着してゆくかという点と、もう一つは被害者の救済方法という点で、福祉問題とつながっているようである。これまでの被害者運動は、大変な苦労をしながら公害の原因をつくった者の責任をはっきりさせ、その結果として被害者救済のための損害賠償をようやく積み上げて来た。二〇年前の水俣病の死者に対する見舞金三〇万円という数字とくらべれば、今日の水俣病補償の一八〇〇万円は、たしかに前進にはちがいない。しかし金を受取っても、あるいは金を受取ったが故に、被害者にとってこの世はますます住みにくくなるのである。金によって一時期生活は楽になることがあっても、この病気は金でよくなるわけではない。心身障害者としての社会の中の位置は、かえってはっきりしてしまい、そこから脱け出すことは永久にできない。おそかれはやかれ、水俣病の場合には被害者運動は障害者運動の性格をもつようになるだろう。他の多くの、すでに起ってしまった公害の被害者運動も、あるいはもっと長い歴史を持っている原爆被爆者の運動も、同じように障害者運動としての側面をもっており、その社会の福祉に関する考え方の水準に作用をうける。この点で、被害者運動はいま転機に直面しているのではないかと感ずることがある。

問題解決型学習の存在

自主講座の体験をいま整理してみると、これは一つの問題解決型学習をやったようだと気がつく。これまでの学校教育で主にとられて来たやり方は、すでに存在する理論を勉強して身につける、理論習得型学習がほとんどだった。これに対して、自分にとって最も切実な問題をとりあげて、それを解決するためにいろいろな学問を必要に応じて学んでゆくやり方が問題解決型学習である。私の場合、水俣病という問題を掘り下げてゆくうちに、水俣は日本の縮図のようなものであることがわかって来て、結局日本全体について学んだことになる。日本だけではない。事例を追って世界のあちこちを旅してみると、「公害原論」で学んだことは資本主義国でも社会主義国でも、先進工業国でも発展途上国でも、大体あまり変りなくあてはめられる。つまり世界全体についても、自分の理論を持ったことになる。必要に迫られて経済学や法学を学んだことは、専門の学校に行くよりも、ある面では深くまで行ったようである。細部には詳しくないかもしれないが、生きてゆくために必要な基本的なことについては、大体身についたように思う。行動を通しておぼえたことは、たしかに身についている。裁判を通して法律学を勉強するのは、負ければ自分の首にかかわることだから、怠惰な私でも必死になる。こうして公害問題は私にとって学問への門になった。

この場合、まず理論について勉強して、それから行動しようというこれまでの学校教育の考え方では、絶対に行動まで行かなかっただろう。理論の習得はそれだけで一生かかる大仕事になるからだ。逆に理論ぬきの行動だけでは、あぶなくて見ておれないものになる。運動の中で自分だけがケガをするならまだましだが、必らず他人にも迷惑をかける。どうしても行動と理論の勉強は並行することが必要で、実際にそうなったところに私の幸運があった。自主講座もその一つである。

自主講座の限界をこえる動き

もちろん、自主講座運動にもその制約はある。ある種の学問は、どうしても制度的な基盤を必要とする。実験室などを維持し、使いこなしてゆくことは、自主講座のような有志の活動だけでは無理である。あるいは資料の整理など地味な仕事もそうである。そして何より、「公害原論」の場合には、中心になっている私の能力が限界になることが多い。経済的な余裕があれば、何人かの人が常勤になって系統的な調査や恒常的な協力もできるのだが、業余の努力を持寄ることには、よほど運動が盛上っている場合でなければ限度がある。

東大という保守的な大学の中での自主的な活動は、いずれにせよ当分は少数派の運動であり、海に浮かんだ島のようなものである。東京のように大学がたくさんあるところでは、あちこちに出来た自主講座が、相互に協力をしあってその力を持寄ることを期待したのだが、今のところすぐにそうなる見通しはない。私の場合にはともかく一人は常勤の教員が中心になっているから、一〇年つづいたことはあるが、私立大学などで学生だけでつづけるのはかなりむずかしいようである。全国的な自主講座の連合を作る必要はたしかにあるのだが、まだその動きは始っていない。もしそれが作られるならば、たとえば歴史の古い東大の自主講座はその中心になるのではなく、どこも平等なネットワークのようなものの中で、サービス的な仕事を多くするものになるだろう。

もう一つの可能性は、大学そのものが危機に直面して、これまでの東大を頂点としたピラミッド的な格差構造から抜け出して、独自の道を歩みはじめることである。この方はむしろ地方の弱小な私学で、経営の危機に直面したところに、その動きがいくつかある。たとえば長崎総合科学大学の学生、職員参加の動きとか、沖縄大学の地域大学としての新生の努力などがその例である。特に沖縄は、日本の矛盾が集中したような地域であり、沖縄に居ると日本がよく見えるといわれるほどである。地域に奉仕し、地域と共に生きるという沖縄大学の方針には、決して日本の中の一地域というにとどまらない可能性がある。

たとえば、今世界が直面する最も深刻な問題は、戦争と平和、軍縮の問題であろう。日本で最高の軍事基地密度をもつ沖縄にとっても、これは最大の地域問題である。平和の研究を最も必要とする地域といってよい。第二番目の国際問題は南北問題、北の工業先進国と南の発展途上国の格差、利害の対立の問題である。これも日本国内でいちばん格差の大きい地域であり、本土資本の開発の影響をまともに受けている沖縄にとって、世界に通ずる地域問題となる。そして地理的にも、台湾や中国、更には東南アジアへの門戸として有利な場所にある。第三の国際問題は、二〇〇カイリ宣言に象徴される、海洋問題である。本来沖縄は島国であり、特異な島の文化をもつ一方で、離島苦を何とかして解決しなければならぬ。こうして、沖縄がかかえる三つの地域問題を掘下げてゆくことは、決して地域にとじこもることにはならず、かえって世界全体の直面している深刻な国際問題に対して解決の道をさし示すことになる。ここでも主力になるのは問題解決型学習であろう。そしておそらく地域の問題を研究してゆくためには、社会科学、自然科学の枠をこえて、その両方を綜合した生活科学の方法が必要になるだろう。沖縄大学の模索はまだ始まったばかりだが、その立地条件を考えるとき、実に興味深い未来をもっている。

こういう動きが成功すれば、現在の型にはまった大学教育だけが大学なのではなく、学生の意欲を発掘することで新しい可能性が開けて来るだろう。学生の側もまた一つの大学の中だけが教育の場なのではなく、生きた社会を教室にすることによって、新しい質的な前進を期待できるのではなかろうか。このことは、未来の福祉を考える上にも参考になることだろう。

（『青年と奉仕　ボランティア研究』一三〇号、日本青年奉仕協会、一九八〇年九月）

❖1997❖

非定型教育こそ

言われた通りにまじめに働らく、おとなしい労働者を安定して供給し、努力と能力に応じて賃金が支払われるシステムをしっかり叩きこむ点では、日本の教育はほぼ完成したようである。どこをいじってもこれ以上の効率は得られないという最大値に到達したのであろう。支配エリートを作る大学も、偏差値で序列が決まって、各レベルでほしい数だけ採用ができる。大体供給が需要を上回り、当分買手市場がつづくだろう。落ちこぼれすら勝手な叛乱を防ぐみせしめとして使うことができる。企業で人を使う立場からすれば最適の教育体系が作られ、それがまた高度成長と生活保守主義を支えて来たものでもあった。

状況は変った。企業は安い労働力を求めてアジアへ進出し、大量生産の製造業は空洞化した。高等教育は買手市場になり、競争入試はごく一部の大学に限られるであろう。これまでの生産のための教育は目標を見失ない、漂流し模索をつづけることになる。これまで人材供給の主流になっていた大組織の比重は小さくなる。学校教育の比重もまた小さくなるだろう。これまで学校はあまりににも多くのことを引きうけすぎたのである。

私は東京大学で一九七〇年から八五年まで自主講座「公害原論」を開講してみて、この種の非定型教育がこれからは次第に大きな比重を占めるであろうと感じた。実は制度の固いドイツの大学では私講師として昔からある制度で、こういう市民講座が大学に新風を吹きこむ一つの風穴になっているのである。本来大学はこのような非定型教育の集合体として出発した事例が多い。日本では歴史的に国立大学である東京大学が高等教育のモデルになったが、世界的にはむしろ少数派になるだろう。ここでも大学の制度をゆるくして、重荷を外してやる方がよいのではなかろうか。これまでうまく機能して来たものだから、あまりにも多くのことを学校に期待しすぎたのである。それも欧米にくらべてずっと大きい生徒対教師の比率はそのままにして、ただでさえ最近の管理強化の教育養成を経て来た教師に何とかしろと求めるのだから、うまく行くはずがない。ここ沖縄にいると、長い間の教育行政と教組の対立で、教師は疲れ果てていると感ずる。中学校で二〇クラスをこえる巨大校があるのに、日の丸を掲げるように厳命し、言うことを聞かぬ教師を処分する行政などというものは、自分の基本的な仕事すらやっていないことになる。

国際化ともてはやされるが、所詮は工業化と市場化で、人間のアトム化に導く。広い見識を持つことが大切だが、中味のないおしゃべりの外国語がうまくなっても大したことにはならない。むしろアトム化に対抗できるような自我をどうしたら確立できるかの方が教育の目標になる。個性をどう伸ばすかである。その点でも生徒と教師の比率の問題はかなり根本にとどくのではなかろうか。

私は教師の家に育ったせいで教師に甘いのだろうか。

（岩波書店編集部編『教育をどうする』岩波書店、一九九七年一〇月）

❖1985❖

御用学者とのたたかい

連載　さらば東大①

私が水俣病に出合ってから、二六年が経過した。ほぼ半生を公害とつき合ったことになる。その仕事の過半は、御用学者、御用学問とのたたかいであった。そしてその相手の大部分は、直接、間接に、自分が身をおいている東京大学につながっていた。こういう体験をしてみれば、今の科学技術には何か構造的な問題があると考えるようになるのは当然だろう。それも小学校の低学年から化学の実験を自分でやりはじめ、農業体験も工場勤務体験もあり、大学院の修士課程で早くも一八〇〇万円の委託研究をやってのけるという、工学部の研究者としては願ってもない経歴を持った者が、自分の仕事を疑い始めるのはよくよくのことであり、まことに数奇な道をたどったという気がする。

昭和三一（一九五六）年に発見された水俣病の原因は、さまざまな困難を乗り越えて進められた熊本大学医学部の研究により、三四（一九五九）年に汚染物質として水銀が発見された。しかし同年一一月に熊本大が中間報告として出した内容が、食品衛生調査会では最終答申とされて研究は打ち切られ、新しく経済企画庁所管で水俣病総合調査研究連絡協議会が各省代表とその推薦した学者によってつくられ、そこで研究されることになる。この過程で通産省に後押しされ、新日本窒素水俣工場から研究費を受け取って非水銀説を声高に唱えたのが、硫酸触媒の専門家として知られていた東京工大の清浦雷作教授であり、熊本大の有機水銀説への反論としてかなりの効果をあげた。さらに清浦教授は経企庁の協議会にも加わり、一年間に四回開かれた会議で、熊本大の研究結果に一つ一つケチをつけ、原因不明に持ちこむことに成功した。

しかしもっと大がかりだったのは、日本化学工業協会が組織した「田宮委員会」である。これは東大医学部衛生学名誉教授であり、日本医学会会長でもあった田宮猛雄を中心とし、東大公衆衛生学教授・勝沼晴雄が幹事長となり、東大医学部の若手助教授たちが実働部隊となった、水俣病もみ消しのための研究グループだった。このグループには栄養学の小林芳人教授、内科の冲中重雄教授といったメンバーも関係しており、企業側は、田舎大学（熊本大）が変な説を出したので、それを科学的に検討するため日本の最高峰である東大医学部に頼んだと言明していた。

だが東大側のねらいは、もっと別のところにあった。企業側の依頼だけでこんな大がかりなチームを組んだのではない。このころ、熊本大の有機水銀説は通産省や清浦教授の反論で袋だたきにあったかっこうになり、頼みの綱の厚生省からも研究費を打ち切られた。この当時の通産大臣は、次の首相になった池田勇人であるから、力関係では厚生省はまったく歯が立たなかった。途方に暮れた熊本大は、当時世界の奇病研究に気前よく数万ドルの単位で金を出していた米国の国立衛生研

（NIH）に研究費を申し込んだ。この結果三万ドルほどが熊本大に支給され、一息ついたのだが、この申し込みを知った東大側が、熊本大のような田舎大学に研究費が流れるのはけしからんと、これを横取りせんとしてつくったのが「田宮委員会」なのであった。この試みは結局成功しなかったが、東大の学者たちの考え方がどんなものであるかがわかる一幕ではあった。

このころ、応用化学科の大学院修士課程を修了し、土木工学の博士課程に在学していた私は、調べれば調べるほど東大医学部関係者のあくどいたくらみにおどろくと同時に、とても一介の学生では歯が立たぬことも身にしみたのだった。そのころ、水俣病の発見者である細川一博士にめぐりあい、工場の中で行った動物実験によって、水俣工場の酢酸排水が水俣病の原因である事実をつき止めた時も、細川博士からくれぐれも自重することを求められた。その結果として第二の水俣病が新潟の阿賀野川に発見されるまで、水俣病の真相はかくされたままになっていたし、その間にも有機水銀を含んだ工場排水は水俣でも流されつづけ、不知火海一帯に汚染がひろがったのであった。

この昭和三〇年代後半は、日本の戦後公害史の中では最も暗い時期であった。三八（一九六三）年、イタイイタイ病の話を聞いて富山の萩野昇博士に会った時も、県の行政や医師仲間の迫害がいかにはげしいかを繰り返し聞かされた。ここでも苦しい時期の研究費を支えたのは米国のNIHの資金だった。もしそれがなかったら、カドミウムの毒性はついにわからなかったであろう。三九（一九六四）年の日本衛生学会で、萩野博士がイタイイタイ病とカドミウムの関係についての発表をしたとき、弟子を神岡鉱山の病院に派遣している岐阜大医学部の館正知《たちまさとも》教授が座長となって、自ら意地の悪い質問を出し、いかにも町医者の研究は不正確であると言わんばかりの調子でつるし上げるのも私は目撃した。公害問題での御用学者の活躍は、どこへ行っても目につくのだった。ちなみにこの館教授は、二〇年たった今日、環境庁の中央公害対策審議会の委員で大気部会長をつとめている。

公害を治安の目でみる大学者

明治の足尾鉱毒事件以来、中央政府は公害問題を、一貫して治安問題としてとらえていたようである。まず問題の存在を無視し、無視できなくなるとそれをできるだけ過小評価し、段階的に後退し、圧力の集中をさけようとする。物理学ではこのような部分的な変形で力を抜く現象を緩和現象と表現しているが、公害の因果関係の研究ではこの緩和現象の一つとして、因果関係の存在をとりあえず御用学者を利用してごまかしてしまう手法がいつも使われた。この御用学者のはたらきをする人々の中には、知らずに善意で利用された人もいたかも知れないが、明らかに自分の立場を意識し、公害問題を治安問題と承知して、事の如何を問わずもみ消すことが学者の任務だと考えた者もたしかにいる。その典型が田宮委員会の幹事長をつとめ、後に中公審委員を経て国立公害研究所副所長となった勝沼晴雄である。昭和四三(一九六八)年、新任の助手に向かって東大医学部保健学科主任だった彼は傲然と言い放った。「公害を被害者の立場から研究するなどという女々しい奴は、わしは好かん。ここでは加害者の立場から研究するのだからそう思え」。

ここには内務官僚の一部であり、警察行政に含まれていた日本の衛生学の生きた姿がある。彼は今年初め死亡したが、おそらく日本最大の御用学者として歴史に残る存在だろう。

この言葉をはね返して、その下で働きながら『公害・労災・職業病年表』をつくりあげたのが、現在桃山学院大教授・飯島伸子である。また『ああダンプ街道』〔岩波新書、一九八四年〕を書いた佐久間充もこのすさまじい場に生きている一人であり、まず万年助手はまちがいなしと目されている。これを思えば、工学部の膨脹期にさしたる支障もなく新設の都市工学科で助手のポストにありついた私などは幸運と言うべきか。

昭和四〇（一九六五）年、久しぶりに月給の出る職にありついた私ではあったが、すぐに大きな試練にぶつかった。第二水俣病が新潟に出たのであった。この時、水俣病の真相を知りながらだまっていた責任を感じて、真剣に妻子の寝顔を見ながら考えたものだった。水俣病を見てしまった私は、この時から自分が手に入れた情報は全部公開するという原則をたてて今日まで走り抜けて来て、今までのところ生命の危険もなくてすんだが、当時東大の中での勝沼らの力を知っていた私とすれば、やはり決断は要ったのである。

新潟水俣病では、水銀汚染の原因が阿賀野川上流の昭和電工らしいとだんだんに見当がついてくると、この会社と親しい横浜国大の北川徹三教授が会社側に立って、いわゆる地震農薬説、新潟地震で倉庫から流出した水銀農薬が阿賀野川の塩水くさびを汚染したのが原因であるという説を展開した。この時にも明らかに通産省が北川教授を応援して、その説を広げた事実があった。北川教授は横浜国大に安全工学科を創設した大先生であるが、本心から自分の説を正しいと思っていたらしい。この点はたとえまちがいとわかっていても国家治安のために強弁しようとする勝沼とはちがう存在ではあったが、やはり企業を守ることが国のため、社会のためという強い信念は、討論のはしばしからうかがわれたものだ。私は安全工学協会の中につくられた、水銀中毒事故原因調査委員会に、私の講座の教授の代理として出席し、北川教授と毎回口角泡をとばして議論する羽目になってしまった。駆け出しの助手が教授と対等の口をきくなどということは、工学部では許されることではなかったが、こちらも必死であり、その気迫は他の委員にも伝わったらしく、別に制止されることもなかった。この論争は結局委員会では決着がつかず、のちの民事訴訟へ持ちこまれた。

業界、官僚が左右する工学部

実はこれより前に、助手になったばかりの時に、やはり教授の代理で大変ふしぎな研究グループに入ってしまったことがある。それは東大法学部の中で、雄川《おがわ》一郎、加藤一郎、川島武宜《たけよし》といった大家や新進教授たちが組織した公害研究会であった。その時の説明では、激化する公害に対してどのような法制が必要なのか、法案の要綱のさらにその前段の検討をする会合だということであった。それを聞いて、東大法学部というのはなるほどこういう役目をするところかと感心したのを覚えている。私はこの研究会ではじめて法律家の考え方を知った。向こうもまた公害の現実を生で持って来る私にはおどろいたらしい。生の材料を持ちこむのは主として私であったから、この研究会の中ではずいぶん勝手に発言させていただいたが、クビにもならず二年ほどこの仕事はつづき、法律の大先生たちとも顔なじみになった。加藤一郎教授には、討論の合間に玉突きを教えてもらったほどである。意外に法律というものは論理的に整然としていて、秩序の維持が前提条件にはなっているが、工学部の議論より客観的だというのが私の印象だった。法学部ではともかく論争ができる。大先生がこうだと言ったら誰も口が利けない工学部とは大分様子がちがった。

私が新潟水俣病の裁判に参加して、どうやら弁護団の手伝いができたのも、ここでの経験があったからであった。全体が御用学問かと思っていた法学の認識を私はあらためることになった。それにくらべて、客観的なデータに立脚するはずの工学部の方が、さっぱり客観的ではなく、業界や官僚の意向に左右されるのであった。

幸い、土木工学に強い影響力をもつ建設省は、このころは公害の原因論争の外にいたので、私の発言に圧力がかかることもなかった。ただ厚生省の弱腰についてはしばしば批判したので、そちらからの文句はあったらしいが、私の教授は別に私の発言をおさえることはなかった。昭和電工では、なぜ教授が助手に勝手に言わせておくのか、ふしぎだったようである。

新潟の水俣病の因果関係が公然たる論争になった昭和四二（一九六七）年ころには、私の地位も学界の中で大分固まってきて、そう簡単にはクビにできないようになったし、激動の東大闘争の四三〜四四（一九六八〜六九）年には、世界保健機関（WHO）の上級研究員としてヨーロッパに一年余の調査旅行に出ていたので、無傷ですんだ僥倖もあった。

もっとも、まったく圧力がなかったわけでもない。四二年から四三年にかけて、厚生省の公衆衛生院や、本省の公害課に転出しないかという誘いは別の教授からあった。しかし私はどちらの誘いも言下に断った。どう考えても私の性格は官僚には向かなかったし、公害の因果関係をめぐる通産省との論争で、常に卑屈な態度をとり圧力に屈する厚生省の行動は腹にすえかねていたから、元厚生官僚の教授の言うことなど、まともに聞く気はなかった。その代わり、このころから私の後輩がどんどん私を追い越して専任講師、助教授に任官されて行くようになったが、私は気にしないことにした。助手の方が自由度が大きい部分もあるし、実力とキャリアの点ではこちらの方が強いことは誰も認めざるを得ない事実だったから。できたばかりの都市工学科の中には、たしかに活気があって、肩書などを気にせずどんどん勉強する空気があった。私は数人の学生を水俣へ連れてゆき、水俣病の患者を見せた。学生たちは初めて見る患者の前で言うべき言葉もないほど強い衝撃を受けた。

この時期に突然はじまったのが東大闘争である。もちろんそれは決して突然ではなくて、医学部の研修医問題など、学校の中に深刻に進行していた〝病気〟が表に出たものであったし、工学部にも同じ病根はたしかにあった。

学生も、私たち若い研究者も、あの時期に起きることを予想してはいなかったが、ともあれ都市工学科大学院学生は、社会に目を開きはじめたとたんに東大闘争に突入してしまい、その一方の旗頭になったのである。私はその間WHOの調査旅行の準備をしながら、最初の単行本である『公害の政治学』(三省堂新書、一九六八年)で水俣病の経過をまとめ、その間に進行する新潟水俣病の裁判の補佐人という重責も果たさなければならなかった。むしろ旅行に出発したとき、仕事の重圧から解放されてほっとしたほどであった。そのかわり、東大闘争の行方も私の手のとどかぬものになった。

ヨーロッパできれぎれに聞こえてくる全共闘運動のニュースは、概して学生に不利なものだった。トドメをさしたのは、大河内〔一男〕総長が退陣したあとの混乱を収拾するために、あの加藤一郎教授が総長代行に選ばれたという知らせだった。加藤一郎はどんなことをやってでも事態を収拾し、秩序を回復するであろう、その力量と度胸は、学生が束になってかかっても到底かなうものではない、これで学生の運動は終わったな、というのが、ニュースを聞いた私の最初の感想だった。

匿名で企業側に立つ頭のよさ

一年余の調査旅行を終えて私が日本へ帰って来た昭和四四（一九六九）年一〇月三〇日は、奇しくも最後まで抵抗をつづけた文学部の学生が校外へ排除され、東大が一年半ぶりに全校の正常化を宣言した日であった。もちろん都市工学科の学生、大学院生の大部分はどこへ行ったかわからなくなっていたし、教授たちは自信を取りもどし、以前よりも保守的な空気が教室を支配していた。

しかし、どういうわけか私の身辺は、やたらと忙しくなり、教室の中のことにかまっていられなくなった。都留重人教授が主宰する公害研究会に呼び出され、そこで調査旅行の報告をさせられると、今度は直ちに翌年三月の国際会議に日本の公害についての論文を出すよう求められ、分科会の座長まで命じられたのである。事実は、都市工学のボスである高山英華教授が、旧知の都留教授にたのみこんで、私のエネルギーを学内に集中させないために、外で忙しくさせるように仕向けたのであった。

昭和四五（一九七〇）年は元日のＮＨＫに私の出演した番組で明けたことが象徴したように、爆発的に公害のニュースが多い年になった。三月の国際会議、五月の水俣病補償処理に対する抗議行動、その中で考えた自主講座「公害原論」の準備と、私にとってもやたらに忙しい年になった。

自主講座を計画した私に対して、工学部教授会は教室が汚れるとか何とか妙な理屈をつけて部屋を貸すことを断って話題になったが、このとき介入したのは、意外なことに加藤一郎総長であった。総長の方から、教室ぐらい貸してやれという一言があって、自主講座は始まった。おそらく加藤総長は、学生の運動を追い出したあと、のどもと過ぎれば熱さを忘れて改革の機運がなくなってしまった東大の中に、ある程度の緊張状態が残る必要を感じたのであろう。

そこからあとの自主講座の一五年は、よく知られている通りである。加藤総長の期待に沿えたかとふりかえってみると、そこまでの効果は上がらなかったという気もする。東大における大学側の改革は、結局何も残らなかったに等しい。ただ自主講座がある間は、少なくとも東大教授が公然と御用学者として動くことは多少困難になったふしがある。工業開発計画で、技術的対策が万全にできるから公害は心配する必要がないという説明はしばしばなされたが、その技術的対策なるものの説明に、昔なら必ず駆り出されたはずの東大教授が、ほとんど動かなかった。つまり動けば足元から自主講座にかみつかれるのを恐れて、二の足をふんだ人はかなりいたはずである。

しかし東大教授たちの頭のよさは、尻尾を出さないようなやり方を選ぶところにある。実名主義で攻める自主講座の追及をさけるには、匿名で影響力の大きいマスコミを操作する方法がある。東大教養学部の佐藤誠三郎、公文俊平、木村尚三郎、学習院大学の香山《こうやま》健一らは、「グループ一九八四」を結成して、匿名で公害の因果関係をむし返す手をえらんだ。彼等が選んだ標的は大気汚染のうち自動車の排ガス、イタイイタイ病、商社批判であり、その言い分は前出の清浦や北川の主張を支持し、まったく企業側に立ったものだった。

イタイイタイ病の裁判がすんでしまった後に、因果関係をむし返す真意ははっきりしないが、人体被害だけでなく農地汚染の復旧費やいろんな関係費用を支払わなければならないことと、一企業だけではなく全鉱山業に責任が及ぶこともあって、石油危機以後の昭和五〇（一九七五）年にあらためて問題を取り上げたのであろう。

危ないことは手下にやらせる

この連中の品性は、公害病患者が認定されたいのは賠償金がほしいからだという前提に立って「現代の魔女狩り」（「文藝春秋」一九七五年一二月）という大論文を書くことからもわかる。要するに自分の金ほしさを、公害被害者の行動に投影して解釈しただけのことであった。実際に公害の現場を歩いてみれば、被害者の権利意識が出てくるまでにどれほどの時間と運動が必要かを身にしみて感ずるものである。

私はグループ一九八四の背後には、やはり勝沼晴雄ら医学者の支援があったと感じている。いわゆる東大系の医師たちは、この時期必死に非カドミウム説のデータをつくろうとしていたし、東大保健学科は、ひそかに三井金属鉱山の研究員と研究費を受け入れていた。

一九八五年という現時点のおそろしさは、この連中が仮面を脱いで堂々と臨教審（臨時教育審議会、中曽根康弘内閣のもとで一九八四年に設置）の委員に出て来たところにある。それだけ連中はわが身は安全だと見当をつけたのであろう。彼等がグループ一九八四の中心であったことはほとんど報道されていないし、表向きは否定することだろうが、関係者は知っている。こういう品性のエリート主義者が教育を支配することに恐ろしさを感ずるのは私だけではあるまい。

しかしさすがに彼等も水俣病の因果関係に手をつける危険はおかさなかった。東大の御用学者の頭のよさは、自らは危険に手を出さず、危ないときは手下にやらせるところにある。あるいはグループ一九八四も手先であって、その背後にさらに頭のよい黒幕が控えているのであろう。ともかく東大が御用学者の牙城であることをはっきりと見せてくれたのがグループ一九八四であった。

こういう例を身近に見て、また周辺の東大教授たちが政府の審議会、委員会などに出席する状況、顔ぶれを見ると、その十中八九は御用学者としての役割を買われるか、あるいは事実を何も知らないために、政府の思い通りの結論を出してくれることを期待されての出席であることを感ずる。こういう人々の下ばたらき、あるいは補助者としての東大助手の仕事は、もうとてもつづける気がしない。


（『朝日ジャーナル』二七巻五〇号、一九八五年一二月）

❖2003❖

大学と現場・地域をつなげる技術者として

私の反公害四〇年（インタビュー：田浪亜央江）

1　自主講座について

――大学特集〔『インパクション』一三八号、特集「解体される大学」〕ということで、宇井さんにお話を伺いたく思ったのは、宇井さんが今年定年退職されて、東京に戻られたというタイミングもありますが、今大学がこれだけ閉塞している中で、大学を徹底的に批判しつつ大学に身を置いて、持続した取り組みをされてきた方に学びたいという思いがあります。『大学解体論』〔宇井純・生越忠著、亜紀書房、一九七五年〕の前書きで、宇井さんは「三〇年も続ければこの取り組みは何らかの実を結ぶことになるだろう」という意味のことをおっしゃっています。今日はそれがどう結実し、あるいは変転したのかを伺えればと思います。

まず、宇井さんたちが取り組んできた東大での「自主講座」の理念と、そこにいたる経緯についてお話しいただけないでしょうか。

宇井　東大闘争のころ、私はヨーロッパに一年あまり行ってたものですから日本にいなかった。都市工学の大学院の学生は東大闘争に飛び込んで、壊滅的な打撃を受けた。彼らはセクトに入って行方不明だとか、大けがして病院に入っているとか、拘置所に入ったきりだとかそういう世代の学生が都市工学の最初の第一世代だった。だから六九年一〇月末に日本に帰ってきたら誰もいない。それから、大学の中でもっと学生に魅力のある講義をせんといかんだろうから公害の講義をやれという話になりました。それは技術的な側面だけに限定しろという注文が付いたものだから、そんなことできません、自分でやるぞと言ったのが自主講座の始まりなんです。

一九六〇年頃から水俣病を調べはじめて、それからずっと溜まっていた一〇年分を一度にぶつけたみたいな形になったんです。自主講座というのは、私講師というドイツの伝統的な大学の公式の制度でもあるし、そんなに珍しいことじゃないと思うんだけれど、日本ではどうして自主講座がそんなに珍しいものだったのか、むしろ不思議な感じはする。

――むしろ宇井さんがああいうふうに自主講座をなさったことで、大学の既成の制度とは別に、新しいかたちを作るというやり方がある、ということを学んだ人が多いのでしょう。

宇井　それはあるかもしれません。「役に立つ大学」ということに対しては当時も議論されたけれど、一方に今はあたり前になった産学協同を、産業界と大学が目指していたのを、大学の中ではリベラルな部分がそれを拒否するという格好でくいとめていた。それから僕は工学部にいましたが、工学部は産業のためにある学問だが産業の役にも立っていないという批判が、産業のほうからも学生の側からもある。ちょうど七三年にシューマッハーの『スモール・イズ・ビューティフル』が書かれた。ただ訳文があまり読みやすくなかったこともあり、それほど日本では広く読まれなかった。シューマッハーは非常にわかりやすい英語らしいですけど、日本語にするとわかりにくくなる。イリイチの英語はわかりにくい。だから玉野井芳郎先生はイリイチに「お前は何語が一番書きやすいのだ」って聞いたそうです。「比較的フランス語が書きやすい」というのを聞いて、玉野井芳郎先生はイリイチの書いたものをフランス語から翻訳した。そういうこともあって、七〇年代の半ばぐらいの「スモール・イズ・ビューティフル」とか「デスクーリング・ソサイティ」〔イヴァン・イリイチ『脱学校の社会』〕とか、もう片方でパウロ・フレイレの『被抑圧者のための教育学』が、これはまあまあ読める訳で亜紀書房から出ました。そのへんの思想的なインパクトはかなりあったと思うんです。時期的には自主講座がそれより前になるにしても、だいたいそういう流れは若い人たちの間にはある程度あって、それに火をつけたみたいな格好になった。

始めてみると、それは自己運動が始まります。集まってきた人たちに公害を止めるための行動という目標が提示されるものですから、そこで自然にその方向に動いていく。それは僕にもなりゆきに乗っかっているしかなかったというところがあります。つくづく、日本の市民の力はすごいものだと思いました。

公害問題で例えば水俣病の経験が、今度は新潟水俣病に移っていく。そのときに、いわば経験の行商人みたいなことをやってきた。中身を正確に伝えるためには表現技術というものがある。旅役者にも大根と名人はあるわけで、大根役者というのはうまくいかないことがあると他人のせいにする。名人というのはどんな場所でも自分が伝えようと思うものは伝えきるものだろうと。それから行商人にしてもどこの村で何が必要か、何が求められているかについては充分勉強しなければ商売にならない。だから知識人の役割というのはそういう行商人と旅役者の結びついたようなもので、そのときに表現の内容と手段ということに、芸術家は命をかけるわけですけれど、今までの日本の運動の中にはそういうことに命を賭けたのは何人ぐらいいるだろうかと考えるようになった。

だから、日本のマルクス主義左翼に対してはかなり私は批判的だったんだけれども、ますます批判的になった。彼らは気の毒な歴史的存在だ。つまり一九世紀の末のロシアに入ってきて、ツァーリズムの下で徹底的に弾圧され、鍛えられて、強固な秘密主義と権威主義を身につけて、それが戦前の日本に持ち込まれて、日本の天皇制の下で、もう一つ違った鍛えられ方をして、戦後それから抜け出せないいんだから。これはちょっと薬のつけようがない。正しいことをやっているんだからお前らがついてくるのは当たり前だということをずっと日本の左翼というのは言い続けてきたんだけれども、表現に命を賭けるような活動をしたことがあるか。私も含めてなかったようだという気がしました。それで、マルクス主義系統の左翼にはかなり冷たい態度を取るようになった。

私も全く知らないものとして、もう片方にアナーキズムというものがあって、それは戦後ほとんど日本では伸びることがなかったんだけれども、少なくとも権力と人間の関係についての議論はアナーキズムの方がわかりやすい。そういう気がしていた。

だからイデオロギー的には自主講座というのは、こうやれば公害が止まりますというプラグマティズムと、それぞれ自分がいいと思ったことをやれというアナーキズムの結びつきみたいなものだろうと自分では見ている。

公害問題、環境問題では、日本の左翼は本当に理論的に貧弱だった。共産党も社会党も理論担当者が大まじめに公害問題なんてのは資本主義の二次的な矛盾なんだから、自分たちが権力を取れば自動的に解決しますという議論をやっていて、その証拠にソ連には公害なんてないと言う。証拠に、と言ったって僕は見ているから公害がないなんて言ったってぜんぜん話にならんよと言うと、お前は社会主義を誹謗する者だという議論になってくる。ちょっとこれは本当に付ける薬がなかったというのが現状だった。

私の理論というのは簡単で、地域住民にどれだけの決定権があるか、自治能力によって公害というのは決まるものである、それだけだと言ってもいいくらい簡単なコードだった。僕らはあまりに中央集権の制度のもとで気をとられて、そこでエネルギーを消耗しちゃったんじゃないかという気がしましてね。だから、正統左翼に対してはどうしても冷たいことを言わざるを得ない。もちろん、天野恵一《やすかず》さんや太田昌国さん〔社会運動家〕ぐらいのレベルの人になりゃ、もっと苦労しているから、単純な議論ではないことはわかる。実際、社会主義協会とか、それから科学者会議あたりの水準というのはそれぐらいだった。

——補足的な質問になりますが、宇井さんは、東大闘争とそれからいわゆる「正常化」の時期、六八、六九年という時期をヨーロッパで過ごされ、大学解体の議論の渦中には身を置いていらっしゃらなかったわけですね。そういうことから逆に日本の左翼運動のあり方から距離を置いて見るという利点があったかと思うんですけれども。後で東大に戻られて、「公害原論」の議論の中でも、マルクス主義とか、観念的な学生とのやり取りがうかがわれる部分が残っていますね。つまり世界全体を変革するための契機というか、突破口としての反公害闘争という位置づけをして、世界変革という位置から見て反公害闘争はどういう位置づけがあるのか、という見方と、宇井さんのように具体的な現場でとにかく見通しなんて関係なくやっていくしかないんだ、という立場で仕事をされている方との対比がわかる。大学闘争に直接関わらなかった立場から見て、「大学解体論」はどのように映りますか。

宇井　六〇年代に入ってから東大の都市工学はスタートして、大学院の学生の中には、六八年に表に出たように、新全総、三全総という全国開発計画の中で、理論的な支柱を担った都市計画に対する疑問、批判というのはけっこうあった。それはかなりオープンに、公害問題もこういうものがあるよというふうな議論をしていたんです。ところが僕がいない間に、学生がみんな安田講堂に飛び込んじゃったものだから、そういう行動に対する責任みたいなものはこっちも感ずるわけです。結果としては扇動したらそれに乗ってみんな飛び込んでしまったみたいな格好になって。だからものを言った人間としての責任というのはやっぱりある。やり方は違うけれども、自分の流儀で何かをせんといかんだろうというのが自主講座の出発ではあった。

だいたいあのときの全共闘というのは日本の左翼の主流ではなかった。いわゆる既成左翼に対してはかなり強い批判を持っていたんです。だけど運動論からいうと日本共産党の性格をかなり色濃く引きずっていたわけですから、六〇年安保の世代の人間としてはそういう状況に対する責任みたいなものは感じました。

安田講堂に飛び込んじゃってからは後はもうそれこそセクトの力学で、開発理論を議論するというような余裕はなかった。帰ってきたときにはみんな四散しちゃってて、どこ行っているかわからん。それじゃしょうがない、俺がまた一人でもやり直すかということになった。

――あの大学闘争を経たことで優秀な学生というのは皆、外に出てしまって、大学にはむしろ三流、四流だけが残ってしまった、大学の「正常化」の中で、本当に必要とされている知とか、知の構築というものが失われてしまった、と宇井さんは書いておられましたね。宇井さんなりに、大学のやり方とは違ったところで、知的な努力というものを再結集していこうというようなことだったわけですか。

宇井　公害の現場へ出りゃ必ずそうなる。つまり、上からやってきた開発計画には東大の誰それ先生が乗っかって研究費を申請していますと。僕らがそれを聞いて、そんなインチキなと思ったら、やっぱり大学の中ででもケンカをせざるを得ない。外ででもやらざるをえない。それはわりあいに綺麗な形で、つまり東大教授のクビが飛ぶというふうな格好で進行したのが田子の浦のヘドロの問題なんですね。学生の方の力が比較的あったこともあって、計画そのものも潰れたし、東大教授もクビになった。そういう事例もあった。だけど全体としてはなにせ東京大学はほとんど手つかずで生き残った。しかもその中でなんとかせにゃならんという空気もなかった。あれは意外だった。もう少し中で改革の空気が出てくるかと思ったら、それはもう絶対少数にしかならなかった。世界的に見ても、日本の理論的地位はだいたい低いわけですよね。東大も二流、三流の大学だ。そういうことに対する危機感はあまりなかった。それは不思議だった。

今でもそうなんだけれど、あれだけ大きな公害問題や環境やいろんな政治的な危機にぶつかって、それに対して表面から、個人ではなくて、学部なり学科なりというあるいはもっと学部横断的なものでもいいけれども、そういう集団として取り組んで学問を作っていくような動きというのはほとんどないんです。

この五月に九州をずっと歩いて、それで宮崎大学の人たちとも何人か話をして、あれだけ大きなテーマが今進行しているんだから、例えば土呂久《とろく》から始まるヒ素の集団中毒*1というものについて、宮崎大学が大学をあげて取り組んだことはなかったよねという話をして、そりゃそうだと。だけどまさにテーマとして宮崎県内に現場があって、そこからスタートしてアジアのあちこちで、バングラデシュみたいに何百万という数の被害者が出てくるような、広域の環境問題に対して、医学の問題でもあり社会学の問題でもあり地質学でもあり、そういう取り組み方というのは、今、善意の個人が集まって来てはいるけれど、制度としては何にもないねえという話になった。

七一年にやっぱりそういう経験をしたんですよ。高知パルプ生コン事件というのがありました。いくら市民が抗議してもぜんぜん態度を改めないパルプ工場に対して明け方に生コンクリートをミキサー車いっぱい排水口にぶちこんで止めた有名な事件がある。ハネ上がりの学生たちがやったんじゃなくて、高知で一番大きな工作機械のメーカーの社長さんと、それから中学校の教頭先生が中心になってやった直接行動の事件です。裁判になりまして、僕も特別弁護人ということで四年ほどつきあったんです。そのとき高知へ毎月のように行きますから、高知の科学者会議の人たちの会合に呼ばれて、今の世界の最先端の学問というのはどういうものですかと聞かれるわけです。東京や京都ではどうですかと言うから、そういう公害問題、環境問題で市民の直接行動によって局面が展開したような事件、それは非常に斬新な花形です、だからそういう現場がここにありますというと、まさか〜って話。オックスフォード、ケンブリッジではどうですかって聞かれるから、それも同じです、アメリカでもイギリスでもやっぱりそういう市民の行動というのが最先端の研究テーマです、だからここにありますっていうと、まさか〜って話になる。自分の目の前にそういう宝がありながら気がつこうとしないというか、それが最先端の研究テーマであると思えない学者たち、大変な宝物が目の前にありながら、それが宝物だと評価できないような学者たち、世界の最先端の尺度というのはどこか遠くのほうにあって、それは誰かが持ってきて見せてくれるからそれに従っていけばいいと思っている学者たち。その水準でがっかりしたんです。日本の学問の水準というのはやっぱりその程度のものかと。

――それは、よく言われることですけれども、日本の場合、まず横のものを縦にする、つまり海外の学問の成果を翻訳する、その量とスピード次第で水準が決まるということ。それから大学の制度の問題があります。そもそも自由に研究テーマを選べないとか。つまり個人の力量では解決できない問題があるわけですよね。一方で、宇井さんご自身はもともとそういうものに全くとらわれずに、そうした重要な研究テーマを見いだすような技術とか力量をお持ちだと思うんですけれど、それは一般化、普遍化しにくいような気もしますが……

宇井　それは水俣のような患者を見ちゃったからね。だから知りませんというわけにはいかない。それから、私自身は応用化学の技術者ですから、応用化学の最先端を行ってたチッソが引き起こしたものに対して、これも知りませんというわけにはいかない。いわば、あれは、東大で教えていることを忠実に工業化したみたいなところがある。だからそういう現場主義が日本の学問にはなくて、外から持ってきた理論のほうが現場よりも優先する、それがおかしいんじゃないか。けっこう左翼の人たちもそれはずいぶん議論をしたはずなんだけどね。戦前の講座派と労農派の議論から始まってけっこうやったはずなんだけれど、現場へ出ないんだな。

——ちょっと事実関係について確認したいんですが。宇井さんは一度大学を出てから働かれて、五九年に大学に戻られ、ちょうどその頃水俣病についてもまず個人的に調べはじめましたよね。水俣の現場に行って患者さんをまさに見たというのは、どういうきっかけというか、経緯だったんですか。

宇井　僕は五九年に東大の工学部応用化学に戻ってきて、プラスチックの加工研究をやるつもりだったんです。自分の出た研究室に通って、まず研究室からこしらえなくちゃいけない。教授はあまり面倒みてくれないけれども、幸い、会社にいたものだから手ずるがあって、例えば材料やなんか多少自分でかけ回って集めてくるということで研究の準備をしていた。そうしたらそこへ水俣病というおそろしい病気があって、人が狂い死にするそうだ、原因は水銀だと疑われている、そういう噂が流れてきた。

——そのことを最初に知ったのは、新聞からですか。

宇井　いや、教室の中の噂。熊本ではもちろん前から新聞報道があったんだけど、東京の学生が読むようなものではなかった。教室にそんな噂がなんとなく流れていた。そしたら〔一九五九年〕一一月二日に漁民の乱入事件というのがあって、これで全国報道になった。当時東大の応用化学科は、見学旅行という半分制度化されたものがありまして、三年生の春休みに助教授とか講師とか助手ぐらいが引率して東京から西のほうの主要な化学工場の現場を見て回るんです。それは大概先輩のいる工場で、工場の寮かなんかに泊めてもらうからまず宿泊費はタダ。それから食べものも晩飯は大概ごちそうになるからこれもタダ。非常に割のいい旅行なので、金があまりかからないのでだいたい三年生が四年に進学する三学期に出かける。九州の西海岸は水俣まで、東海岸は延岡の旭化成までずっとそういうふうに工場を見て歩くんです。僕がそれに乗っかったわけ。そうするとあまり金がかからずに水俣まで行ける。それで水俣工場へ行って、そこで働いている先輩に水俣病って何ですかと聞いた。そしたら、あれは魚が売れなくなった漁師が腐った魚を食ったものだからその毒が頭に回って狂い出したんだという説明だった。いんちきな話だなあ、というか、どうもおかしいぐらいはわかるからね。しかし当時の熊本大学の話では、工場から流れ出している無機水銀が海の中で有機水銀に変わってそれが魚の中に蓄積するので毒性も増えるらしいという説だった。水俣で工場見学に来て、問題の工場はこのへんですって、ぐるっと素通りしてね、そこで解散して、帰りの汽車まで二時間ほどあったものだから、工場排水口のところへ行ってしばらくぼやっと見てたんだけれども、どうも工場の中から有機水銀が直接出てるんじゃないだろうかという気がして、それで帰ってきた。それは一回目。〔一九六〇年〕三月。

二回目はもう少し時間をとって、患者のお見舞いもやろうと水俣に行ったわけです。どうもこれは自分の仕事と関係があるらしい、ということになると、知りませんというわけにはいかない。それが六〇年。その年に大学院・応用化学に入った。ところが調べているうちにだんだんこれは応用化学の手に余る。排水処理なんていうのは応用化学ではやっていない。医学部の公衆衛生かあるいは土木の上下水道とか。ところが医学部の公衆衛生というのはチッソから金もらってもみ消しの研究をしているということがだんだんわかってきた。そんな危ない所へ怖くて行けない。だから土木に転科した。

——それは大学院の博士課程ということですね。じゃあもう大学院の博士課程では水俣病の研究をするというつもりで。

宇井　ところがそれも東大の中では表沙汰にできなかった。だから教授には私の表向きの研究は排水処理の実験をやりますということで、実験をやりながら水俣へ通っていた。教授はそれを知っていたわけですね。大事なことだからやっていいですよというのが教授の返事だった。でもやっぱり今あまりおおっぴらにできるような研究じゃないねという話になってこっそりとやった。ところが一九六五年、助手に採用された年の春に新潟で二つ目が出ちゃって、それでこっそりやっているどころじゃなくなった。そのときは助手になり身分保証もあるので、じゃ俺が調べたことは全部公表するぞということで発表する。たしかに工学部なんかだと研究をどういう立場でやるかというのは、黙っていればそれは企業と政府の立場になっちゃうし、そうでないと宣言すれば、今度はおそろしく目立つわけです。そういう点では一九六五年から後は確かに目立った助手になった。

——こっそり研究するとなると、産学協同が当然だという工学部の中で、資金はどこからも出ないわけですか。

宇井　ひとつは、僕はプラスチックの加工研究をやっていたのでそっちはごっそり出たわけです。当時二千万って言ったんだから、今だと二、三億ぐらいの規模の研究計画ですね。だけど、それはこっちで使えない。だけど、もう片方で大阪の朝鮮人のスクラップ屋からの月給が出た。それは夏休みとか春休みとかに行って相談に乗れば月給を一万円出しますという、えらく条件のいい……後になってわかったんだけど、これ、済州島の四・三事件[*2]の結果なんですよ。彼等は済州島から逃げてきて大阪で猪飼野《いかいの》の一角、鶴橋の周辺に大きな朝鮮人部落を作って、そこでゴミやスクラップの再生業で飯を食っていた。僕が大阪の営業所にいたときに、そういうところを売って回ってたから顔なじみができていて、それで会社辞めたらプラスチックの配合の仕事を手伝わんかという話があった。こっちは大学で高分子化学をかじっているから、こういうものとこういうものを混ぜると弾力が出てきて、風合いが変わってくるとか、いろいろやってみる。二つ、三つ思い付きを話すと、向こうはいろいろ組み合わせて一〇ぐらいやってみるから大概二つ、三つ当たるんですよ。あんたがこの前教えてくれたやつは全部当たったという話になる。それで二年ぐらいは月給が出た。月一万円というのは当時としては相当な大金で、休みになるたびに三万円とか五万円とかもらえる。それを使って水俣へ行った。

――それが大学院時代ですか。

宇井　大学院の頃ですね。

――もう少し自主講座について伺いたいんですが、宇井さんの自主講座といえば、『公害原論』のあの分厚い一冊〔合本、初版は全三巻〕が有名で、今でも簡単に手に入れて読むことができるわけなんですが、講座自体は一五年間続いているわけですね。本になっているのは『公害原論』と『大学解体論』ですね。「大学論」は生越忠さんと一緒のお仕事ですけれど、その後、あの自主講座がどういう形で続いて、どういう中身で持続発展していったのかというのが意外と知られていないような気がするんですけれども。

宇井　〔「公害原論」の〕二学期については勁草書房がやっぱり講義録という形で四冊の本を出した〔『公開自主講座「公害原論」第二学期　一〜四』一九七二〜一九七三年〕。亜紀書房がその後いくつか使えそうなものを抜いてまた三冊出した〔『公害原論　補巻Ⅰ〜Ⅲ』一九七四年〕。で、〔「公害原論」は〕一〇冊講義録があるわけです。その後は八五年に閉めるときに、自主講座一五年という形でかなり分厚い本を一冊出した〔『公害自主講座一五年』亜紀書房、一九九一年〕。そこで一五年間で使えそうなものはピックアップしていくつか入れておいた。だけど今になってみるとまだそれでも足らないというか、その後こっちが勉強した分もあるから。だから『公害原論』はやっぱり書き直さないといかんだろうというので、今それを抱えているところなんです。それがその後の経過ですね。それからこっちもきちんと何回やったか数えていないぐらいで、多分一〇〇回は越したろうとか、延べで二万人ぐらいの人が来たろうとか、そういう大雑把な話でしかないけど、今度も九州を歩いてみて、あれは聞きに行きましたとか、あれで考えが変わりましたという人があちこちいるところをみると、まあ、それはそれである働きはしてるんだなあという気はしますね。

――あの講座全体を支えてくれた人というのはたくさんいると思うんですけれど、工学部の学生さんは……

宇井　ほとんどいなかった。和光とか中央、法政、日大。そういう大衆私大の学生が実行委員の中心でしたね。東大、一橋はほとんどいない。

——東大の学生は聴衆の中にも少なかったですか。

宇井　少なかったですね。企画を組むときにも東大生向きではなくなるよね。当然、一番多く来ている階層をだいたい目指して企画を立てるから。東大向けではなくなる。ただ、東大は東大としてやらにゃあなるまいという話はあって、七八年から九年に、駒場で講座をやった。その後、学生の方からこういう人の講義を聞きたいという要求があったので、半年間正規で海上保安庁のGメンと言われた田尻宗昭さんが話をした。それも相当インパクトあったみたいですね。つまり、ちょうど六価クロムの土壌汚染の問題が進行している時期で、田尻さんは自分で現場へ飛んで、九時から五時までの定時の時間中は役人はなんだかんだ言って動かないから、五時を過ぎてから自分が先頭に立って現場へ飛び出して行き、そして被害者の声を直接聞いてきたり、そういうことを講義したものだからこれは充分当時の講義としては変わっているということで評判になった。

東大ぐらいだと制度もあるし、それから学生の中にもそういう学生がいて、自分たちで自主講座を作るというのが出てくる。ひとつそういう制度化したもので今でも残っているのは大阪市大。大阪市大は工学部の応用化学で電気化学の博士論文を書いた学生が最後の年に、水俣病の運動に自分も参加してそれで学問の目的ということについて真剣に考えさせられたとドクター論文の最後に一行書いた。そしたらそれが気にいらんというので彼のドクター論文は却下された。それで彼も怒りまして、工学部の玄関前にテントを張って一年間がんばったんですよ。それで、このままいくと文部省から紛争校ということで予算を切られるという切羽詰まった状態になって、工学部の教授会はその学生に謝った。そして学位を通した。ところがそこで彼はやっぱり緊張感の連続だったんでしょうね。間もなく自殺しちゃった。それからまた大騒動になった。それで結局学生が必要とする公害の講義のようなものを大学に要求したら、大学はそれを認めるという約束をしてそれでおさまった。だから大阪市大では自主講座が制度化されたわけです。

そういうわけで縁が深かったから僕も何回か行ったし、それから石牟礼道子さんも何回か行ったんだけれども、今度は学生の方の問題意識がなくて、ともかく講義にならないんだ、うるさくて。僕らも行ってずいぶん啖呵を切ったことがある。この講義がどうして出て来たか知っているかっ、人が一人それで死んだんだぞって。

今でもたしかそれは単位化されているはずです。木野〔茂〕さんというそのとき助手だった人が今でも講師に出ていて、制度にはなっているんだけれども、僕は二、三年やったけどあまりうるさいものだから、もうバカバカしくてやめたんだけれども。その後少しはましになったとは言ってた。だから学生の方にそういう問題意識が伝わらなかったっていうところはあるのかもしれない。

2　沖縄での取り組み

――次に、宇井さんが沖縄に行かれてからの、特に沖縄大学での取り組みについて伺いたいんですけれども。沖縄大学というのは、それまで宇井さんが助手としていらした東大とは全く対照的な地方の小規模校ですし、沖縄の抱えている問題も中で当然見えてくる大学なわけですよね。

宇井　例えば単位互換制だとか、入試を面接だけで取るとか、いろいろ思い切ったことをやったんだけれども、沖縄の中ではあまり成功したとはいえない。例えば入試で試験をやめるということは、いわゆる偏差値の尺度では最低になるわけです。あそこはだからできないやつを回しておけばいいという、進路指導の先生方の評価では最低ということになっちゃう。そういう点では高校までの先生方の理解はあまりみられなかった。もちろん日本全体の空気がまた変わってくればそれはそうでもなかったんだけれど。日本全体を相手にして展開するような空気も弱かったというか、事務局もそれだけの力を持っていなかった。だから例えばホームページを作るところまでは来たけれど更新せずに一年間放っておくというようなレベルの事務局ですからね。そこではやっぱり目立った効果は上がらなかった。

——ペーパーテストをなくしたというのは何年頃のことですか。

宇井　七八年から九年にかけて。四〇〇名の入学定員のところに三三三人しか応募がなく、ものすごいピンチになりました。当時の大学当局としては郊外に新しくキャンパスをつくって、そっちへ移転して、景気良くやろうという。じゃあその金はどうするんだというと、どこかのかなり危ない金が来そうだとかいう。それに対して、現在の場所で再建をしようというのと対立していたわけです。現在の場所で自力で立て直そうという先頭に立ったのが東大の社研の助手だった安良城《あらき》盛昭です。教授会で、移転するか、それとも今いるところで再起するかという議案をかけたら、一票差で勝って安良城盛昭が学長と理事長を兼任しました。それまでの学長と理事長を懲戒免職にして退職金を節約した。それから立ち上がれないように背任罪で訴えるというドラスティックなクーデターをやった。教授会を秘密会議にすることを決めた直後に録音を取っている人がいて、即座にそいつもまた懲戒免職。そういう切った張ったがそのまま大学の広報に載っているんです。

どうにか七八、九年にそこから立ち直った。入学試験なんか、ペーパーテストやったってどうせできる奴は来っこない。来る奴はなるだけ入れるということでやって受け入れる、そういう方針でした。それは割合うまく当たって、僕が行った八六年頃は給料もちゃんと出るようになった。それまでは三か月全然給料が出なかった時期がある。だけど誰も死ななかった。

そうやって立ち直ってきたんだけれども、今度は八〇年代、九〇年代、いわゆるベビーブームの波に乗っかって、もう改革路線がたるんじゃったというか、安良城盛昭は言うことを聞かない奴がいるというので腹を立てて辞めちゃうし、その後を新崎盛暉《あらさきもりてる》が引き受け二期ほどやっている間はかなり順調に行ったんだけど、その後、沖縄の人が四期やったらその間もう完全に眠り込んじゃった。それで去年、このままじゃやっぱりまた潰れるというので新崎盛暉が担ぎ出されて、今、その再建の努力中というところなんだ。これはもう東京中の琉球料理屋にポスター貼りまくるぐらいのことをしないとならんのかなあという話はしているんだけれど。

――宇井さんが沖縄大学のことを自主管理大学と表現されていましたけれど、それはどういう意味なんでしょう。

宇井　要するに何回もそういうゴタゴタをやっているうちに理事会がなくなっちゃったんですよ。それで経営の引き受け手がなくて、教授会で予算も議論しなければならん、と、自主管理です。あまり得意な仕事とは思えないし、そううまく行っているとも思えないんだけれども。沖縄にいて感じたのは、一番やっぱりゴタゴタを起こしたのは、沖縄の宿痾は、知的な怠慢であると。

——宇井さんのご専門に即した沖縄大学での教育というものについてもう少し具体的に伺いたいんですが。私たちが本土でも知ることができるのは、例えば、下水道の循環システムを宇井さんの研究室で作っているということですね。それは今ですとホームページで見ることができますが、そういう取り組みの背景についてお話し下さいますか。

宇井　それは、特に最後の四、五年はかなり畜産排水の処理という形で進んだ。沖縄の水環境というと、赤い水と黒い河ということになるんです。赤い水というのは赤土の流出、土の流乏ですね、雨が降るたび。黒い河という方は畜産排水の無処理放流で、それがオニヒトデなんかの異常発生の原因にもなっている。それを農家が自分で作る処理施設というふうな形で簡単なものを作ったら動くということは証明できた。最後の二、三年バタバタ進んだところではあるんですけれどね。去年、土木学会で発表してみて日本全体としてもあまり進んでないなということがわかった。だから改めて職人芸としての私の仕事というのは今でもある。ただこれも沖縄ではなかなか実現しない。というのはすべての事業に補助金が無茶苦茶についてくるものだから、自分の手で何かをやろうという空気が極めて薄弱になっている。農家の中でもそれは自分でやろうというふうなのはごく少なくなっちゃって、どこが助成金をいくら出すかという議論になっていく。どうもそれはいまでもあちこちで苦労しているみたいです。

ここ一、二年でこっちがそれだけ馬力があればもういっぺん議論せにゃいかんだろうと思うのは、公共事業としての下水道の役割ですよね。今月、環境経済政策学会もあるんだけれども、環境経済政策学会というのは千何百人か加入している学会なのに下水道をまともに取り上げた研究は一つもない。年間四兆円ぐらいの金が動くわけで、だから公共事業として道路の次に大きな規模です。それからどの政党もみんな環境政策の決め球みたいなことを言う。だけど、伏魔殿なんですね。地下へもぐっちゃう工事だからいくらでも手抜きができる。ゼネコンが大儲けしてその金が自民党に流れる、そういう構造になっている。それについて学者が何も言わない。これも不思議な話です。だからエンジニアとしての私が何かやっぱり調べて発表せざるを得ないだろうとはみてるんです。やっぱり日本の学問というのはよくぞここまで現実から離れて架空の議論ができるもんだという……、だから議論ができるのかもしれない。現実に足を踏み込んだら難しすぎてとても議論ができないというのかもしれない。

——宇井さんは沖縄大学でも自主講座はされていたのですか。

宇井　夜の講義もありましたから、それも市民が自由に出入りしていた。だから、近所の村役場の人事異動で環境保健課長になったんだけれどぜんぜんわかりませんからと言う人に、じゃあ一年俺の講義聞いてみたらいくらかわかるようになるかもしれないよっていうんでモグリで聞いていた課長さんもいた。きちっと聴講料取って公開にしたら、けっこう私立大学としてもいくらか足しになるのになあという感じだったけど、そういう点はおよそのんびりしていた。

——沖縄大学の経営としての難しさというのは当然あるでしょうし、これからもますます大変になっていくのかも知れません。一方で、宇井さんはずっと自主講座の中で、無個性であるとか、自分で問題意識を見いだして目的意識をもって勉強する学生が非常に少ないとか、東大の学生に対して口を極めて批判してきましたけど、そのへんは沖縄大学の学生はどうですか。

宇井　いわゆる偏差値は低いかもしれないけれど、個性がある学生はいますよね。そういう点では面白い学生もいる。もう片方で高校までの教育で徹底して偏差値教育を刷り込まれた無気力な学生をどうやってやる気をおこさせるか、それはやっぱり相当な苦労もいることだし、それなりに手順を踏まなきゃならない。教師の熱意だけではそううまくはいかないないという気がします。だから高校までの教育、特に教科書なんか見たり、それから実際に現場の先生から苦労話を聞いたりすると、うーん、これは大変なことになっているなあという気はします。

3　大学の可能性

――宇井さんが生越さんたちと一緒にやった「大学論」という講座は、これは大学解体論というより東大解体論ですね。東大を頂点とする日本の大学制度のあり方を解体するということだから同じことではありますけれど。そこで今度は地方の沖縄大学という場に行って、そこではその無気力な学生をなんとかするという立場になるわけだけれども、若い人を教育するというその場、位置というのは一応大学に求め続けているわけですね。沖縄大学という大学から見たときに、大学の可能性というものをどのように見いだされましたか。

宇井　僕は制度としての大学の行き詰まりは痛感するところです。じゃあそれを否定して大学というものをぜんぜんあてにしないで仕事ができるかというとそうでもない。制度としての大学というものをまだ利用しなきゃいけない。それから社会のほうも制度としての大学との付き合い方を、双方が考えるというそこの関係にこれからの活路はあるんじゃないかという気はするんです。東京大学はそういう視点はほとんどない。社会との関係というと、会社との関係について、あるいは政府との関係についてしか考えたことがない。そのことで、学者としての水準が壁にぶつかっているのではないか。政府の委員会や審議会なんかに出ていくと、そこそこ歓迎され、そこそこデータがもらえる。あるいは研究費ももらえ、ちやほやされ、そこで止まっちゃう。原田正純さんと水俣病の議論をして、水俣の現場に行くと、そこでは止まれないんですよ。あんた学者として真からそう思うのかって聞かれる。こっちも必死になって考えざるを得ない。ところが、役所相手の仕事だと、そこそこやっていれば飯は食えるわけ。それが習い性になって、結局学者としてはそこで止まっちゃうんじゃないかな。だから現実の社会と取り組んで、これはお手上げだ、どうしたらいいかわからんという局面にぶつかって、そこで苦労しているからまだ先へ進むのではなかろうか。

沖縄で一番ぶつかったのは行政です。とくに環境行政局。これは、無いより悪いというぐらいダメだというのでさんざん批判をした。それから国立大学の教授、特に理系の奴は針が止まっちゃってる。

——国立大学のほうは独立行政法人化ということで、また別の局面を迎えることになりますが、私立大学も、定員割れになると予算配分が極端に減るとか、そういう現実があるわけですよね。沖縄大学を見ていると、大学としての知のあり方に風穴を通すということと人を呼ぶための経営戦略がある程度一致している、一致させるための工夫をしているように見えますが。

宇井　まあ工夫はしているんだけれども、結びつくかということになるとすぐにはなかなかそうならんなあというのはあります。

――生き残り戦略となると、そちらを優先せざるを得なくなるということ……

宇井　生き残り戦略をちゃんとやってくれればいいんだけれども、沖縄流のてーげーでそれがいい加減なままで来ているというのは山ほどあって、だからそれは教師のほうもきちんと講義をやらないでいい加減にやっているときに事務局がけしからんと言ってもはじまらん、ということはある。例えば生き残りのためのいろんな作業をきちんと教師も事務局も両方やっているかというとそうでもない。だから、学生による講義の評価なんていうものにしたって、やっぱりおっかなびっくり。

――今、私立大学の経営が厳しいということで、教員の労働強化だとか、学生のいわゆる質の低下に関わってるんでしょうが、ひと昔前だったら考えられないような面倒まで、教員が手取り足取りしなくてはならない、という話はよく聞きます。それは結局、大学教育をどういう方向に持っていくのかという議論が、教員と事務方との間で不十分だからだと感じるんですが。

宇井　正直に言って沖縄大学の場合に、新崎盛暉が立候補して過去に二回、決戦投票で争い、破れたことがあるんです。沖縄大学は職員も一票を持っているんです。そっちの票で破れただろうとだいたい見当はつく。つまり新崎が学長になったら仕事がきつくなるということで反対票を組織した人がいる。それは確かに当たっている。彼はかなり細かく職員の仕事ぶりまで文句いいますよ。職員の側から見たらそうでない学長のほうが楽だったのになと。それが過去二回は成功した。三回目はもう通用しないところまで来たということですね。職員の方の労働強化も必然、避けられないとは思うけれども、教員の方の労働強化、これは、やっぱりやらざるを得ない。今時、好きなことをやって飯が食えるというのは、そうたくさんあるご時世ではない。僕も最後の二、三年は歳できついなあと思ったことはあるけれども、しかし辞めてみてやっぱり大学の先生というのは気楽な商売だというのも間違いない。これだけ好きなことをやらせてくれてるんだったら、仕事がきついのは当たり前だろうという気がします。もちろん、何に集中するかということはあるんだけれども。例えば学内政治にばっかり精を出してる人もいますから、そういうのを見てると、そんな暇があったらもっと教育をやれということも言わざるをえない。大学はそういう点ではたくさん困難な問題を抱えている。

——蛇足のような質問になってしまうかもしれませんが、逆に教員に求められていることを。宇井さんのお話を伺っていると、教育という部分と研究という部分が非常にうまくかみ合っている。つまり自主講座にしても自分が話すために今度は一生懸命勉強して、というふうに、教育と研究が相乗効果をあげる中でお仕事をされてきた、非常に幸福な立場ですよね。でもよく言われるのは、自分の研究をしたいのに学生の面倒で時間が喰われているとか、一方で、自分の研究ばかり一生懸命で学生の面倒を見てくれない教員に対する学生の批判も聞きます。大学の中で、大学に身を置いて飯を食うことの条件、特に学生との関係の中で、教員とはどういうものであるべきだと思いますか。

宇井　世の中には職務専念義務というものがある。自分のやってる仕事については勉強して、それに詳しくなってくれなきゃ困る。沖縄県の行政なんか、回ってきた仕事を大過なくこなしていれば出世するのが当たり前みたいな雰囲気になっている。つまり大田昌秀知事が国とケンカができないと最後は割り切らざるを得なかったのはそのへんなんだろうし、仕事をしない役人を率いて国と互角に闘えるかと言ったらとても闘えっこない。だから国の要求も飲まざるを得なかった、ということなんだろうと悪態を吐《つ》いたことがあるんです。大学の教員は、実働時間が非常に少ない職種ですよね。だから週に六コマもやれば給料は出る。日本の中にこんな結構な仕事がどれくらいあるか。時給で一万円ぐらいになるんじゃないか。だったら自分が教えるものについての勉強はしてくれなければ困る。だって研究と教育というものがどういうふうに重なるかというのは僕自身もあまりちゃんとした答えが出ているわけではない。というのは汚水処理というのは非常にテクニカルな仕事です。でもほとんどテクニカルな問題は教えていないわけです。だけど、そこにはテクニカルな研究からきた結論も入っている。技術の評価、科学技術の見方というのも入っている。だから関係がないわけじゃないんだけれども、教育と研究は直接重なるというわけでもない。

それから、沖縄大学のような地方の小さな大衆大学だと、教育の方のウエイトがうんと大きくなる。昔、僕が東大に入ったときにいた一高の先生というのは、とにかく教えるのがうまい。研究上では実績のある人たちではないかもしれないんだけれども、教育という点ではほんとにベテランでした。そういうのを見てるから、駆け出しの先生が教育と研究がぶつかってなんていうのを聞いているとおかしくってしょうがないわけ。もうちょっと修業してから言えって（笑）。でもまあ若い時期だからぶつかるのかもしれないけれども。

僕にとっては非常に泥くさい作業を伴う仕事が研究ですから、下水道の研究にしても現場へ足を運んで、片方で役人の話を聞いて、片方で土木作業やってる人の話を聞いてということを積み重ねる。予算書を分析したらこういう結論になりましたなんて、それは机の上でやっているだけで何も研究じゃないじゃないかっていう気がするんだね。研究とはどういうものだという議論はやっぱり残るんです。もう一つは僕の場合には研究というのは別にそんなに迷いながら選んだんじゃなくて、水俣病は患者に直面してそうなったし、下水場処理も今までの経過で自然にそういうものを選んで、そういうものを自分で何十年かやってきた。そうしたら世界の最先端に出た。だいたい、自分でこれが大切だと思ったことを一〇年もやっていれば飯は食えるわけだ。二〇年もやっていれば世界の第一線に出るはずだ。現に私はそうなった。そうならないとすると、確かに二〇年、重箱の隅をつついている研究もある。東大なんかにいると、そういうのに限って教授からもらった研究テーマで、自分が大切だと思ったんじゃないのがほとんどだ。だから何をやるかというところでよく考え、どうしてもこれが大事だということをやらないと一生を棒に振っちゃうよというのが、研究者としての助言みたいなことになるのかな。だからやっぱりフレイレの言うように、自分にとって解決すべき最大の問題かというところへ立ち戻って研究の中身を考えるしかないだろう。そういう点では日本の大学の先生方あるいはこれから職を目指す人たちに最初のところでの、何が自分にとって一番大切かという判断が入り用なので、そこをやらないと、何十年たっても人並みの仕事もできなかったということになりはしないかと思います。

――九〇年に入って宇井さんは一度東大で講義されていますよね。あれなんかは環境問題のゼミやサークルでの学生のそうした自主的な取り組みがあって、それから大学側との連携で学生が必要とする講座を作っていく、しかも一つの大学じゃなくて、それぞれの大学から人を呼んでくる、というああいうやり方は今も増えています。でも大学にとっての異物は排除した上で、大学にとっても歓迎できる学生の取り組みはお膳立てする、そういう学生と大学の協調関係を作って終わってしまうというふうにも見えなくもないんですけれど。

宇井　東大の農学部が環境学環に再編成されて、そこで七〇年代に環境科学をやった人はどういう目にあったかということがぽつぽつ表に出てきている。自主講座もそうだけれど、飯島伸子さんの環境社会学のすすめだとか、西村肇君（東大応化）の水俣病とか、つまり東京大学が公害問題に対してどういう態度を取ったかというその批判的な反省がなければ環境学環はまたそれを再生産することになるのではないか。だから一度そういう当事者の立場にあった人を呼んで話を聞く必要がある。これは去年あたりから言われたことで、これから実現するんだろうと思う。だから若手の研究者の中でも、これがこのまま行ったら危ないぞというふうな反省はあるし、自分の一生生きる場所の問題としたら、東京大学の先生なんていうのはよほど真剣に考えないといかんだろうなという気はしますけどね。工学部あたりではそんな反省の空気は全くない。助手になったら次は助教授、万々歳という空気です。六八年はそうではなかったんですよ。

——いろいろお話が多岐にわたって、どうもありがとうございました。

二〇〇三年九月二日、世田谷にて

編註

＊1　土呂久砒素公害は、宮崎県西臼杵郡高千穂町の旧土呂久鉱山で、一九二〇（大正九）年から一九四一年および一九五五年から一九六二年までの計およそ三〇年間、川の汚染によって発生した公害。一九七一年に告発が始まり、一九七五年より裁判開始、一九九〇年の最高裁判決で勝訴し和解。

＊2　一九四八年四月三日、済州島で起こった島民蜂起を、軍・警察などが徹底的に弾圧した事件。長期間にわたって全島の焦土化作戦が展開された結果、一九五四年までに約三万人の島民が虐殺され、村々の大部分が焼き尽くされたとみられている。

（『インパクション』一三八号、インパクト出版会、二〇〇三年一〇月）

初出一覧

I　水俣からの問い

コラム　ネコのたたり
「日本の公害体験」所収のコラム、吉田文和・宮本憲一編『環境と開発』(『岩波講座　環境経済・政策学』二巻) 岩波書店、二〇〇二年一〇月

水俣病の三十年
桑原史成写真集『水俣──終わりなき30年　原点から転生へ』解説、径書房、一九八六年四月

一技術者の悔恨──一九七〇年を振り返って
「苦海」六号、東京・水俣病を告発する会、一九七一年三月

東京でのいら立ち
「苦海」七号、東京・水俣病を告発する会、一九七一年五月

現場の目　通り抜けた明るさ
「展望」一五八号、筑摩書房、一九七二年二月

『公害の政治学』あとがき
『公害の政治学──水俣病を追って』三省堂新書、一九六八年七月

水俣病　第一部　序論
筆名：富田八郎、「技術史研究」二三号、現代技術史研究会、一九六三年三月 (再録「月刊合化」六巻七号、合成化学産業労働組合、一九六四年一二月)

水俣病にみる工場災害
「科学」三六巻一〇号、岩波書店、一九六六年一〇月

水俣病
「ジュリスト臨時増刊」四五八号、有斐閣、一九七〇年八月一〇日

新潟の水俣病 (上)
「技術史研究」三九号、現代技術史研究会、一九六七年一二月

阿賀野川を汚したのは誰か
「文藝春秋」四五巻八号、文藝春秋、一九六七年八月

銭ゲバは人間滅亡の兆し
「潮」一四七号、潮出版社、一九七一年一二月

不知火海調査のよびかけ
「自主講座通信」自主講座公害原論実行委員会、一九七六年一月一九日

水俣病問題の真の解決とは
「一九九五年度学生部セミナー――環境と生命VI報告書」立教大学学生部、一九九六年一〇月(立教大学七一〇二教室での講演録、一九九五年一〇月二六日)
水俣病は終わっていない――書評『新・水俣まんだら』
「月刊むすぶ」三七九号、ロシナンテ社、二〇〇二年七月
水俣病――その技術的側面
「環境と公害」三五巻二号、岩波書店、二〇〇五年一〇月
水俣に第三者はいない――「公平性」に拠る人々
「軍縮地球市民」六号、明治大学軍縮平和研究所、二〇〇六年一〇月(鬼頭秀一との対談、二〇〇六年八月二一日)

II 自主講座「公害原論」

開講のことば
週刊講義録「公害原論」第一回、一九七〇年一〇月一二日(再録『公害原論 I』亜紀書房、一九七一年三月)
通信発刊にあたって
「自主講座通信」一号、自主講座実行委員会、一九七一年一一月一日
公開自主講座「公害原論」の生い立ち
「思想の科学」第六次二号別冊六、思想の科学社、一九七二年四月
東大自主講座 十年の軌跡(上)――民衆に支えられた公害原論
「教育の森」四巻一〇号、一九七九年一〇月
東大自主講座 十年の軌跡(下)――自主講座連合としての大学づくりを
「教育の森」四巻一一号、一九七九年一一月
自主講座「公害原論」の体験
「環境と公害」二九巻二号、岩波書店、一九九九年一〇月

III 生きるための学問

現場の目 ここも地獄
「展望」一四八号、筑摩書房、一九七一年四月
公害の学際的研究――現場に踏込んで学べ
「東京大学新聞」一〇〇二号、東京大学新聞社、一九七四年五月二〇日
科学は信仰であってよいか――公害論議にみる
「時事教養」四七三号、自由書房、一九七三年一二月
公害を生んだ思想④――あてにできぬ科学技術
「読売新聞」一九七三年八月九日夕刊

公害を生んだ思想⑤――〝硬直大学〟解体せよ
「読売新聞」一九七三年八月一〇日夕刊
「大学論」の講座をはじめて
「公明新聞」一九七四年一一月九日
自主講座「大学論」開講にあたって
宇井純・生越忠『大学解体論　一』亜紀書房、一九七五年五月（自主講座「大学論」第一学期第一回講義、一九七四年一〇月二八日）
公開自主講座「大学論」第一学期の開講にあたって――東大解体こと始め
『大学論　第一学期――大学の存立理由を問い直そう』公開自主講座「大学論」実行委員会（亜紀書房発売）、一九七五年（自主講座「大学論」第一学期第一回講義録、一九七四年一〇月二八日）
大学はどこへいく――二十一世紀への考察
「青年と奉仕　ボランティア研究」一三〇号、日本青年奉仕協会、一九八〇年九月
非定型教育こそ
岩波書店編集部編『教育をどうする』岩波書店、一九九七年一〇月
さらば東大①――御用学者とのたたかい
「朝日ジャーナル」二七巻五〇号、朝日新聞社、一九八五年一二月六日
大学と現場・地域をつなげる技術者として――私の反公害四〇年
「インパクション」一三八号、インパクト出版会、二〇〇三年一〇月（田浪亜央江によるインタビュー、二〇〇三年九月二日）

＊　目次順に初出時の題名を記載した。

解説

問い続けることば、行動を生むことば

藤林　泰

第1巻『原点としての水俣病』は、第Ⅰ部「水俣からの問い」、第Ⅱ部「自主講座『公害原論』」、第Ⅲ部「生きるための学問」の三部からなる。収録されているのは、水俣病との出会いから自主講座に幕を引くまでの二五年間、宇井純さんが公害と向き合い走り抜けた四半世紀の行動と考察について執筆した三三編と対談二編である。多くは行動と前後して発表されたものだが、一〇年、二〇年の時間を経て執筆され、語られたものもある。第Ⅰ部の最後に収録されている鬼頭秀一さんとの対談が行われたのは二〇〇六年八月、亡くなる三か月前のことであった。

三部構成となっているが、計三五編は相互に関連し合いながら水俣病問題を、歴史的経緯、社会の構造、地域の生活、科学技術など多角的な視点から論じている。近似する内容が幾度も登場するが、掲載された媒体、執筆時期、重点の置き方、ことば遣いの違いに着目すると、宇井さんの関心のありようがいっそう立体的に読み取れる。

全編を貫くのは、水俣病と出会って四六年、科学者として、技術者として、一人の人間として、問題の全貌を問い続け、行動し続けた宇井さんの生涯をかけた思索と格闘の足取りである。

自問することば

宇井さんは、問い続ける人であった。その問いは、自らを省みることからはじまる。

「一九五九年の夏、水俣病の原因として有機水銀説が発表され、続いて一一月初めに全国紙の社会面にかなり大きな見出しで水俣病と不知火海の漁民乱入事件の記事がのるまでは、私はこの病気の存在を知らず、その重大さにも気づかなかったことを告白しなければならない。」（四三頁）

宇井さんがはじめて水俣を訪れたのは、一九六〇年三月。水俣に通い、患者に会い、現場を歩く水俣病調査がはじまった。初期の成果が活字になるのは、「水俣病」と題した連載（初回は『技術史研究』二三号、現代技術史研究会、一九六三年。翌年から『月刊合化』に引き継がれる）と、桑原史成『写真集　水俣病』（三一書房、一九六五年）の解説であった。今ではよく知られていることだが、前者は「富田八郎《とんだやろう》」というペンネームで、後者は無署名で発表された。実名を隠したことは、その後大きな悔いをもたらすが、その悔いが宇井さんの揺るがぬ原点となる。

一九六五年六月、新潟水俣病の発生が確認されたのは、宇井さんが東大工学部都市工学科に助手として採用された直後のことだった。

「久しぶりに月給の出る職にありついた私ではあったが、すぐに大きな試練にぶつかった。第二水俣病が新潟に出たのであった。この時、水俣病の真相を知りながらだまっていた責任を感じて、真剣に妻子の寝顔を見ながら考えたものだった。水俣病を見てしまった私は、この時から自分が手に入れた情報は全部公開するという原則をたてて今日まで走り抜けて来て、今までのところ生命の危険もなくてすんだが、当時東大の中での勝沼〔晴雄〕らの力を知っていた私とすれば、やはり決断は要ったのである。」（三六二頁）

やがて、行動する科学者として、水俣病の原因究明と患者救済運動さらには反公害運動の先頭に立ち続けた宇井さんの厳しい言動は、しばしば他者に向かう部分が強調されるが、自身に対していっそう厳しく問い続ける人であった。

自戒し、悩み、ときに立ち止まる自問の多くは、患者との出会いに促される。

「苦しむ人々を見て、やがては我が身の上と思いながらその苦しみの万分の一でも代弁することでなにがしかの良心の苛責を免れようとしていたが、……私も又あの委員たちと同じように、他人よりも公害をよく知っていると思いあがっては居なかったであろうか。公害について公平な判断ができるなどと幻想を抱いたことはなかったか。／この問にだまりこむ私に被害者は呼びかける。よその人に苦しみを知ってもらって、同じ苦しみをくり返さぬようにするには、あんたの力もかしてほしい。……まあこれからも一緒にやってくれないか。本当に明るい声でそう頼まれれば、身のほど知らずにもう一度やってみようかなどと思ってしまうのである。」（四一頁）

宇井さんが患者に触発されて自らを問うことばは、同時に、企業、政府、東大を頂点とするアカデミズムへと向かう。それは、宇井さんにとって「必然的な帰結」であった。

「科学技術をもって生活を豊かにしようと出発した私の青年期は、水俣病によってその基盤がすでに砕かれていたことを、感度の鈍い私は今になってようやく身にしみはじめた。……〔国民学校二年の時から〕三〇年間選び続けた職業の必然的な帰結に水俣病と公害があるとしたら、私はどうすればいいのだろうか。水俣病患者の前に手をついて土下座したことですむことではない。この文章を書いている今でも、大声で泣き、叫び出したくなるが、それで患者の苦しみが少しでも楽になるということもないのだ。」（三一頁）

このとき、宇井さんの片方の足は被害者に寄り添うという覚悟の上に、もう片方は加害者の一人であるという辛い自覚の上に置かれていた。

加害構造を問うことば

自らをも含む加害者に向けて問う、容赦のない宇井さんのことばは、企業、行政、アカデミズムが骨格をなす日本の社会構造に深く切り込んでいく。

企業に対して——。

「公害の現場で強く感ずることは、今や科学技術に対する信頼は、現実とのつながりをもたない宗教的なものになっており、それも精神的な内容がなくて、ひたすら現世利益だけをめざす低次の宗教になってしまっている、ということである。」（三〇七頁）

「昭和電工のみならず、日本の近代企業のほとんどが公害の原因をつくっていると断言するのは、けっして私の偏見や独断ではない。無責任な分業・能率第一主義の企業生産体制のすきまから、とめどもなく公害が流れだしている。」（一五三頁）

アカデミズム、とりわけ東大に対して——。
鬼頭さんとの対談のなかにつぎのようなやりとりがある。
「**鬼頭**　宇井さんの場合は当時の東大系の教授がしていたのとは違う手法で問題に取り組まれたのですよね。そこにはどのような違いがあったのでしょうか。」
「**宇井**　それはやはり現場主義ということでしょうね。しょっちゅう水俣に行き、そして患者に会い、患者の話を聞いて、自分の行動を選択してきた。あの患者を前にしたら、うそはつけないですよね。」（二一五—二一六頁）
「実際に使われている科学技術は、決して人間を幸福にするものではなく、むしろ、本来は平等であるはずの人間を差別し、序列をつけるものであることは、企業における学歴差別をみるだけでも明らかである。しかも、その学問の内容が大したものではなく、数年それにかかり切りになっていれば、だれにでも出来るものだからこそ、わかりにくい数式や術語で武装し、こけおどしの体裁をととのえるものらしい。わざと他人にわかりにくくすることで、もったいをつける種類の学問が実に多い。」（三〇八頁）
政治家に対して——。
「国民のかなり多くの部分には、長年教えこまれて来た科学技術への信頼が、まだ残っている。そこをねらっての楽観論が、二流政治屋の側からたえず流されている。」（三一一頁）
こうした加害構造から生み出される被害とは何か、そして、解決とは何か。宇井さんはさらに問い続けている。

「被害者は体全体で被害を受けている。被害者の公害の受け取り方は常に全体である。それに対して、加害者の公害あるいは事件の受け取り方は常に部分的である。」（一六八頁）

「いま被害の全体像すら見えないわけです。だいたい患者が何人いたのかわからない。そういうものに対して、行政が間に立って、あるいは政治が間に立って何らかの解決ができるかというと、それは原理的に無理だというのが私の現段階の答えです。」（一七三頁）

ひとたび公害の被害者となれば、その真の解決は原理的に無理であるという。だとしたら、救済とは何か。

「結論的にいうならば、公害による損害賠償請求の裁判は、どのような観点からみても、公害反対運動の全体をおおうものではなく、運動のある一つの部分としての機能をになうものでしかない。」（一四九頁）

絶望的ともいえる公害の加害─被害関係。そこからなお、宇井さんは行動を提唱し、反公害運動に画期的な足跡を残すことになる。

行動を生むことば

訴訟支援、被害者相互の連帯、座り込み支援、厚生省への抗議、各地の公害調査、住民運動支援、公害輸出反対行動、国際会議報告など宇井さんが関わった数々の被害者支援活動、反公害運動のなかでも特筆すべきは自主講座運動だろう。一九七〇年一〇月一二日の開講のことばは、行動を生み出すことばの力強さを広く知らしめることになる。

「公害の被害者と語るときしばしば問われるものは、現在の科学技術に対する不信であり、憎悪である。」（二三四頁）

「立身出世のためには役立たない学問、そして生きるために必要な学問の一つとして、公害原論が存在する。……この講座は、教師と学生の間に本質的な区別はない。修了による特権もない。あるものは、自由な相互批判と、学問の原型への模索のみである。」（二三五頁）

断言はできないが、この力強い呼びかけと、前述した「大声で泣き、叫び出したくなる」（三一頁）の一節を含む「一技術者の悔恨」という一文は、ほぼ同時期もしくは数か月以内に書かれている。宇井さんの論理的で鋭い数々のことばは、自らを問い、苦悶することばと表裏一体となって紡ぎ出されていたのかもしれない。

開講一年後には、ようやく運動としての自主講座に余裕と自信も生まれてきたことをうかがわせることばも登場する。

「自主講座の体験をいま整理してみると、これは一つの問題解決型学習をやったようだと気がつく。これまでの学校教育で主にとられて来たやり方は、すでに存在する理論を勉強して身につける、理論習得型学習がほとんどだった。これに対して、自分にとって最も切実な問題をとりあげて、それを解決するためにいろいろな学問を必要に応じて学んでゆくやり方が問題解決型学習である。私の場合、水俣病という問題を掘り下げてゆくうちに、水俣は日本の縮図のようなものであることがわかって来て、結局日本全体について学んだことになる。」（三五〇―三五一頁）

宇井さんは、どこまでも被害者を視野の中心に置く。

「これまで学問の名によって切りすてられて来た人たち、社会の弱者として処理されて来た公害の被害者たちの願いを、学問の目標とする道は必ずあるはずである。この社会に存在する、いわれのない差別を少しでも小さくし、弱者のために奉仕する方向の学問をめざしてゆくことが、日本の生存のただ一つの道ではないかと感じたのは、水俣病の歴史からだった。」(三一九頁)

切りすてられてきた人びと、社会の弱者として処理されてきた人びと。こうした人びととともに生きるための学問こそ、めざすべき道ではないか。それが、水俣病という絶望の淵から問い続けた宇井さんの最後の問いだったのだろう。

そして、その問いは、今、私たちに投げかけられている。

［著者］

宇井　純（うい・じゅん）

1932年6月25日，東京に生まれる．

1956年，東京大学工学部応用化学科卒業．日本ゼオン株式会社に入社．

1960年，東京大学大学院応用化学修士課程入学．

工場勤務時代に水銀を扱っていた経験から，1959年に水俣病の水銀原因説を聞いて強い衝撃を受け，以後一貫して水俣病の原因究明と被害者支援活動に力を注ぐ．

1965年，東京大学工学部都市工学科助手．

1970年から1985年まで，同大学で自主講座「公害原論」を主宰．

1986年，沖縄大学法経学部教授．2003年，同大学名誉教授．

2006年11月11日，逝去．

主著に『公害の政治学』（三省堂新書，1968年），『公害原論』全3巻（亜紀書房，1971年，合本1988年），『キミよ歩いて考えろ』（ポプラ社，1979年），『日本の水はよみがえるか』（NHKライブラリー，1996年）ほか多数．

［編者］
藤林　泰（ふじばやし・やすし）
1948年，山口県生まれ．目下の関心は，重なり合いながら地域を支える多様なコミュニティの形成史．立教大学共生社会研究センターに保管されている「宇井純公害問題資料コレクション」は貴重な手がかりとなる．
主著に『カツオとかつお節の同時代史』（宮内と共編著，コモンズ，2004年），『ODAをどう変えればいいのか』（長瀬理英と共編著，コモンズ，2002年），『ヌサンタラ航海記』（村井吉敬と共編著，リブロポート，1994年）など．

宮内泰介（みやうち・たいすけ）
1961年，愛媛県生まれ．自主講座「反公害輸出通報センター」元メンバー．現在，北海道大学にて環境社会学の研究・教育にたずさわる．
主著に『開発と生活戦略の民族誌』（新曜社，2011年），『かつお節と日本人』（藤林と共著，岩波新書，2013年），『なぜ環境保全はうまくいかないのか』（編著，新泉社，2013年），『ヤシの実のアジア学』（鶴見良行と共編著，コモンズ，1996年）など．

友澤悠季（ともざわ・ゆうき）
1980年，神奈川県生まれ．主な関心は，戦後日本における公害・環境思想史の再構成．2006年5月，病院で初めて宇井さんにお会いし，日本の公害研究史の捉え方について示唆をいただいた．
著書に『「問い」としての公害――環境社会学者・飯島伸子の思索』（勁草書房，2014年），編著に『宇井純著作目録』（埼玉大学共生社会研究センター監修『宇井純収集公害問題資料2　復刻『公害原論』第2回配本　別冊資料』すいれん舎，2007年）．

宇井純セレクション［1］
原点としての水俣病

2014年7月31日　初版第1刷発行

著　者＝宇井　純
編　者＝藤林　泰，宮内泰介，友澤悠季
発行所＝株式会社 新 泉 社
東京都文京区本郷2−5−12
振替・00170−4−160936番　TEL 03(3815)1662　FAX 03(3815)1422
印刷・製本　萩原印刷

ISBN978-4-7877-1401-5　C1336